Errata

für den Titel

DAfStb-Heft 653:
„Verbundverhalten unter Druck- und Zugschwellbeanspruchung von normal- und hochfesten Betonen“

Von:
Marc Koschemann, Manfred Curbach, Homam Spartali, Abedulgader Baktheer, Rostislav Chudoba, Josef Hegger

1. Auflage 2024, ISBN 978-3-410-65929-7

In dem vorliegenden DAfStb-Heft 653 wurden leider zwei fehlerhafte Abbildungen platziert.

Auf **Seite 54** ist dies die richtige Abbildung für „**Bild 3.3.** Verbundversuchsstand mit zwei Hydraulikzylindern im Otto-Mohr-Laboratorium“:

Auf **Seite 65** ist dies die richtige Abbildung für „**Bild 3.15:** Typisches Rissbild eines Balkenendkörpers (Draufsicht auf den Prüfkörper)“:

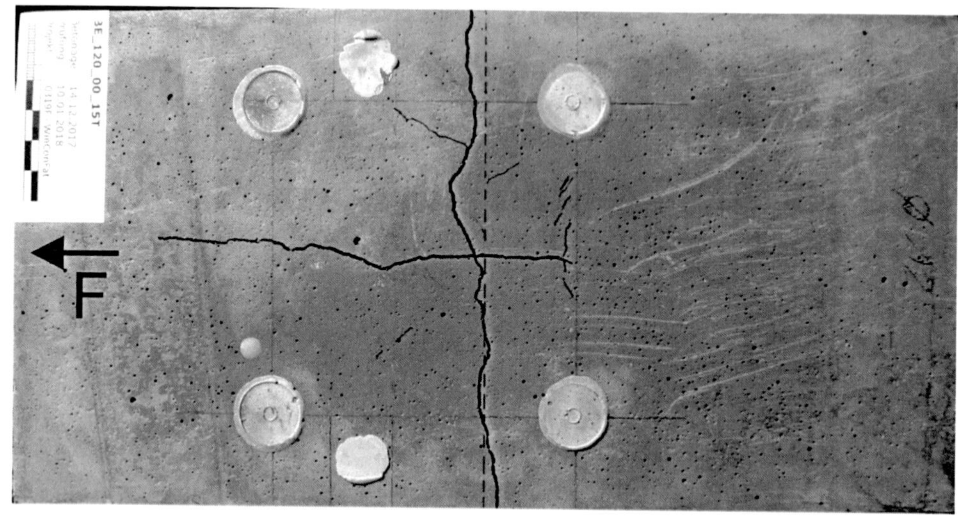

Wir bitten Sie, diese Fehler zu entschuldigen.

Ihre DIN Media GmbH

Heft 653

DEUTSCHER AUSSCHUSS FÜR STAHLBETON

Verbundverhalten unter Druck- und Zugschwellbeanspruchung von normal- und hochfesten Betonen

von

Marc Koschemann
Manfred Curbach
Homam Spartali
Abedulgader Baktheer
Rostislav Chudoba
Josef Hegger

1. Auflage 2024

Herausgeber:
Deutscher Ausschuss für Stahlbeton e.V. – DAfStb

DIN Media GmbH

Vorwort

Durch den Ausbau der Windenergie in Deutschland wurde in den vergangenen Jahrzehnten der Bau von zyklisch beanspruchten Windkrafttürmen stetig vorangetrieben. Für solche Tragstrukturen ist die zutreffende Bestimmung des Ermüdungswiderstandes entscheidend für die Standsicherheit, aber auch für einen wirtschaftlichen Materialeinsatz. Gleichzeitig unterstreicht der zunehmende Instandsetzungsbedarf von Brückenbauwerken im Bundesfernstraßennetz den Bedarf an aktuellen Erkenntnissen für die Beschreibung des Ermüdungswiderstandes von Stahlbeton- und Spannbetonkonstruktionen. Einige der derzeit in Anwendung befindlichen Bemessungskonzepte stammen aus den 1990er Jahren und bedürfen einer umfassenden Weiterentwicklung. Dies trifft insbesondere für die Verwendung von hochfesten Betonen zu, da deren Ermüdungswiderstand in den derzeitigen Nachweisformaten überproportional abgemindert werden muss. Die für eine Normenfortschreibung notwendigen Ermüdungsuntersuchungen an Beton, Betonstahl und deren Verbund sind allerdings mit einem enormen Zeit- sowie Kostenaufwand verbunden und können in einem überschaubaren Zeitraum nur im Verbund von mehreren Forschungsinstituten erfolgen. Aus diesem Grund wurde das Verbundforschungsvorhaben „WinConFat – Materialermüdung von On- und Offshore Windenergieanlagen aus Stahlbeton und Spannbeton unter hochzyklischer Beanspruchung" initiiert. Durch den Zusammenschluss der folgenden acht Forschungseinrichtungen und drei Industriepartnern wurden wichtige Fragestellungen zum grundlegenden Materialverhalten von Beton, Betonstahl und deren Verbund unter Ermüdungsbeanspruchungen koordiniert untersucht.

Forschungseinrichtungen:

- Institut für Massivbau, Leibniz Universität Hannover
- Institut für Baustoffe, Leibniz Universität Hannover
- Lehrstuhl für Baustofftechnik, Ruhr-Universität Bochum
- Institut für Massivbau und Baustofftechnologie / Materialprüfungs- und Forschungsanstalt des Karlsruher Instituts für Technologie
- Lehrstuhl und Institut für Massivbau, RWTH Aachen University
- Institut für Massivbau, Technische Universität Dresden
- Lehrstuhl für Werkstoffe und Werkstoffprüfung im Bauwesen, Technische Universität München
- Bundesanstalt für Materialforschung und -prüfung, Berlin

Partner:

- Deutscher Ausschuss für Stahlbeton e. V. (DAfStb)
- Deutscher Beton- und Bautechnik-Verein E.V. (DBV)
- Max Bögl Bauservice GmbH & Co. KG

Gefördert wurde das Verbundforschungsvorhaben innerhalb des Zeitraums von 2016 bis 2021 überwiegend mit Mitteln des Bundesministeriums für Wirtschaft und Energie (BMWi), des DBV und von Max Bögl. Die wichtigsten Erkenntnisse aus diesem Vorhaben wurden in mehreren Titeln der „Grünen Hefte" des DAfStb veröffentlicht, siehe Tabelle 0. Eine übergreifende Zusammenfassung des Vorhabens wurde als DBV-Heft Nr. 52 veröffentlicht. Insbesondere diese Veröffentlichungen sollen zur praktischen Erkenntnisverwertung beitragen, die beabsichtigten Normenfortschreibungen ermöglichen sowie der weiteren Forschung und Anwendung als detaillierte Informationsgrundlage dienen.

Tabelle 0: Aus WinConFat hervorgegangene „Grüne Hefte“ des DAfStb

DAfStb-Heft	Titel	Autoren
644	Ermüdungsverhalten von Beton für unterschiedliche Probekörpergeometrien	Vivian Frei, Marc Thiele, Stephan Pirskawetz, Andreas Rogge
645	Modellhafte Beschreibung des Ermüdungswiderstands von druckschwellbeanspruchtem Beton unter Berücksichtigung von energetischen und frequenzbedingten Materialeffekten	Sebastian Schneider, Matthias Bode, Steffen Marx
646	Wasserinduzierte Ermüdungsschädigung von Beton	Christoph Tomann, Ludger Lohaus
647	Untersuchungen zum Ermüdungswiderstand von Beton im Bereich sehr hoher Lastwechselzahlen	Kerstin Willers, Lutz Gerlach, Nico Herrmann, Frank Dehn
648	Zum festigkeitsabhängigen Ermüdungswiderstand von Beton	Sebastian Schneider, Boso Schmidt, Steffen Marx, Marco Basaldella, Bianca Kern, Nadja Oneschkow, Ludger Lohaus
649	Numerische Modellierung des Ermüdungsverhaltens von normal- und hochfestem Beton	Dennis Birkner, Steffen Marx, Abedulgader Baktheer, Josef Hegger, Rostislav Chudoba
650	Ermüdung von biegebeanspruchten Betonbauteilen aus normal- und hochfesten Betonen	Dennis Birkner, Steffen Marx, David Ov, Rolf Breitenbücher
651	Ultraschallprüfungen zur Erfassung der Schädigungsentwicklung unter verschiedenen Umweltbedingungen und unter zyklischer Druckschwellbelastung	Raúl Beltrán, Vivian Frei, Steffen Marx
652	Ermüdungsverhalten von Betonstahl im Langzeitfestigkeitsbereich, bei Variation der Prüfmethodik sowie unter kombinierter Einwirkung von Korrosion	Stefan Rappl, Kai Osterminski, Christoph Gehlen
653	Verbundverhalten unter Druck- und Zugschwellbeanspruchung von normal- und hochfesten Betonen	Marc Koschemann, Manfred Curbach, Homam Spartali, Abedulgader Baktheer, Josef Hegger, Rostislav Chudoba

Kurzfassung

Bisherige Untersuchungen zum Ermüdungsverhalten des Verbundes wurden fast ausschließlich an normalfesten Betonen mit bis zu 10^6 Lastzyklen durchgeführt. Das vorliegende Heft befasst sich mit den Arbeiten zur Ermüdung des Verbundes im hochzyklischen Bereich bis 10^7 Lastzyklen, welche Teil des Gesamtvorhabens WinConFat waren. Untersuchungsgegenstand waren ein normal- und zwei hochfeste Betone mit einer mittleren Druckfestigkeit bis 120 N/mm² sowie Betonstahl B500B. Die Versuche wurden an Auszugs- und Balkenendprobekörpern durchgeführt. Im ersten Kapitel wird, nach einer kurzen Einführung, der Wissensstand zum Verbundverhalten von normal- und hochfesten Betonen unter statischer und zyklischer Belastung beschrieben. Der zweite Teil umfasst die Untersuchungen des Verbundes unter monotoner und wiederholter Druckbeanspruchung der RWTH Aachen University. Neben Versuchen mit Balkenendproben und unterschiedlichen zyklischen Lastszenarien wird zudem der Einfluss des Spitzendrucks bei einbetoniertem Stabende betrachtet. Darüber hinaus wird ein anhand der gewonnenen Ergebnisse entwickeltes numerisches Verbundermüdungsmodell vorgestellt. Kapitel 3 widmet sich den Arbeiten der Technischen Universität Dresden zum Verbundverhalten unter statischer und zyklischer Zugbeanspruchung. Dabei wird verstärkt auf den Einfluss der Betonfestigkeit und des Probekörpers eingegangen. Zudem werden Versuchsergebnisse mit unterschiedlichen Belastungsfrequenzen sowie der Resttragfähigkeit nach zyklischer Belastung vorgestellt und diskutiert. Abschließend folgt eine Zusammenfassung der Untersuchungen sowie Angaben zu weiterführender Literatur und Anlagen.

Inhaltsverzeichnis

Symbolverzeichnis

α	Exponent für den Verbundspannungszuwachs in Abhängigkeit des Schlupfes
A_{M}	Verbundfläche zwischen Stab und Beton (bzw. Mantelfläche)
A_{S}	Querschnittsfläche des Bewehrungsstabes
a_{c}	Anstieg der logarithmischen Trendlinie für die Druckfestigkeitsentwicklung eines Betons
β_{cc}	Beiwert zur Druckfestigkeitsentwicklung von Beton
b	Exponent für den Schlupfzuwachs infolge zyklischer Belastung
c	Betondeckung
c_{min}, c_{max}	Minimale bzw. maximale Betondeckung
c_{li}	Rippenabstand eines Bewehrungsstabes
d_{s}, Ø	Stabdurchmesser
E_{b}	Verbundsteifigkeit
E_{b0}	Anfangssteifigkeit des Verbundes
E_{cm}	Mittlerer Elastizitätsmodul, geprüft nach DIN EN 12390-13
F	Auszug- bzw. Ausdrückkraft in einem Verbundversuch
F_{Alter}	Rechnerischer Verbundwiderstand infolge altersbedingter Festigkeitssteigerung des Betons
F_{Crack}	Auszug- bzw. Ausdrückkraft bei der Spaltrisse bei einem Balkenendprobekörper entstehen
F_{Ref}	Statische Referenzkraft bzw. -festigkeit
F_{Rest}	Statische Resttragkraft bzw. -festigkeit nach zyklischer Beanspruchung
F_{ult}	Maximale Auszug- bzw. Ausdrückkraft in einem Verbundversuch
$f_{\mathrm{c,cube100}}$	Betondruckfestigkeit eines Würfels mit einer Kantenlänge von 100 mm
$f_{\mathrm{ct,sp,cube100}}$	Spaltzugfestigkeit eines Würfels mit einer Kantenlänge von 100 mm
$f_{\mathrm{c,cyl}}$	Betondruckfestigkeit eines Zylinders mit einer Höhe von 300 mm und einem Durchmesser von 150 mm
f_{cm}, $f_{\mathrm{cm,cyl}}$	Mittlere Betondruckfestigkeit bestimmt an Zylindern mit einer Höhe von 300 mm und einem Durchmesser von 150 mm
K_{m}, K_{tr}	Faktoren zur Berücksichtigung von Querbewehrung bei Spaltversagen
l_{b}	Verbundlänge
N	Lastwechselzahl
S_{max}	Oberspannungsniveau
S_{min}	Unterspannungsniveau
ΔS	Spannungsschwingbreite
$\Delta\sigma_{Rsk}$	Ertragbare Spannungsschwingbreite eines Bewehrungsstabes

s	Schlupf
s', $s_{0,1}$	Schlupf beim ersten Lastzyklus
s_n	Schlupf nach *N* Lastzyklen
s^p	Plastischer Schlupf
s_0	Schlupf am unbelasteten Stabende
$s_{0,ult}$	Schlupf am unbelasteten Stabende bei Erreichen der maximalen Belastung bzw. Verbundfestigkeit
$s_{0,Ref}$	Schlupf am unbelasteten Stabende der statischen Referenzproben bei maximaler Belastung
τ	Verbundspannung
τ_{ult}	Verbundfestigkeit; maximale Verbundspannung in einem Verbundversuch
$\tau_{u,split}$	Rechnerische Verbundfestigkeit bei Spaltversagen gemäß *fib* Model Code 2010
τ_f	Rechnerisch verbleibende Restfestigkeit des Verbundes nach Versagen infolge Reibung
τ_{max}	Maximale Verbundspannung bei zyklischer Beanspruchung
τ_{min}	Minimale Verbundspannung bei zyklischer Beanspruchung
$\tau_{0,01}$	Verbundspannung bei einem Schlupf am unbelasteten Ende von 0,01 mm
$\tau_{0,05}$	Verbundspannung bei einem Schlupf am unbelasteten Ende von 0,05 mm
$\tau_{0,10}$	Verbundspannung bei einem Schlupf am unbelasteten Ende von 0,10 mm
T_{Ref}	Probekörperalter bei Prüfung der statischen Referenzfestigkeit
T_{Rest}	Probekörperalter bei Prüfung der statischen Restfestigkeit nach zyklischer Beanspruchung
ω	Schädigungsvariable
w_l	Längsrissbreite - Oberflächenverformung quer zur Stabachse
w_q	Querrissbreite - Oberflächenverformung längs zur Stabachse

1 Einführung und Grundlagen

1.1 Einführung

1.1.1 Zielsetzung

Im Hinblick auf den stetig wachsenden Anteil an Windenergieanlagen (WEA) für die Energiegewinnung in Deutschland gewinnt deren wirtschaftliche und dauerhaft sichere Bemessung gegen Ermüdungsversagen zunehmend an Bedeutung. WEA sind stark dynamisch beanspruchte Bauwerke mit bis zu 10^9 Lastwechseln bei einer geplanten Lebensdauer von 20 bis 25 Jahren [Grü06]. Ziel des Gesamtvorhabens war es, neues Wissen über die Beton-, Betonstahl- und Verbundermüdung für die Anwendung in WEA zu generieren, um auf dieser Grundlage eine wirtschaftlichere und sicherere Nachweisführung von WEA-Tragstrukturen zu ermöglichen und damit die Vorteile hochfester Betone für hohe und leistungsstarke WEA zu nutzen. Insbesondere der Bereich sehr hoher Lastwechselzahlen $N > 2 \cdot 10^6$ ist bislang weitgehend unerforscht und die existierenden Wöhlerlinien sowohl für den Beton als auch für den Betonstahl und deren gegenseitigen Verbund sind in diesem Bereich rein hypothetisch.

Nicht nur hinsichtlich des sehr hohen Lastwechselbereichs, sondern auch in der technischen Durchführung solcher Versuche mit hochfesten Betonen sollte im Projekt WinConFat Neuland beschritten werden. Außerdem sollten die Grundlagen erarbeitet werden, um die Nachweiskonzepte gegen Ermüdung in bestehenden Regelwerken zu erweitern und anzupassen. Das Verbundforschungsvorhaben schließt somit die Lücke zwischen Grundlagenforschung und Anwendung, indem die Ergebnisse aus jahrzehntelanger Materialentwicklung für die Praxis allgemeine Verwertung finden.

Im Rahmen des Gesamtvorhabens WinConFat beschäftigte man sich in drei Arbeitspaketen mit dem Ermüdungsverhalten des Verbundes. Das am Institut für Massivbau der RWTH Aachen University bearbeitete Arbeitspaket 2.1 beinhaltet das Verhalten des Verbundes zwischen Stahlbewehrung und Beton unter hochzyklischer Druckbelastung. Die experimentellen Untersuchungen umfassten sowohl monotone als auch zyklische Versuche mit unterschiedlichen Amplituden an einer modifizierten Variante des Beam-End-Tests. Zusätzlich wurde der Einfluss des Spitzendrucks auf die Verbundfestigkeit unter zyklischer und monotoner Belastung an Probekörpern mit einbetoniertem Stabende (anstelle der Grundvariante mit freiem Bewehrungsende) untersucht. Die Ergebnisse bildeten die Grundlage für die Entwicklung eines numerischen Verbundermüdungsmodells.

Die beiden Arbeitspakete 2.2 und 2.3, die am Institut für Massivbau der Technischen Universität Dresden (IMB) bearbeitet wurden, umfassten Untersuchungen zum Verbundverhalten zwischen Beton und Betonstahl unter Zugschwellbeanspruchung bei sehr hohen Lastwechselzahlen. Des Weiteren waren der Einfluss der Betonfestigkeit und der Belastungsfrequenz und -geschwindigkeit auf die Verbundspannungs-Schlupf-Beziehung für Lastwechselzahlen bis $N = 10^7$ Gegenstand der Untersuchungen. Für eine Lastwechselzahl von bis zu 2 Millionen liegen für verschiedene Beton-Bewehrungsstahl-Verbunde bereits Ergebnisse vor. Im Very-high-Cycle-Fatigue-Bereich ($N > 2 \cdot 10^6$) bestand aber eine Wissenslücke, die mit diesem Teilprojekt geschlossen werden sollte. Die Arbeitspakete 2.1 und 2.2 waren miteinander vernetzt. Abgestimmt wurden Belastungseinrichtungen, Probekörpergeometrie, Belastungsniveaus und weitere relevante Versuchsparameter. Im Arbeitspaket 2.3 sollte der Einfluss der Belastungsfrequenz auf das Verbundverhalten untersucht werden. Im Zuge der Bearbeitung erfolgte ein Austausch mit den Bearbeitern des Arbeitspakets 1.3 (Institut für Massivbau, Leibniz Universität Hannover – IfMa), um die Einflüsse der Belastungsfrequenz auf Beton- und Verbundverhalten miteinander vergleichen zu können.

1.1.2 Struktur und Randbedingungen

Am Verbundforschungsvorhaben waren acht Forschungseinrichtungen, zwei Vereine und eine Firma beteiligt. Das Arbeitspaket 0 (AP 0) beinhaltete die Projektkoordination und wurde durch IfMa Hannover, den Deutschen Ausschuss für Stahlbeton e. V. (DAfStb) und den Deutschen Beton- und Bautechnik-Verein E. V. (DBV) ausgeführt. Eine Übersicht der Projektstruktur und der einzelnen Arbeitspakete zeigt Bild 1.1.

Während der Laufzeit fanden halbjährliche Projekttreffen statt, bei denen die gewonnenen Erkenntnisse präsentiert und ausgetauscht wurden. Darüber hinaus wurden wichtige Abstimmungen im Hinblick auf einheitliche Prüfmethoden und -technik getroffen. Die Bearbeitung der eigentlichen Arbeitspakete erfolgte eigenständig durch die jeweiligen Projektpartner. Alle Arbeitspakete wurden erfolgreich bearbeitet und abgeschlossen.

Bild 1.1: Projektstruktur WinConFat [entnommen aus dem Einrichtungsantrag]

Innerhalb des gesamten WinConFat-Vorhabens wurden ein normalfester (Bezeichnung C40) und zwei hochfeste Betone (C80 und C120) untersucht. Der Zahlenwert der Bezeichnung ist dabei ein Richtwert für die Zylinderdruckfestigkeit in N/mm². Bei den beiden hochfesten Betonen handelte es sich um selbstverdichtende Betone (SVB). Die Zusammensetzung und die Ausgangsstoffe der untersuchten Betone wurden von der Firma Max Bögl Bauservice GmbH & Co. KG (assoziierter Partner) zur Verfügung gestellt. Die groben Angaben zu den Betonrezepturen sind in Tabelle 1.1 zusammengestellt.

Tabelle 1.1: Angaben zur Zusammensetzung der untersuchten Betone im WinConFat-Vorhaben

Beton	Zement	w/z-Wert	Gesteinskörnung	Größtkorndurchmesser
C40	CEM II / A-LL 42,5 N	0,50	Kalksplitt	16 mm
C80 (SVB)	CEM I 52,5 R	0,47	50 % Quarzkies, 50 % Kalksplitt	2 / 8 mm, 8 / 16 mm
C120 (SVB)	CEM I 52,5 R	0,35	Quarzkies	16 mm

1.2 Stand der Forschung und Technik

1.2.1 Experimentelle Untersuchung des Verbundverhaltens

Grundvoraussetzung für die Tragwirkung von Stahl- und Spannbetonbauteilen ist das Zusammenwirken der Stahlbewehrung und des Betons. Im Bereich eines Trenn- oder Biegerisses werden die Zugkräfte von der Bewehrung aufgenommen und über die Verbundwirkung wieder in den Beton geleitet. Rissbreiten und Rissabstände sind damit maßgebend von den Verbundeigenschaften abhängig.

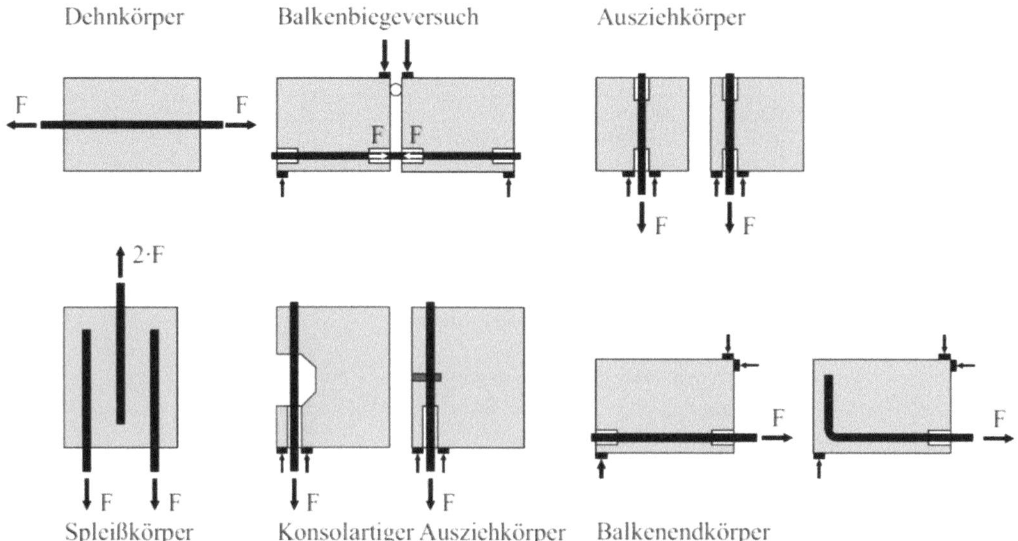

Bild 1.2: Verschiedene Probekörper zur Ermittlung des Verbundverhaltens, aus [Rit14] nach [Ros87]

Zur Beschreibung des Verbundverhaltens werden i. A. Verbundspannungs-Schlupf-Beziehungen verwendet, die experimentell ermittelt werden. In der Literatur gibt es dafür eine Vielzahl an Verbundversuchskörpern. Einige der bisher verwendeten Verbundversuchskörper sind in Bild 1.2 dargestellt.

Für statische als auch dynamische Beanspruchungen werden im Allgemeinen die Versuchsaufbauten des Balkenversuchs (Beam-Test und Beam-end-Test) und des Ausziehversuchs (Pull-out-Test) bevorzugt. Diese wurden bereits 1970 durch die Vereinigung RILEM ([RIL70a] und [RIL70b]) hinsichtlich Ausführung, Durchführung und Auswertung standardisiert. Wegen ihrer einfachen Herstellbarkeit und guten Vergleichbarkeit wurden bisher Pull-out-Tests (u. a. nach [RIL94]) zur experimentellen Untersuchung der Verbundermüdung zwischen Betonstahl und Beton bevorzugt verwendet. Es liegt daher eine große Anzahl von Verbundversuchen in Pull-out-Konfiguration unter Schwellbelastung vor (u. a. [Reh75a], [Bal91], [Zuo00], [Lin11a]). Nachteilig ist allerdings die Lagerung der Ausziehkörper. Infolge des Ausziehens des Betonstahls bilden sich zwischen Lasteinleitung und Auflager Druckstreben im Beton aus. Höhere übertragbare Verbundspannungen sind die Folge und können somit zu einer auf der unsicheren Seite liegenden Beurteilung des Verbundverhaltens führen [Cai03]. Ein Aufbau, bei dem sich keine auf die Verbundspannung positiv auswirkenden Querdruckspannungen ausbilden, ist der Balkenendversuch. Die Probenherstellung sowie die Versuchsdurchführung sind allerdings etwas aufwändiger als beim Ausziehversuch nach RILEM. Im Gegensatz zu Ausziehversuchen gibt es für Beam-End-Tests unter Schwellbelastung, abgesehen von den Arbeiten der Autoren, bisher keine bekannten Veröffentlichungen. Unter statischen Belastungen liefern die Beam-End-Tests allerdings gute Ergebnisse, vgl. [Wil13]. Einen weitaus aufwendigeren und kostenintensiveren Verbundkörperversuch stellt der Beam-Test dar. Verglichen mit dem Pull-out-Test und dem Beam-End-Test ist sowohl der Aufbau als auch die Durchführung bedeutend aufwendiger. Eine erhöhte Fehleranfälligkeit ist die Folge [Wil13]. Gegenwertig sind lediglich die Verbunduntersuchungen unter „quasi" Schwelllast von Soleymani Ashtiani et al. [Sol13] mit Beam-Tests bekannt.

Die Kraftübertragung von einem Bewehrungsstab auf den Beton funktioniert durch die Kombination von drei Mechanismen: Adhäsion, Reibung und mechanische Verzahnung der Stahlrippen mit dem umliegenden Beton, welche den größten Teil der Verbundwirkung ausmacht. Während experimentellen Untersuchungen kann ein Verbundversagen entweder durch Herausziehen des Stabes oder durch Spalten des Betons auftreten. Maßgeblich für die Versagensart ist das Maß der Umschnürungswirkung für den Stab, welches von der Betondeckung, der Betonzugfestigkeit und dem Querbewehrungsgrad abhängt. Bei ausreichender Umschnürung wird die Verbundtragfähigkeit durch den Scherwiderstand der Betonkonsolen begrenzt. Diese werden von den Stahlrippen in dem Moment beansprucht, wenn der Haftverbund zwischen Beton und Bewehrungsstahl bei sehr geringen Schlupfwerten versagt. Die Folge sind hohe Druckspannungen vor den Rippen. Das so genannte Auszugversagen ermöglicht die höchstmöglichen Verbundspannungen und wird durch die Betongüte bestimmt. Spaltversagen tritt auf, wenn der Grad der Umschließung zu gering ist, so dass die durch die nach außen gerichteten Druckstreben entstehenden Ringzugspannungen nicht mehr vom umgebenden Beton übertragen werden können. Dies ist der Fall, wenn die Betondeckung, abhängig von der Betonzugfestigkeit, unter einen bestimmten Schwellenwert fällt und keine oder nur eine geringe Querbewehrung vorhanden ist. Das mehr oder weniger plötzliche Versagen ist durch radiale Spaltrisse gekennzeichnet [Tep73].

Ohne Querbewehrung kann die Betondeckung c als Vielfaches des Stabdurchmesser d_s als Abgrenzungskriterium zwischen den beiden Versagensarten herangezogen werden. Gemäß Vandevalle [Van92] ist für Werte $c \leq 2{,}5$ bis $3{,}5\ d_s$ mit einem Spaltversagen zu rechnen. Bei unzureichender Betondeckung und einer mäßigen Querbewehrung treten beide Versagensarten in Kombination auf. Zu dem Zeitpunkt, an dem ein Spaltriss die Oberfläche erreicht, wird die Querbewehrung aktiviert. Dies bewirkt eine reduzierte, aber ausreichende Umschnürungswirkung, so dass es anschließend zu einem Auszugsversagen kommt. Entsprechend kann dieses kombinierte Versagen als „spaltbruchinduziertes Auszugsversagen" bezeichnet werden [Gam00].

Um das quasi-statische Verbundverhalten analytisch zu beschreiben, gibt es verschiedenste Ansätze für ein Verbundmodell. Das lokale Verbundmodell des Model Code 2010 [fib12] basiert auf den Untersuchungen von Eligehausen et al. [Eli83]. Sie führten ihre Untersuchungen an quaderförmigen Ausziehkörpern aus Normalbeton mit einer Verbundlänge von fünfmal dem Stabdurchmesser d_s durch. Die Verbundfestigkeit τ_{ult} ergibt sich gemäß Model Code 2010 entsprechend Gl. (1.1). Versuche von Huang et al. [Hua96] an Ausziehkörpern mit einer Verbundlänge von $l_b = 2{,}5\ d_s$ ergaben für hochfesten Beton eine wesentlich größere Verbundtragfähigkeit als nach Gl. 1.1). Entsprechend erarbeiteten sie ein Verbundmodell, welches einen linearen Zusammenhang zwischen Verbundfestigkeit und Betonfestigkeit berücksichtigt Gl. (1.2). Die Untersuchungen von [Zhi92] und [Nog93] mit hochfesten Betonen ergaben vergleichbar hohe Verbundfestigkeiten.

$$\tau_{ult} = 2{,}5 \cdot \sqrt{f_{cm}} \tag{1.1}$$

$$\tau_{ult} = 0{,}45 \cdot f_{cm} \tag{1.2}$$

Um das Verbundverhalten beschreiben zu können, ist es erforderlich, die Verbundspannung in Relation zur zugehörigen Relativverschiebung zwischen Stab und Beton, dem sogenannten Schlupf, zu setzen. Das Verhältnis zwischen Verbundspannung und Schlupf im Bereich von 0 bis τ_{ult} wird als Verbundsteifigkeit bezeichnet. Im Rahmen der Untersuchungen von Huang et al. [Hua96] zeigte der hochfeste Beton (HSC) in den Versuchen eine höhere Verbundsteifigkeit als normalfester Beton (NSC), was durch kleinere Schlupfwerte bei Erreichen der maximalen Verbundspannung belegt wurde. Die Parameter und die Gültigkeitsbereiche beider Verbundmodelle sind in Bild 1.3 dargestellt.

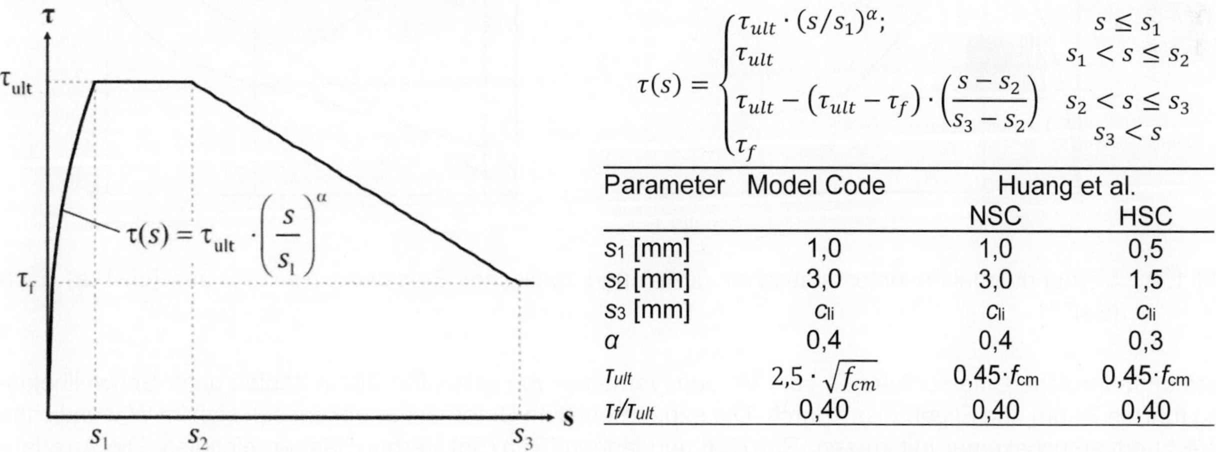

$$\tau(s) = \begin{cases} \tau_{ult} \cdot (s/s_1)^{\alpha}; & s \leq s_1 \\ \tau_{ult} & s_1 < s \leq s_2 \\ \tau_{ult} - (\tau_{ult} - \tau_f) \cdot \left(\frac{s - s_2}{s_3 - s_2}\right) & s_2 < s \leq s_3 \\ \tau_f & s_3 < s \end{cases}$$

Parameter	Model Code	Huang et al. NSC	Huang et al. HSC
s_1 [mm]	1,0	1,0	0,5
s_2 [mm]	3,0	3,0	1,5
s_3 [mm]	c_{li}	c_{li}	c_{li}
α	0,4	0,4	0,3
τ_{ult}	$2{,}5 \cdot \sqrt{f_{cm}}$	$0{,}45 \cdot f_{cm}$	$0{,}45 \cdot f_{cm}$
τ_f/τ_{ult}	0,40	0,40	0,40

Bild 1.3: Empirische Verbundmodelle für gute Verbundbedingungen nach [fib12] und [Hua96]

Im Falle von Spaltversagen hängt die Verbundfestigkeit von weiteren Parametern wie der Betondeckung, der Querbewehrung und dem Bewehrungsdurchmesser d_s ab. Für gerippten Bewehrungsstahl in Beton unter monotoner Belastung sind diese Einflussgrößen in Gleichung (1.3) aus [fib12] berücksichtigt, wobei η_2 ein von den Verbundbedingungen abhängiger Faktor ist, c_{max} und c_{min} die maximale und minimale Betondeckung darstellen und K_m, K_{tr} die Wirkung der Querbewehrung abbilden.

$$\tau_{\text{u,split}} = \eta_2 \cdot 6.5 \cdot \left(\frac{f_{\text{cm,cyl}}}{25}\right)^{0.25} \cdot \left(\frac{25}{d_s}\right)^{0.2} \cdot \left[\left(\frac{c_{\min}}{d_s}\right)^{0.33} \cdot \left(\frac{c_{\max}}{d_s}\right)^{0.1} + K_m \cdot K_{tr}\right] \tag{1.3}$$

1.2.2 Numerische Untersuchungen zum Verbundverhalten

Neben der Bestimmung des Verbundverhaltens in Experimenten wurden in den beiden vergangenen Jahrzehnten Fortschritte mit numerischen Untersuchungen zum Verbund erzielt. So wurde in [Rag06] eine auf Schlupf basierende thermodynamische Formulierung eines Interfacemodells mit Null-Dicke vorgestellt, die das druckabhängige Verbundverhalten in Kombination mit Schädigung und Schlupf für monotone Belastung erfasst. Das Verhalten von Materialschnittstellen bei zyklischer Belastung wurde in [Har10; Rob05; Tur06] beschrieben, aber nicht direkt auf den Verbund zwischen Beton und Betonstahl angewendet. Zur Modellierung der Verbundermüdung wurden allgemeine kohäsive Kontaktmodelle vorgestellt. In einem weiteren in [Car15] vorgeschlagenen Modell wurde eine thermodynamisch konsistente Kopplung von Schädigung und Plastizität eingeführt, um das Ermüdungsverhalten von Grenzflächen zwischen FRP-Platten und Beton zu beschreiben. Ein in [Le19a] vorgeschlagenes Modell wurde für die Simulation des Verbundes in Stahlbetonbauteilen unter monotoner und zyklischer Belastung angewendet. In diesem Modell wurde jedoch keine Schädigungsakkumulation berücksichtigt, ein Effekt, den die Autoren als wesentlich für die Modellierung des Ermüdungsverhaltens ansehen. Weitere Ansätze wurden in [Le16; Men13; Zob13; Zob15] beschrieben.

1.2.3 Ermüdung des Verbundes unter Schwelllast

Analog zur monotonen Beanspruchung beruht das Verbundverhalten unter Schwellbelastung im Wesentlichen auf dem Scherverbund, also der mechanischen Verzahnung der Betonstahlrippen mit dem umgebenden Beton, und ist nach Leonhardt [Leo86] die schwächste Stelle des Stahlbetonbauteils unter Schwelllast. Analog zur Ermüdung des Betons unter Druckschwellbelastung kann die Verbundermüdung prinzipiell in drei Phasen unterteilt werden (siehe Bild 1.4). *Phase 1* ist durch ein nichtlineares, am Ende verlangsamtes Schlupfwachstum gekennzeichnet. In *Phase 2* tritt ein konstanter, moderater Schlupfzuwachs auf. Die *Phase 3* ist durch einen überproportionalen Schlupfzuwachs gekennzeichnet und endet mit dem Versagen.

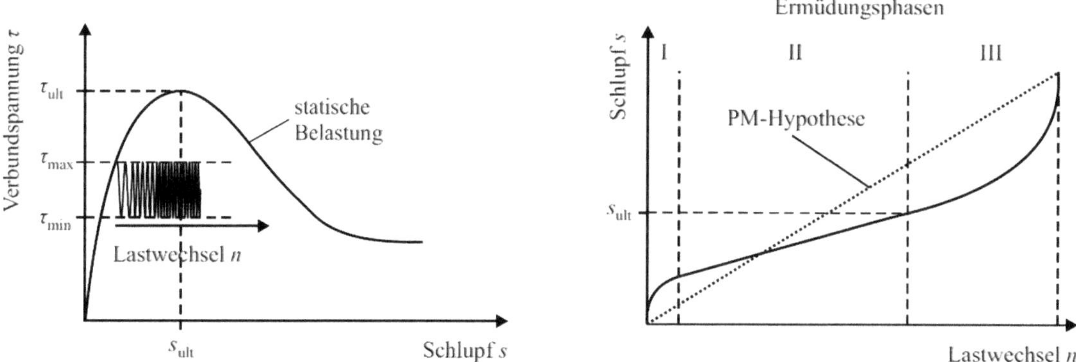

Bild 1.4: Verbundverhalten unter statischer (links) und zyklischer Belastung (rechts), aus [Lin11a] nach [Bal91]

Erste umfangreiche Untersuchungen zum Verbundverhalten von gerippten Betonstählen unter Schwellbelastung führten Rehm und Eligehausen durch. Die experimentellen Untersuchungen lassen sich im Wesentlichen in Verbundversuchskörper mit kurzen [Reh75a] und langen [Reh75b] Verbundlängen einteilen. Die Ausziehversuche an kurzen Verbundlängen [Reh75a] führten sie an zylinderförmigen Probekörpern mit Verbundlängen von 3 · d_s bis zu einer Lastwechselzahl von $N = 10^6$ durch. Die Verbundlänge befand sich in der Mitte des Probekörpers. Trat während der 1 Mio. Lastwechsel kein Verbundversagen auf, wurde anschließend die Resttragfähigkeit des Verbundes im statischen Ausziehversuch ermittelt. Neben Betonfestigkeit, Verbundlänge und Stabdurchmesser variierten Rehm und Eligehausen in den Versuchen die Oberspannung und die Schwingbreite. Für diese Untersuchungen gaben sie die Wöhlerlinien des Verbundes auch in analytischer Form an, siehe Gl. (1.4) und (1.5).

$$S_{max} = \tau_{max}/\tau_{ult} = 0{,}89 - 0{,}037 \cdot \lg N \quad \text{für } S_{min} = \tau_{min}/\tau_{ult} = 0{,}10 \tag{1.4}$$

$$S_{max} = \tau_{max}/\tau_{ult} = 0{,}89 - 0{,}022 \cdot \lg N \quad \text{für } S_{min} = \tau_{min}/\tau_{ult} = 0{,}30 \tag{1.5}$$

In ihren Versuchen zeigte sich, dass die Schwellbelastung zu einer Verbundschwächung führt, da während der Schwellbelastung eine starke Zunahme des Schlupfes am unbelasteten Stabende zu verzeichnen war. Sie stellten des Weiteren fest, dass die Ermüdungsfestigkeit des Verbundes ausreichend genau der Ermüdungsfestigkeit des zentrisch gedrückten Betons entspricht. Ein Ermüdungsbruch während mehrerer Millionen Lastwechsel wäre nach Rehm und Eligehausen [Reh77] demnach nicht zu erwarten, wenn bei den für Betonstähle erforderlichen Verankerungs- oder Übergreifungslängen die Oberlast kleiner als 50 % der statischen Ausziehlast ist. Des Weiteren wurde nach 10^6 Lastwechseln eine Zunahme der Verbundsteifigkeit verzeichnet.

Das Versuchsprogramm zu den langen Verbundlängen [Reh75b] bestand aus zwei verschiedenen Prüfkörperarten mit Verbundlängen von 8,75 · d_s und 17,5 · d_s. Mithilfe der Versuche mit langen Verbundlängen stellten Rehm und Eligehausen fest, dass die Schwelllast eine gleichmäßigere Verteilung der Verbundspannung entlang der Verankerungslänge bewirkt. Ursache dafür ist eine Lastumlagerung, bei der die Lastübertragung vom Lasteinleitungsbereich auf den unbelasteten Teil der Verankerungs- bzw. Verbundlänge übergeht. Des Weiteren stellten sie fest, dass das Schlupfverhalten der durchgeführten Ausziehversuche mit langer Verbundlänge gut mit dem von Versuchen mit kurzen Verbundlängen übereinstimmt und somit die Verbundlänge offensichtlich keinen Einfluss auf das Schlupfwachstum hat.

1979 stellten Rehm und Eligehausen [Reh79] im Rahmen ihrer Vergleichsuntersuchungen eine empirische Approximation der Ermüdungskriechkurven des Verbundes vor, welche auch Eingang in den fib-Model Code 2010 [fib12] fand. Die Schlupfentwicklung während der Ermüdungslebensdauer $s_n(N)$ kann demnach gemäß Gl. (1.6) beschrieben werden.

$$s_n(N) = s' \cdot (1 + N)^b. \tag{1.6}$$

Dabei beschreibt s' den Schlupf beim erstmaligen Erreichen der Oberlast F_{max}, N die Anzahl der Zyklen und der Exponent b die Rate des Schlupfwachstums über die Lastzyklen. Anhand ihres Ermüdungsversuchsprogramms an Ausziehversuchen wurde in [Reh79] ein mittleres Schlupfwachstum $b = 0{,}107$ bestimmt, während der Mittelwert des Versuchsprogramms von [Koc93] den Wert $b = 0{,}148$ ergab.

Ebenfalls an Ausziehkörpern untersuchte Balázs [Bal91] die Verbundermüdung unter Schwellbeanspruchung. Neben Stabdurchmesser, Verbundlänge und Betondruckfestigkeit wurde auch das Lastniveau variiert. In seinen Untersuchungen stellte Balázs fest, dass der Schlupf am Übergang von Phase 2 zur Phase 3 mit dem Schlupf unter der maximalen Verbundspannung bei monotonen Ausziehversuchen $s_{0,ult}$ in etwa übereinstimmt (siehe Bild 1.4 rechts). Nach Balázs kann somit dieser Wert als Sicherheitskriterium hinsichtlich des Ermüdungsversagens gelten. Des Weiteren stellte Balázs [Bal91] bezüglich der Akkumulation des Verbundversagens fest, dass die lineare Schadensakkumulationshypothese (vgl. PM-Hypothese in Bild 1.4) nach Palmgren und Miner ([Pal24] und [Min45]) nur teils das Verbundermüdungsverhalten abbildet. Koch und Balázs stellten in [Koc97] Messergebnisse von 70 Ausziehkörpern vor, bei denen verschiedene Belastungsgrade von 30 bis 80 % durch Variation der Oberspannung untersucht wurden. In den Versuchen beobachteten sie, dass die Dauerschwingfestigkeit unter Zugschwellbelastung etwa 55 bis 60 Prozent der maximalen Verbundspannung τ_{ult} aus monotonen Ausziehversuchen entspricht. Die beobachtete Dauerschwingfestigkeit stimmt somit gut mit den Ergebnissen von Rehm und Eligehausen [Reh77] überein.

Eckfeldt [Eck05] befasste sich mit dem Verbundverhalten von Hochleistungsbeton und Bewehrungsstahl unter Ermüdungsbeanspruchung. Im Vordergrund stand die Frage, ob das spröde Materialverhalten des hochfesten Betons unter vorwiegend nicht ruhender (hochzyklischer) Beanspruchung eine frühzeitige Auflösung des Verbundwiderstandes begünstigen würde und ob damit unter Umständen das Bemessungsziel der technischen Dauerstandfestigkeit (10^6 Lastwechsel) für realistische Belastungskollektive nicht erreicht werden könnte. Untersucht wurde nicht nur die Anzahl möglicher Lastzyklen bei einem vorgegebenen Schwingspiel, sondern auch die Resttragfähigkeit der Verbundzone nach dem Erreichen der 10^6 Lastwechsel. Als Verbundversuchskörper wurde ein Ausziehkörper mit einer kurzen Verbundlänge von 2 · d_s verwendet. Eckfeldt stellte in seinen Untersuchungen fest, dass die Verbundermüdungsfestigkeit von hochfestem Beton genauso hoch wie die von normalfestem Beton ist. Der Verwendung von hochfesten Betonen in Konstruktionen mit nicht vorwiegend ruhender Belastung spricht nach Eckfeld [Eck05] somit nichts entgegen. Zudem formulierte er eine Gleichung für die erreichbare Lastwechselzahl in Abhängigkeit der bezogenen Ober- und Unterspannung für hochfeste Betone bis $N \leq 10^6$ (siehe Gl. (1.7)).

$$\lg N = (12 + 16 \cdot S_{min} + 8 \cdot S_{min}) \cdot (1 - S_{max}) \leq 6 \tag{1.7}$$

Im Vergleich zu den Wöhlerlinien von Rehm und Eligehausen besitzen die Verläufe von Eckfeldt für hochfesten Beton einen steileren Abfall und ergeben für hohe Lastwechselzahlen eine geringere ertragbare bezogene Oberspannung (siehe Bild 1.5).

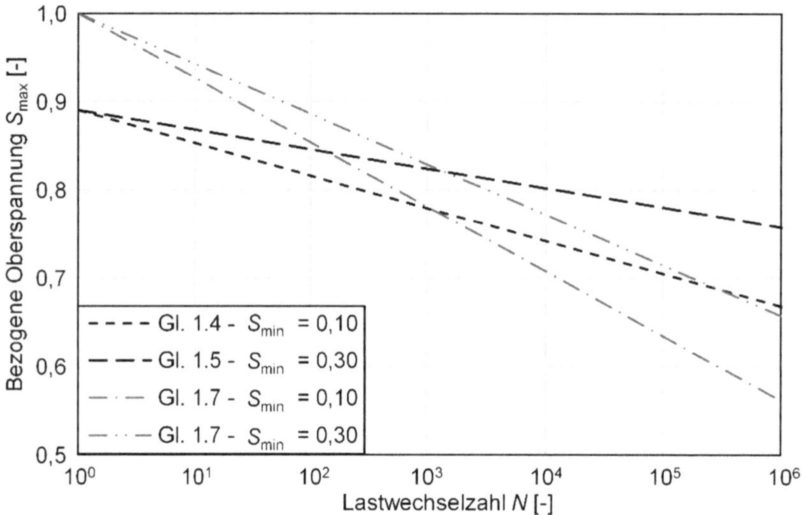

Bild 1.5: Wöhlerlinien des Verbundes von [Reh75a] und [Eck05]

Analog zu Eckfeldt [Eck05] führte Lindorf [Lin11a] Ermüdungsversuche an Ausziehkörpern durch. Dabei untersuchte er speziell die Auswirkung von Querzug auf den Verbund. Insgesamt umfasste das Versuchsprogramm hochzyklische Ausziehversuche (bis $N = 10^6$ Lastwechsel) mit vier verschiedenen Schwingspielen und drei unterschiedlichen Längsrissbreiten. Die Verbundlänge der Ausziehkörper betrug $10 \cdot d_s$. Neben der Schwingspiele sowie der Längsrissbreiten wurde zudem die Betonfestigkeit variiert. In den Versuchen stellte Lindorf fest, dass sich mit zunehmender Längsrissbreite neben dem Startschlupf s_0 auch das Schlupfwachstum erhöht. Eine Beschleunigung der fortlaufenden Schädigungsakkumulation ist somit die Folge. Des Weiteren ergaben die Untersuchungen von Lindorf eine Zunahme des Startschlupfes mit Erhöhung der Mittelspannung sowie eine erhöhte Schlupfzunahme bei Erhöhung der Spannungsschwingbreite. Auf Grundlage dieser Versuche stellten Lindorf und Curbach zudem Wöhlerlinien des Verbunds unter Querzug auf [Lin10].

Einfluss der Belastungsfrequenz

Den Autoren sind gegenwärtig nur wenige Untersuchungen bezüglich des Einflusses der Prüffrequenz auf das Verbundverhalten bekannt. Beispielsweise führten Koch und Balázs [Koc97], [Koc98] Verbundversuche zum Einfluss der Belastungsfrequenz auf das Verbundverhalten durch, indem sie die Prüffrequenz zwischen 0,5 Hz und 8,0 Hz variierten. Anhand der Ergebnisse der Ausziehversuche konnten sie jedoch nur einen geringen Einfluss der Belastungsfrequenz auf das Verbundverhalten beobachten.

Weitere Arbeiten bezüglich des Einflusses der Belastungsfrequenz wurden vor allem zu den Einzelwerkstoffen Betonstahl und Beton getätigt. Im Rahmen von Arbeitspaket 1.3 des WinConFat-Vorhabens wurde der Zusammenhang der Belastungsfrequenz und der Erwärmung des Betons untersucht. Dabei wurden mit erhöhter Prüffrequenz eine erhöhte Temperaturentwicklung und verminderte Bruchlastwechselzahlen beobachtet. Weitere Informationen zu diesem Thema sind z. B. bezüglich Beton in [Kön94], [Mar17] und [Deu19] sowie zum Betonstahl bei Schütz [Sch93] zu finden.

Einfluss der Beanspruchungsgeschwindigkeit

Bei den Beanspruchungsgeschwindigkeiten wird zwischen Belastungs- und Verformungsgeschwindigkeit unterschieden. Paschen et al. [Pas74] und Hjorth [Hjo76] untersuchten über mehrere Jahre den Einfluss der Belastungsgeschwindigkeit und Belastungsdauer auf das Verbundverhalten von gängigen Betonstählen (sowohl gerippt als auch glatt). In ihren Untersuchungen stellten sie fest, dass die Belastungsgeschwindigkeit bei glattem Rundstahl die maximale Verbundspannung (Verbundfestigkeit) nicht nennenswert beeinflusst. Bei Rippenstählen zeigten sich bei Belastungsgeschwindigkeiten bis 10 MPa/s ebenfalls kaum Veränderungen in der Verbundfestigkeit. Belastungsgeschwindigkeiten größer als 10 MPa/s führten jedoch zu einem progressiven Anstieg der Verbundfestigkeit. Dies bestätigen auch die Untersuchungen von Vos und Reinhardt. Nach Vos und Reinhardt [Vos82] ist ebenfalls erst mit höherer Lastgeschwindigkeit mit einem Anstieg der Verbundfestigkeit zu rechnen.

In einigen Tastversuchen untersuchten Martin und Noakowski [Mar81] den Einfluss der Belastungsgeschwindigkeit. Dabei variierten sie die Geschwindigkeit der Verbundspannungszunahme ausgehend von 0,5 MPa/s um den Faktor 100 nach oben und unten. Unter Berücksichtigung der Streuungen stellten sie selbst in diesem Bereich kaum einen Einfluss auf das Verbundverhalten fest.

Im Gegensatz zu Paschen et al. [Pas74], Hjorth [Hjo76] sowie Martin und Noakowski [Mar81] untersuchten Eligehausen et al. [Eli83] den Einfluss der Verformungsgeschwindigkeit. Dabei wurde die Geschwindigkeit der Schlupfzunahme von 0,034 auf 170 mm/min gesteigert. In ihren Versuchen beobachteten sie für diesen Bereich eine bis zu 15-prozentige Zunahme der Verbundfestigkeit.

Zu einem vergleichbaren *dynamic increase factor* (DIF) kamen Máca et al. [Mác18]. Sie untersuchten den Verbund zwischen Beton und Bewehrungsstahl bei hohen Belastungsgeschwindigkeiten an Auszugskörpern aus Normalbeton mit Stabstahl Ø10 und einer Verbundlänge von 2 · d_s. Im Vergleich zu quasi-statischen Referenzversuchen wurden bei Verformungsgeschwindigkeiten von 50 bis 10.000 mm/s im Mittel etwa 15 bis 30 % höhere Verbundfestigkeiten erreicht. Die Versuchswerte von Michal [Mic17] liegen in einem ähnlichen Spektrum. Alle genannten Untersuchungen gleichen sich in der großen Streuung der Versuchswerte. Beispielhaft zeigt Bild 1.6 den DIF in Abhängigkeit der Verbundspannungsrate drei verschiedener Studien [Mic17].

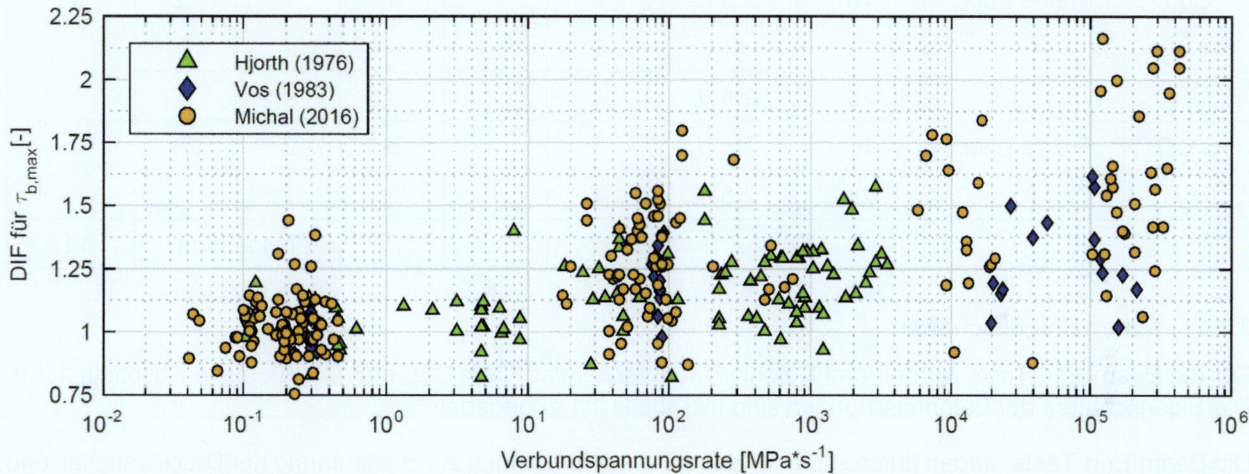

Bild 1.6: *Dynamic increase factor* (DIF) für die Verbundfestigkeit τ_{max} aus [Mic17] mit Versuchswerten von [Hjo76] und [Vos82]

Nach Curbach [Cur87] ist abschließend anzunehmen, dass die Zunahme der Verbundtragfähigkeit in einem engen Zusammenhang mit dem Verhalten des Betons unter großen Dehnungsgeschwindigkeiten steht.

2 Verbundverhalten unter Druckschwellbeanspruchung

2.1 Versuchsprogramm und Entwicklung des Versuchsaufbaus

Im durchgeführten Versuchsprogramm wurde der Einfluss der Betonfestigkeitsklasse, des Stabdurchmessers d_s und der Verbundlänge l_b in Kombination mit den im Abschnitt 2.1.5 eingeführten Belastungsszenarien LS1-LS5 unter Push-in-Beanspruchung untersucht. Außerdem wurden einige Versuche an Probekörpern mit einbetoniertem Bewehrungsstabende (Spitzendruckversuch) anstelle des typischen Verbundversuchs mit freiem Ende durchgeführt, auf den im Folgenden näher eingegangen wird. Tabelle 2.1 zeigt die Testmatrix mit der Anzahl der Wiederholungen für jede Parameterkombination.

Tabelle 2.1: Testmatrix aller durchgeführten Beam-End-Versuche

Beton-klasse	**Versuchsart**	**d_s [mm]**	**l_b [–]**	**Lastszenario**					**Summe**
				LS1	**LS2**	**LS3**	**LS4**	**LS5**	
C40	Freies Ende	16	2,5 d_s	6	1	1	-	12	50
			5 d_s	3	-	-	-	6	
		25	2,5 d_s	3	-	-	-	9	
	Spitzendruck	25	2,5 d_s	3	-	-	-	6	
C80	Freies Ende	16	2,5 d_s	9	-	1	-	12	38
			5 d_s	6	-	-	-	4	
		25	2,5 d_s	4	-	-	-	2	
C120	Freies Ende	16	2,5 d_s	6	-	5	3	7	29
		25	2,5 d_s	4	-	2	2	-	
							Insgesamt		117

2.1.1 Materialeigenschaften

Für die Beam-End-Tests wurden drei Betonklassen verwendet (C40, C80 und C120), siehe Abschnitt 1.1.2. Die Eigenschaften der Betonmischungen sind in Tabelle 1.1 angegeben.

Die Beam-End-Tests wurden durch systematische Baustoffprüfungen zur Bestimmung der Druckfestigkeit und des Elastizitätsmoduls des Betons begleitet. Diese Materialtests wurden gemäß der Norm [DIN09] an Zylindern mit 150 mm Durchmesser und 300 mm Höhe und an Würfeln mit einer Kantenlänge von 150 mm durchgeführt. In der Aushärtungsphase wurden alle Probekörper bei Raumtemperatur der Versuchshalle gelagert. Die erhaltenen Werte der zylindrischen Druckfestigkeit sind in Bild 2.1 zusammen mit der zeitabhängigen Entwicklung der Festigkeit dargestellt, die mit der folgenden Gleichung [DIN09] approximiert wurde

$$f_{\mathrm{cm}}(t) = \beta_{\mathrm{cc}}(t) \cdot f_{\mathrm{cm,28}} \tag{2.1}$$

wobei $f_{\mathrm{cm}}(t)$ und $f_{\mathrm{cm,28}}$ die zylindrische Druckfestigkeit für t Tage bzw. 28 Tage sind und $\beta_{\mathrm{cc}}(t)$ ein Beiwert ist, der wie folgt gegeben ist:

$$\beta_{\mathrm{cc}}(t) = e^{\bar{s} \cdot \left(1-\sqrt{\frac{28}{t}}\right)} \tag{2.2}$$

Der Koeffizient $\bar{s}$ ist von der Zementart abhängig ($\bar{s} = 0.2$ in unserem Fall).

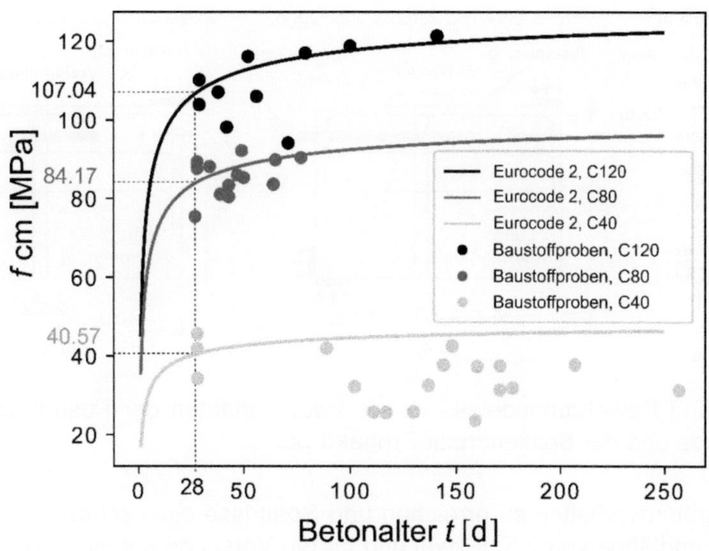

Bild 2.1: Entwicklung der zylindrischen Betonfestigkeit im Vergleich zur Approximation des Eurocode 2

Die verwendeten Betonstahlstäbe mit Durchmessern von 16 mm und 25 mm wurden warmgewalzt und wärmebehandelt und sind als B500B [DIN09a] mit der Streckgrenze $f_{yk} = 500$ MPa zu klassifizieren. Die Stäbe haben zwei Längsrippen und zwei Reihen von Schrägrippen. Die Rippen einer Reihe haben abwechselnde Neigungen, wie in Bild 2.2 dargestellt.

Bild 2.2: Varianten der Betonstahlstäbe, die für die Beam-End-Tests verwendet wurden

2.1.2 Modifizierter Beam-End-Probekörper für Push-in-Belastung

Der standardmäßige Beam-End-Test wurde für eine Pull-out-Belastung ausgelegt. Eine modifizierte Variante dieses Standardtests wurde eingeführt, um die Push-in-Belastung zu berücksichtigen und konsistentere Ergebnisse zu erzielen. Erstens wurden die Abmessungen, einschließlich der Abmessungen des Probekörpers, der Betondeckung und der Verbundlänge im Verhältnis zum Stabdurchmesser d_s nach [Sch15] gewählt, um vergleichbare Prüfkörper für die beiden unterschiedlichen Durchmesser zu erhalten (siehe Bild 2.3). Die Abmessungen des Probekörpers wurden auf ($L \times B \times H = 20\ d_s \times 8\ d_s \times 14\ d_s$) mit Betondeckung 2 d_s festgelegt und es wurden zwei Verbundlängen untersucht (2,5 d_s und 5 d_s). Zweitens wurde aufgrund der aufzubringenden Push-in-Belastung eine Aussparung eingeführt, um die Länge des Stabes in der belasteten Zone zu reduzieren und damit das Knicken des Betonstahlstabes zu vermeiden.

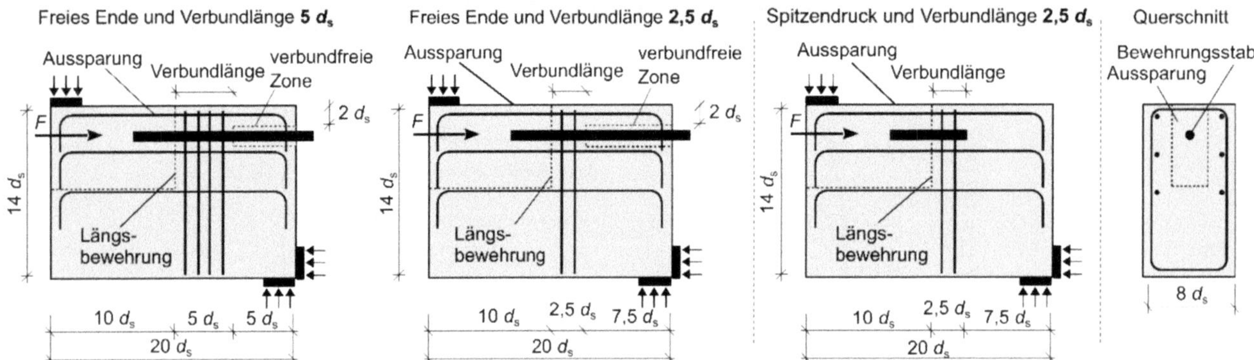

Bild 2.3: Geometrien und Bewehrungsdetails für die zwei Varianten der Push-in-Beam-End-Probekörper, mit freiem Ende und der Spitzendruck-Probekörper

Um ein realistisches Verbundverhalten zu erreichen und Spaltrisse einzuschränken, wurden drittens für die Versuche mit einer Verbundlänge von 2,5 d_s zwei und für die Versuche mit einer Verbundlänge von 5 d_s vier Bügel entlang der Verbundlänge verwendet. Schließlich wurden auf jeder Seite des Probekörpers drei Längsstäbe angeordnet, um die Querrisse zu begrenzen, die durch die eingebrachte Aussparung entstehen (siehe die Querrisse im Bild 2.7). Die Geometrie und Bewehrungsdetails für den modifizierten Beam-End-Probekörper und für die Spitzendruck-Variante sind in Bild 2.3 dargestellt.

Es wurden insgesamt vier Varianten der Beam-End-Probekörper untersucht: drei Varianten mit freiem Ende zur Untersuchung des Verbundverhaltens, zwei davon mit Durchmesser 16 mm und zwei mit unterschiedlichen Verbundlängen 2,5 d_s und 5 d_s. Die dritte Variante hatte einen Durchmesser von 25 mm und eine Verbundlänge von 2,5 d_s. Zusätzlich wurden Spitzendruck-Probekörper mit einer Verbundlänge von 2,5 d_s und Durchmesser 25 mm hergestellt, um den Beitrag der Betondeckung am Stabende zur Push-in-Kurve zu untersuchen. Die vier untersuchten Beam-End-Varianten sind mit den entsprechenden Details in Bild 2.4 gezeigt.

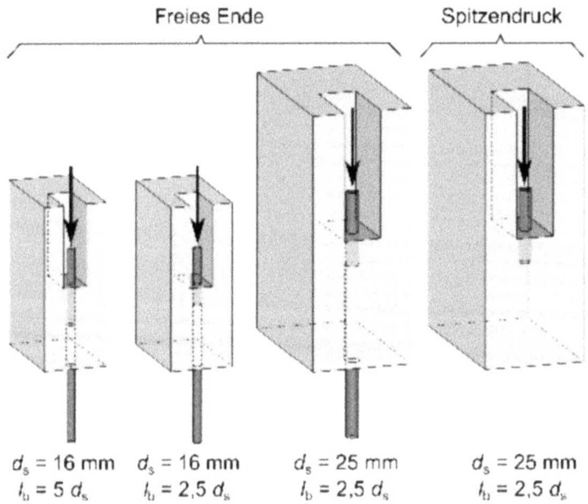

Bild 2.4: Getestete Probekörpervarianten mit den entsprechenden Parametern

2.1.3 Versuchsaufbau

Zur Durchführung der monotonen und zyklischen Versuche an den Probekörpern, die zwei verschiedene Größen haben, wurde ein Stahlrahmen mit anpassbaren Stützen gebaut. Die Druckbelastung wurde vertikal mit einem Hydraulikzylinder aufgebracht. Bild 2.5 zeigt den kompletten Versuchsaufbau mit der Lage des Beam-End-Probekörpers und der entsprechenden Stützen.

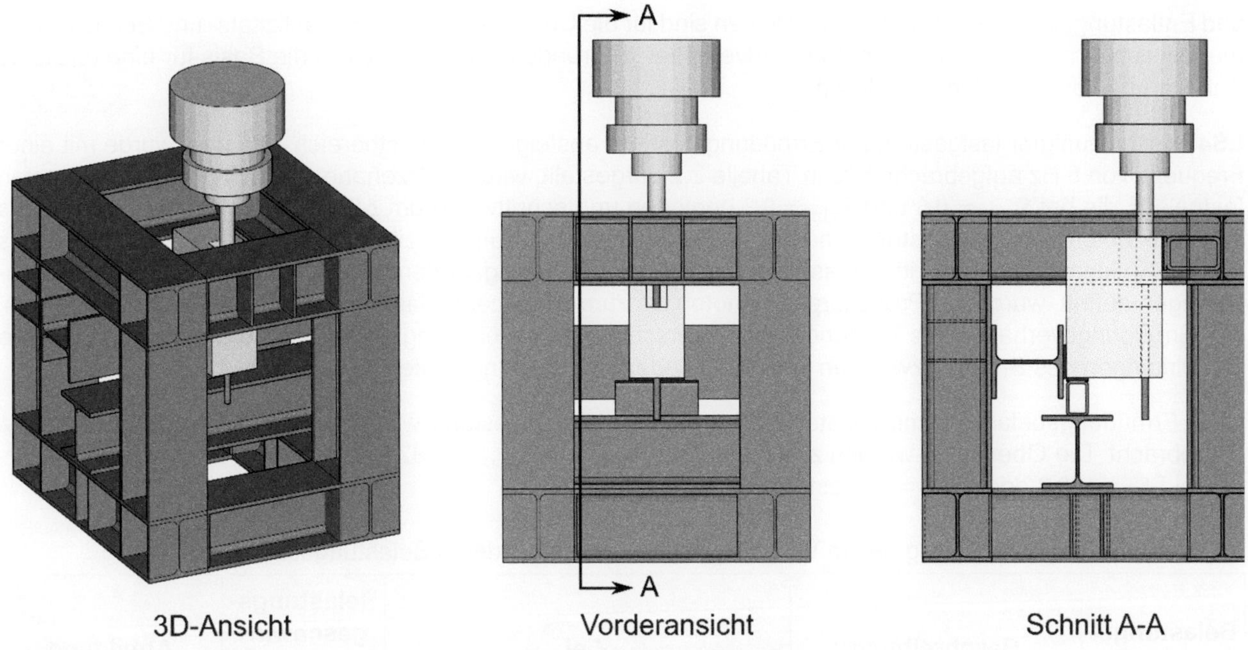

Bild 2.5: Versuchsaufbau für die Untersuchung der Beam-End-Proben

2.1.4 Herstellung der Probekörper

Die Lage und Ausrichtung der Bewehrungsstäbe wurde mit dem Ziel gewählt, möglichst vergleichbare Verbundbedingungen entlang der Verbundzone zu erreichen. Die Proben wurden umgedreht betoniert, um optimale Verbundbedingungen zwischen Beton und Stahlbewehrung zu erreichen, wie in Bild 2.6 gezeigt ist.

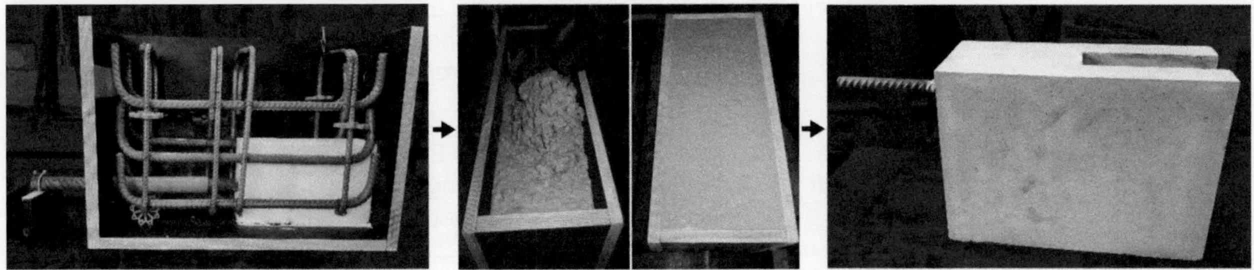

Bild 2.6: Herstellung eines Balken-End-Probekörpers; von links nach rechts: Bewehrungskorb, Betonage und hergestellter Probekörper

2.1.5 Belastungsszenarien

Um mehr Informationen über das Verbundverhalten unter monotoner und zyklischer Belastung zu gewinnen, wurden im durchgeführten Testprogramm verschiedene Belastungsszenarien LS1 bis LS5 eingesetzt, die in Tabelle 2.2 beschrieben sind. Die Belastungsszenarien wurden mit dem Ziel konzipiert, eine umfangreiche Datenbasis für die Entwicklung, Kalibrierung und Validierung von numerischen Modellen zu liefern, die einen breiten Bereich von Belastungsbedingungen abdecken können.

LS1: Monoton steigende Verschiebung mit 1,0 mm/min bis zum Versagen: Dieses Belastungsszenario liefert die maximale Push-in-Last F_{ult}.

LS2: Eine zyklisch ansteigende, weggesteuerte Belastung mit sieben Zyklen und einer Geschwindigkeit von 1,0 mm/min bis zum Versagen: Die Form der Zyklen dient in diesem Szenario der Unterscheidung von Plastizitäts- und Schädigungsmechanismen, die zum Verhalten des Verbundes beitragen.

LS3: Lastgesteuerte, stufenweise steigende, zyklische Belastung: Die Last wurde mit einer Frequenz von 0,02 Hz aufgebracht. Die erste Belastungsstufe begann mit der Oberlast $S_{\max} = 0{,}5$ und wurde schrittweise um $\Delta S = 0{,}05$ erhöht, wobei in jeder Belastungsstufe 10 Zyklen durchgeführt wurden. Die untere Belastungsstufe wurde mit $S_{\min} = 0{,}1$ konstant gehalten. Dieses Belastungsszenario liefert detaillierte Daten über das Be-

und Entlastungsverhalten. Diese Informationen sind für die Unterscheidung von Plastizitäts- und Schädigungsmechanismen notwendig, die dem Verbundverhalten zugrunde liegen. Sie liefern die Basis für eine effiziente Kalibrierung von Ermüdungsmodellen.

LS4: Beschleunigter lastgesteuerter Ermüdungstest mit ansteigendem Lastbereich: Die Last wurde mit einer Frequenz von 5 Hz aufgebracht. Wie in Tabelle 2.2 dargestellt, wird das Szenario durch drei Belastungsstufen festgelegt, die bei $S_{\max} = 0{,}6$ und $S_{\min} = 0{,}3$ beginnen und schrittweise um $\Delta S = 0{,}1$ sowohl für die obere als auch die untere Belastungsstufe erhöht werden. Für die erste und zweite Belastungsstufe wurden jeweils 350.000 Zyklen und für die dritte Belastungsstufe 35.000 Belastungszyklen angesetzt. Wenn kein Ermüdungsversagen auftritt, wurde der Probekörper monoton bis zum Versagen belastet. Zweck dieses Szenarios ist es, das Ermüdungsverhalten des Verbundes bei unterschiedlichen Belastungsbereichen zu untersuchen und die Auswirkungen des Sprungs zwischen den verschiedenen Belastungsstufen zu erfassen.

LS5: Ermüdungsbelastung mit konstanten Amplituden: Die Belastung wurde mit einer Frequenz von 5 Hz aufgebracht. Die Oberlasten wurden zwischen $S_{\max} = 0{,}7$ und $S_{\max} = 0{,}875$ variiert, und die Unterlasten wurden auf $S_{\min} = 0{,}2$ oder $S_{\min} = 0{,}4$ festgelegt.

Tabelle 2.2: Beschreibung der im Versuchsprogramm verwendeten Belastungsszenarien

Belastungs-szenario	Beschreibung	Ziel	Belastungs-geschwin-digkeit bzw. -frequenz	Abbildung
LS1	statisch-monoton ansteigende Belastung	Untersuchung des statisch-monotonen Verhaltens und Ermittlung der Druckfestigkeit	1,0 mm/min	F, u; Zeit
LS2	zyklische Belastung	Detaillierte Beschreibung des Entlastungs- und Wiederbelastungsverhaltens im Post-Peak- Bereich	1,0 mm/min	u; Zeit
LS3	stufenweise steigende zyklische Belastung mit 10 Zyklen jede Stufe	Detaillierte Beschreibung des Entlastungs- und Wiederbelastungsverhaltens im Pre-Peak-Bereich	0,02 Hz	S_{max}; N
LS4	Ermüdungsbelastung mit stufenweise ansteigenden Belastungsblöcken	Untersuchung des Ermüdungsverhaltens bei steigenden Belastungsstufen	5 Hz	S_{max}; N
LS5	Ermüdungsbelastung mit konstanten Amplituden	Charakterisierung der Betonermüdung bei konstanten Amplituden	5 Hz	S_{max}; N

2.1.6 Messkonzept

Zwei Wegaufnehmer (LVDT) wurden zur Messung des Schlupfes sowohl an den belasteten als auch an den unbelasteten Enden der Probekörper verwendet. Zwei weitere Wegaufnehmer wurden zur Messung der Rissbreite an den Betonoberflächen entlang der Verbundzone und in Querrichtung eingesetzt, wie in Bild 2.7 dargestellt. Der Schlupf und die Rissbreite wurden zusammen mit der aufgebrachten Kraft erfasst.

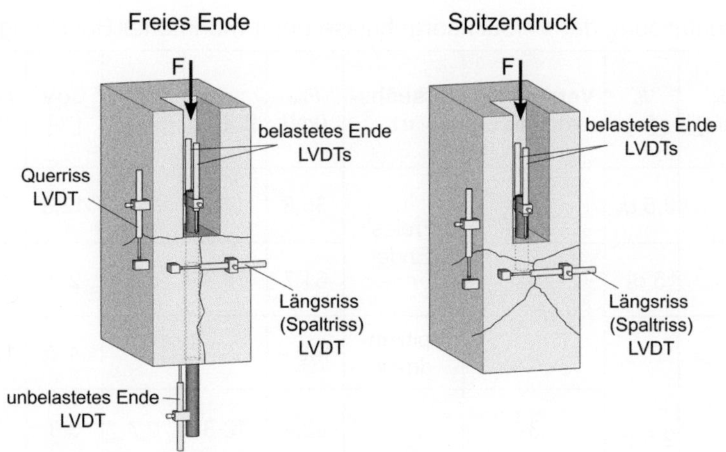

Bild 2.7: Positionierung der LVDTs bei beiden Versuchsarten

2.2 Experimentelle Ergebnisse und Diskussion

Die für alle untersuchten Fälle erzielten Testergebnisse werden vorgestellt und diskutiert, beginnend mit dem Lastszenario LS1, gefolgt von den zyklischen Belastungsszenarien LS2–LS5. Eine Zusammenfassung der Ergebnisse des gesamten Testprogramms enthalten Tabelle 2.3 für die monotonen und

Tabelle **2.4** für die zyklischen Serien.

Zusätzlich zu den getesteten Parameterkombinationen ist in Tabelle 2.3 auch der Mittelwert der maximalen Push-in-Last und die entsprechende Verbundfestigkeit, unter der Annahme einer konstanten Verbundspannungsverteilung entlang der Verbundzone, angegeben. Die Standardabweichung (SD) und der Variationskoeffizient (CoV) zeigen die Streuung der Verbundfestigkeit. Bei einem Vergleich der CoV für Versuche an C40- und C80-Proben mit einem Stabdurchmesser von 16 mm und einer Verbundlänge von 2,5 d_s bzw. 5 d_s ist zu bemerken, dass bei einem gleichen Stabdurchmesser die Streuung der Verbundfestigkeiten bei kürzeren Verbundlängen größer ist. Die Entstehung des Spaltrisses ist entscheidend für die Interpretation des Verbundversagens, wie in den folgenden Abschnitten erläutert wird. Daher ist die Kraft F_{crack}, die der Initialisierung des Spaltrisses entspricht, in Tabelle 2.3 zusammen mit dem Verhältnis $F_{\text{crack}}/F_{\text{ult}}$ angegeben. Die Verschiebung $s\ (F_{\text{ult}})$, die am unbelasteten Ende bei Maximalkraft F_{ult} gemessen wurde, ist ebenfalls in dieser Tabelle aufgelistet.

Die Parameterkombinationen für alle durchgeführten zyklischen Versuche inklusive der erreichten Zyklenzahl und der Versagensart sind in Tabelle 2.4 angegeben. Eine detaillierte Darstellung dieser Ergebnisse erfolgt in Abschnitt 2.2.1.

Tabelle 2.3: Zusammenfassung der Versuchsergebnisse unter monotoner Belastung

Versuch	Beton	d_s [mm]	l_b [–]	Versuchs-anzahl	Versuchs-art	F_{ult} [kN]	τ_u [MPa]	SD [MPa]	CoV [%]	F_{crack} [kN]	F_{crack}/F_{ult} [–]	s_0 (F_{ult}) [mm]
T01–T06	C40	16	2,5 d_s	6	Freies Ende	35,8	17,8	2,2	12,3	29,3	0,79	0,42
T07–T09			5 d_s	3		61,7	15,3	0,4	2,8	48,7	0,79	0,64
T10–T12		25	2,5 d_s	3	Spitzen-druck	140,4	-	-	4,7	106,7	0,76	1,46
T13–T15				3	Freies Ende	92,4	18,8	0,7	3,8	78	0,82	0,60
T51–T59	C80	16		9		58,69	29,2	3,2	11	52,9	0,9	0,22
T60–T65			5 d_s	6		95,22	23,7	1,6	6,7	76,6	0,8	0,31
T66–T69		25	2,5 d_s	4		116,2	25,8	2,2	8,6	95,4	0,82	0,54
T89–T94	C120	16		6		72,3	36	1,9	5,2	67,2	0,93	0,20
T95–T98		25		4		167,6	34,1	2,5	7,2	159	0,95	0,16

Tabelle 2.4: Zusammenfassung aller zyklischen Ermüdungsversuche

Versuch	Beton	d_s [mm]	l_b [–]	LS	S_{max}	S_{min}	Zyklenzahl	Versa-gensart
T16	C40	16	2,5 d_s	LS3	(0,5-0,95)	0,1	45	Pt+Sp
T17	C40	16	2,5 d_s	LS2	-	-	-	Pt+Sp
T18	C40	16	2,5 d_s	LS5	0,8	0,4	43.163	Pt+Sp
T19, T20							6.400.000* / 5.000.000*	kE
T21, T22							6.800.000* / 3.000.000*	kE
T23–T25					0,85		146 / 54 / 949.071	Pt+Sp
T26							5.000.000*	kE
T27					0,9		4.000.000*	kE
T28					0,97		22	Pt+Sp
T29					0,99		105	Pt+Sp
T30–T32	C40	16	5,0 d_s	LS5	0,8	0,4	193 / 3.215.116 / 1.279.494	Pt+Sp
T33					0,85		5.100.000*	kE
T34, T35							200 / 83	Pt+Sp
T36	C40	25	2,5 d_s	LS5	0,8	0,4	5.400.000*	kE
T37, T38					0,825		6.400.000* / 5.000.000*	kE
T39, T40					0,8375		5.000.000* / 5.000.000*	kE
T41–T43					0,85		439.403 / 139.472 / 91.685	Pt+Sp
T44					0,875		1.754	Pt+Sp
T45 (Spitzen-druck)	C40	25	2,5 d_s	LS5	0,8	0,4	5.400.000*	kE
T46 (Spitzen-druck)					0,85		7.200.000*	kE
T47 (Spitzen-druck)							5.188.548*	Pt+Sp

Tabelle 2.5 : Zusammenfassung aller zyklischen Ermüdungsversuche (Fortsetzung)

Versuch	Beton	d_s [mm]	l_b [–]	LS	S_{max}	S_{min}	Zyklenzahl	Versagensart
T48 (Spitzendruck)					0,875		432.103	Pt+Sp
T49 (Spitzendruck)							10.000.000*	kE
T50 (Spitzendruck)					0,9		3.359.342	Pt+Sp
T70, T71	C80	16	5 d_s	LS5	0,85	0,4	494 / 259	Pt+Sp
T72, T73					0,8		6.147.694* / 6.613.168*	kE
T74, T75			2,5 d_s				6.542.565* / 5.095.318*	kE
T76–T78							662.201 / 20.388 / 8.345	Pt+Sp
T79–T81					0,75		10.069.746* / 11.906.271* / 11.728.717*	kE
T82, T83					0,75		993 / 21.525	Pt+Sp
T84, T85					0,7		7.254 / 23.033	Pt+Sp
T86, T87		25			0,75		10.879.726* / 12.459.245*	kE
T88		16		LS3	(0,5-0,95)	0,1	101	Pt+Sp
T99–T103	C120	16	2,5 d_s	LS3	(0,5-0,95)	0,1	96 / 92 / 82 /101 / 101	Pt
T104, T105		25					101 / 101	Pt+Sp
T106–T108		16		LS4	(0,6/0,7/0,8)	(0,3/0,4/0,5)	735.000	kE
T109, T110		25					735.000	kE
T111–T113		16		LS5	0,75	0,2	1.185.480 / 235 / 3.147	Pt
T114–T116					0,85		2.110 / 1.521.020 / 39.435	Pt+Sp
T117							245	Pt

* Durchläufer Versuch
kE: kein Ermüdungsversagen (Versuch wurde abgebrochen)
Pt+Sp: kombinierter Push-through + Spaltung
Pt: Push-through

2.2.1 Versagensarten

Die Parameter der Versuche wurden mit dem Ziel gewählt, eine typische Konfiguration von Stahlbetonbauteilen in Bezug auf Betondeckung und Querbewehrung wiederzugeben. Das Vorliegen der Bügel und eine Betondeckung von 2 d_s verhinderten bei allen Versuchen mit freiem Ende ein Spaltversagen der Betondeckung. Bei diesen Versuchen wurden zwei verschiedene Versagensarten beobachtet, die als Push-through-Versagen (Bild 2.8 (a1)) und kombiniertes Versagen aus Push-through + Spalten (Bild 2.8 (a2–a4)) beschrieben werden. Während es sich beim Push-through-Versagen um ein reines Herausziehen des Bewehrungsstabes ohne Spaltriss handelt, trat beim Push-through + Spalten ein Spaltriss auf, der das Herausschieben des Stabes beschleunigte, ohne jedoch zu einer kompletten Spaltung des Betons geführt zu haben.

Das häufigste Rissmuster war das in Bild 2.8 (a2) dargestellte mit einem entlang der Verbundzone verlaufenden Spaltriss. Es ist zu erwähnen, dass für Probekörper mit Versagen entsprechend den Fällen (a3) und (a4) in Bild 2.8, die angegebene Spaltrissöffnung in dieser Studie die Summe der Breiten der beiden unteren Spaltrisse beträgt.

Die Proben in den Spitzendruck-Versuchen versagten durch vollständige Aufspaltung der Betondeckung in drei Teile, ein Teil vom Ende des Stabes bis zum unteren Teil des Probekörpers und zwei Teile an den Seiten der Verbundzone (Bild 2.8 (b)).

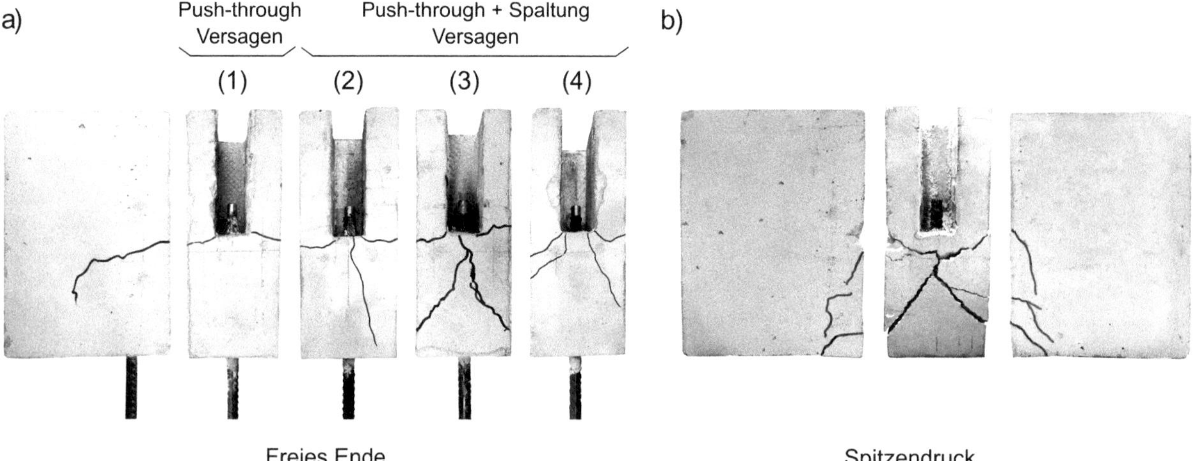

Bild 2.8: Übersicht aller beobachteten Versagensarten bzw. Rissverläufe: (a) Versuche mit freiem Ende mit den vier beobachteten Rissmustern; (b) Versagensmodus der Versuche mit Spitzendruck

2.2.2 Monotones Verhalten (LS1)

Push-in-Kurve

Die sowohl an den belasteten als auch an den unbelasteten Enden gemessenen Last-Verschiebungs-Kurven sind in Bild 2.9 (a–f) für den Beton C40 und in Bild 2.10 (a–f) für die Betonklassen C80 und C120 dargestellt. Da der Unterschied zwischen dem Schlupf an beiden Enden selbst für die große Verbundlänge von 5 d_s relativ klein ist, können wir den Schubspannungsverlauf entlang der Verbundzone als konstant betrachten. Diese

Beobachtung stimmt mit der Annahme einer konstanten Verbundspannung für Stahlbewehrung mit Verbundlängen bis zu $l_b \geq 5d_s$ [Gan07; Zan18] überein. Daher wird im Folgenden nur der Schlupf am unbelasteten Ende betrachtet.

Es wird darauf hingewiesen, dass bei einigen Versuchen eine leichte Biegung des Bewehrungsstabs in der Lasteinleitungszone nicht vermieden werden konnte. Daher erscheint in Bild 2.10 (a) ein negativer Schlupf des Messwertaufnehmers in der Anfangsphase der Belastung. Dieser lokale Mangel hatte jedoch keinen signifikanten Einfluss auf die Push-in-Kurve.

Der Einfluss der Betonfestigkeit auf das Verbundverhalten lässt sich durch den Vergleich der absteigenden Äste der Push-in-Kurven in Bild 2.9 (d–e) und Bild 2.10 (d–f) erkennen. Die Versuche mit der Betonklasse C120 zeigten einen schnelleren Abstieg der Push-in-Kraft als bei Verwendung von C80 und C40. Der Einfluss der Verbundlänge mit l_b = 2,5 d_s und l_b = 5 d_s ist in Bild 2.9 (e) und Bild 2.10 (e) dargestellt. Zusätzlich zeigen Bild 2.9 (d) und Bild 2.10 (d, f) den Unterschied zwischen den Push-in-Kurven, die für verschiedene Bewehrungsdurchmesser (16 mm und 25 mm) je Betonklasse erhalten wurden. In Bild 2.9 (c) wird die Push-in-Kurve eines der monotonen Spitzendruckversuche mit einem Versuch mit denselben Parametern, aber mit einem Probekörper mit freiem Ende verglichen. In dieser Darstellung sind der zusätzliche Beitrag der Betondeckung über das Stabende hinaus in dunkelgrau und der reine Beitrag des Verbundes in hellgrau dargestellt. Einen vollständigen Vergleich mit allen Push-in-Kurven ermöglicht Bild 2.9 (f).

Auswertung der Oberflächenrisse

Die Entwicklung von Längs- und Querrissen in Abhängigkeit von der Push-in-Kraft ist für ausgewählte Versuche in den Bild 2.9 (g, h, i) und Bild 2.10 (g, h, i) aufgetragen. Aufgrund der Längsbewehrung lag die maximal beobachtete Breite der Querrisse bei etwa 0,25 mm. Die Querrisse begannen sich bei geringer Belastung zu entwickeln, wobei das Verbundverhalten noch im elastischen Bereich lag. Es wurde kein Einfluss dieser Risse auf das Verbundverhalten festgestellt, so dass sie bei der weiteren Analyse des Verbundverhaltens vernachlässigt werden konnten. Dagegen war der Einfluss von Längsspaltrissen signifikant. Die in Bild 2.9 (j, k, l) und Bild 2.10 (j, k, l) dargestellten Kurven für repräsentative Versuche zeigen die Übereinstimmung zwischen der Push-in-Kurve und der Entwicklung der Spaltrisse während des Versuchs. In dem in Bild 2.10 (j) in Grau dargestellten Versuch ist beispielsweise der Beginn des Spaltrisses mit dem Kreis markiert und die entsprechende

Belastung mit F_{crack} bezeichnet. Das Verhalten des Verbundes zeigt ab diesem Punkt eine deutliche Abnahme der Steifigkeit. Die Kraft steigt weiter an, bis die maximale Einschubkraft F_{ult} die Verbundfestigkeit definiert. Ein ähnliches Verhalten wurde bei den Versuchen mit anderen Betonklassen (C40, C120) und anderen Verbundlänge (5 d_s) beobachtet.

Die Werte der maximalen Kraft F_{ult} und der Risskraft F_{crack} sind in Tabelle 2.3 für alle monotonen Versuche zusammengefasst. Die quantitativen Verhältnisse der Risskraft F_{crack} zu der in den monotonen Versuchen erhaltenen maximalen Kraft F_{ult} sind in Bild 2.11 (c) zusammengestellt. Das durchschnittliche Verhältnis $F_{\mathrm{crack}}/F_{\mathrm{ult}}$ hängt offensichtlich von der Betonfestigkeit ab. Für die Betonklassen C40, C80 und C120 wurden Werte von 0,79, 0,84 und 0,93 erhalten.

Verbundfestigkeit

Da der Spannungsverlauf entlang der Verbundzone als konstant angesehen werden kann, ist es möglich, die Verbundspannung gemäß Gl. (2.3) zu berechnen.

$$\tau(s) = \frac{F(s)}{\pi \cdot l_b \cdot \mathrm{d_s}} \tag{2.3}$$

Dabei ist s der Schlupf am belasteten/unbelasteten Ende und F ist die Push-in-Kraft. Die Verbundfestigkeit, die mit der maximalen Push-in-Kraft F_{ult} verbunden ist, wird als τ_{ult} angegeben. Typischerweise hängt die Verbundfestigkeit bei einem Pull-out-Versagen von der Betonfestigkeit und der Geometrie der Bewehrungsrippen ab [Met14; Sch18]. Die Werte der Verbundfestigkeit, die aus den monotonen Versuchen für die beiden Betonsorten erworben wurden, sind in Bild 2.11 (a) zusammengefasst und mit den theoretischen Ergebnissen verglichen, die sich aus den Gleichungen (1.1), (1.2) und (1.) ergeben. Die Auswirkung der unterschiedlichen Stabdurchmesser auf die Verbundfestigkeit ist ebenfalls in der Bild 2.11 (b) unter Verwendung der Durchschnittswerte aller relevanten monotonen Versuche zusammengefasst.

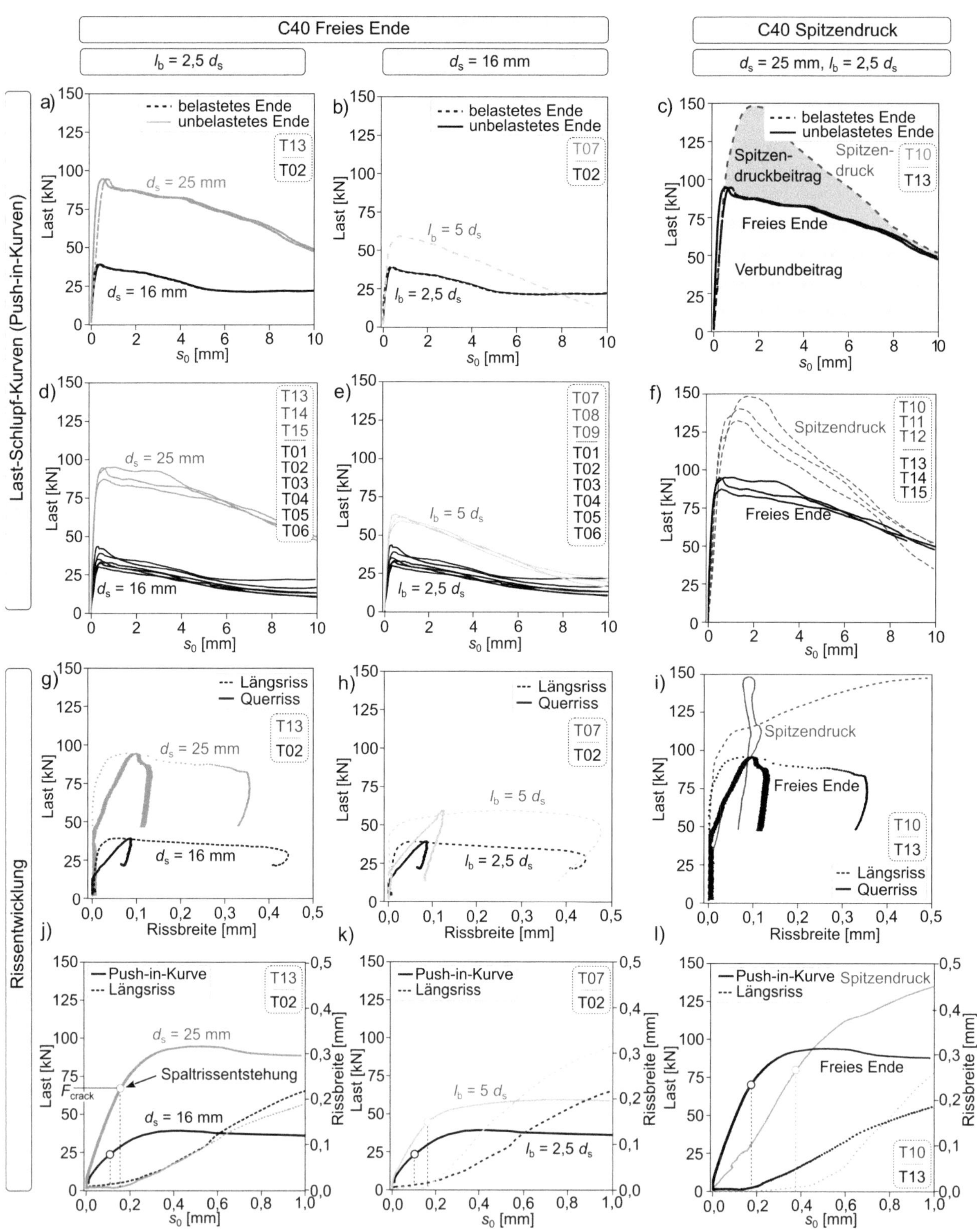

Bild 2.9: Verbundverhalten bei monotoner Belastung C40-Tests: a–c) Push-in-Kurven für belastete und unbelastete Enden; d–f) Push-in-Kurven unbelastetes Ende für alle Prüfparametern bzw. Versuchsarten; g–i) Rissöffnungsentwicklung für Längs- und Querrisse; j–l) kombinierte Push-in-Kurven und Rissöffnungsentwicklung, die gegenseitige Wechselwirkungen zeigen

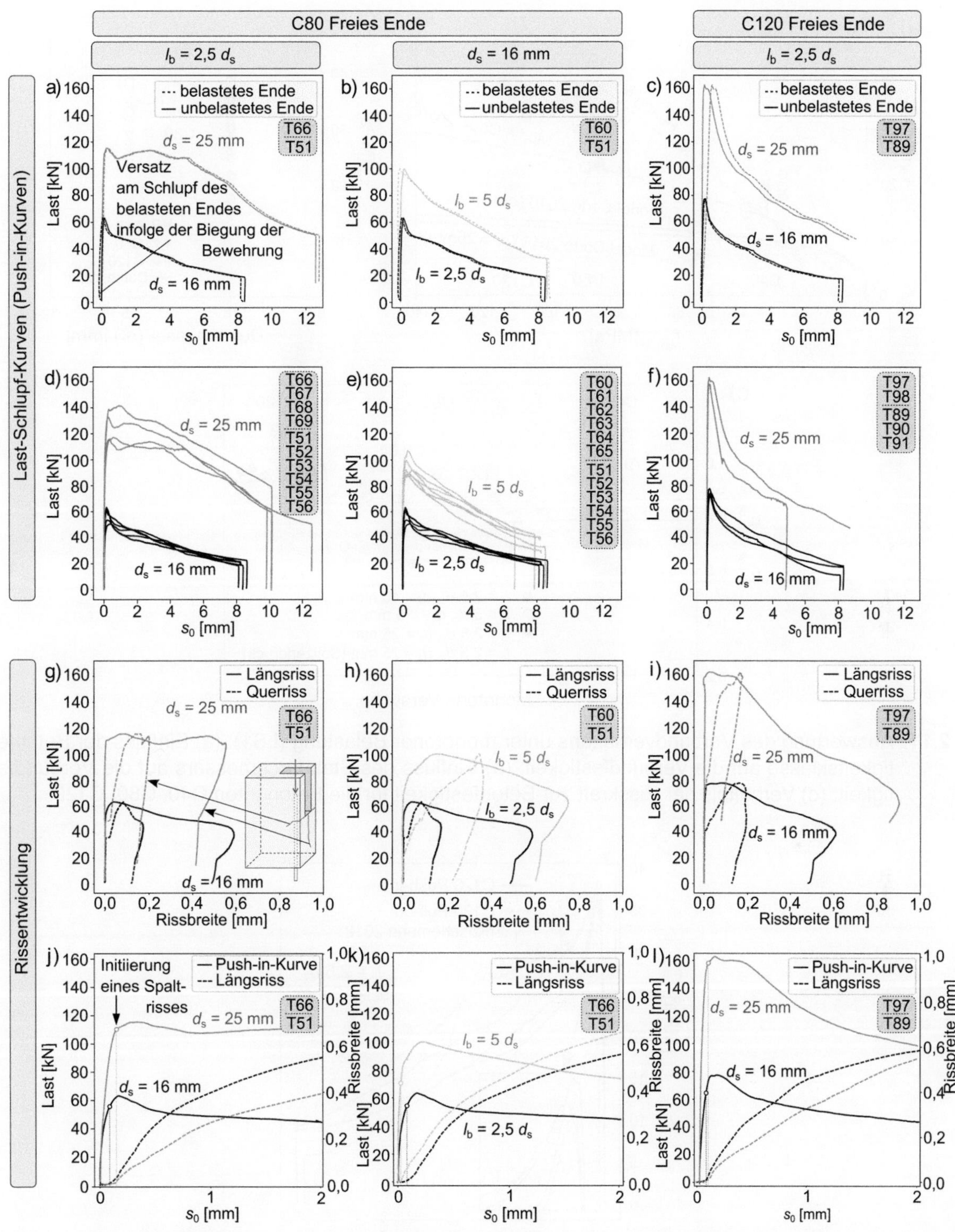

Bild 2.10: Verbundverhalten bei monotoner Belastung für Versuche mit Beton C80 und C120: a–c) Vergleich der Push-in-Kurven für belastete und unbelastete Enden; d–f) Vergleich der Push-in-Kurven für das unbelastete Ende für alle Kombinationen von Prüfparametern; g–i) Vergleich der Rissöffnungsentwicklung für Längs- und Querrisse; j–l) kombinierte Push-in-Kurven und Rissöffnungsentwicklung, die gegenseitige Wechselwirkungen zeigen

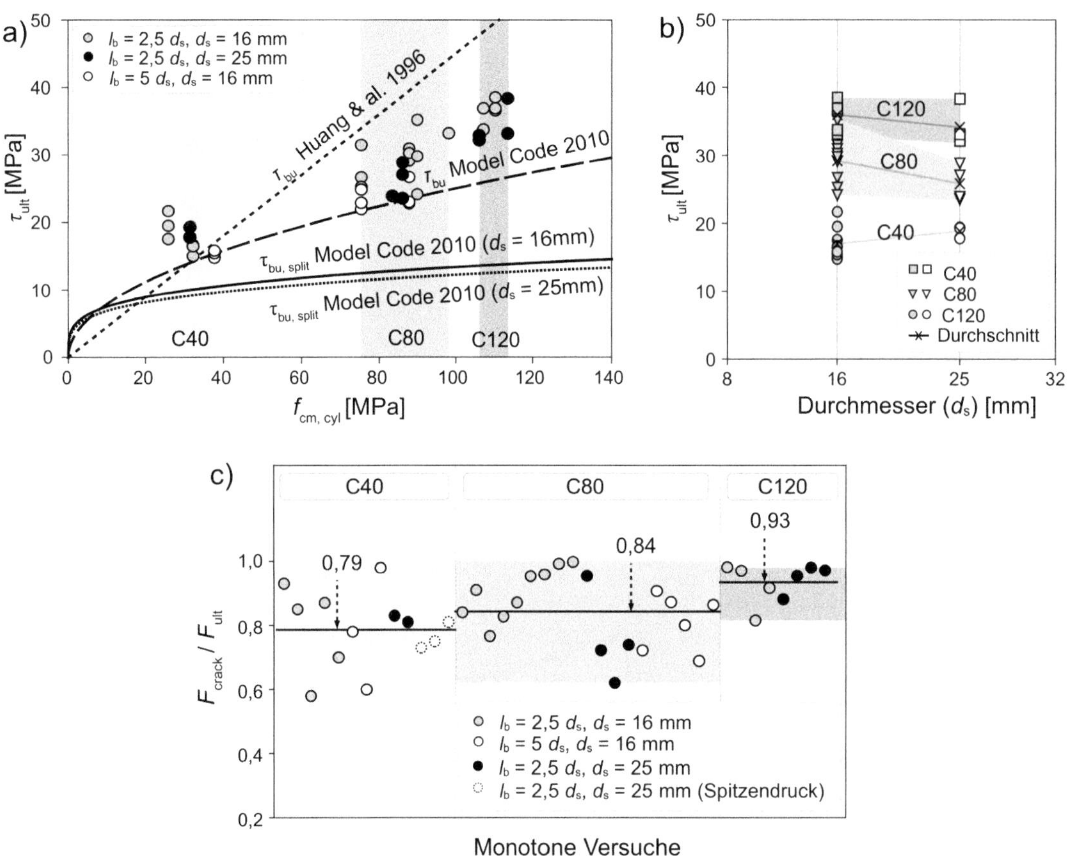

Bild 2.11: Auswertung des Verbundverhaltens unter monotoner Belastung (LS1): (a) Einfluss der Betonfestigkeitsklasse auf die Verbundfestigkeit; (b) Einfluss des Stabdurchmessers auf die Verbundfestigkeit; (c) Verhältnis der Risskraft zur Betonfestigkeit für die Betongüten C40, C80, C120

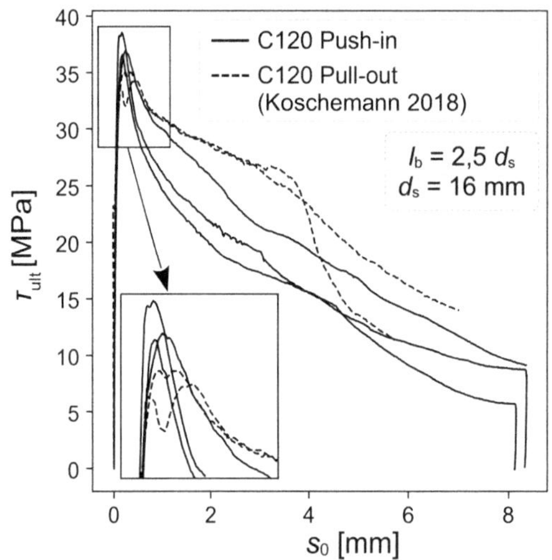

Bild 2.12: Vergleich der Ergebnisse von Beam-End-Versuchen mit Pull-out-Last aus dem Arbeitspaket 2.2 [Kos18] mit durchgeführten Push-in-Versuchen

Vergleich zwischen Push-in- und Pull-out-Belastung im Beam-End-Test

Die in der Literatur vorhandenen experimentellen Ergebnisse für Beam-End-Tests beziehen sich hauptsächlich auf die Pull-out-Belastung. Da im vorgestellten Testprogramm das Verbundverhalten unter Druck untersucht wurde, ist ein Vergleich mit experimentellen Ergebnissen bei gleichen Parametern bezüglich der Probengeometrie und der Materialeigenschaften notwendig. Die in [Kos18] vorgestellten Versuchsergebnisse aus

AP 2.2 mit den gleichen Versuchsparametern ermöglichen einen Vergleich des Verbundverhaltens. Bild 2.12 zeigt das Verbundverhalten von Beam-End-Tests mit Betongüte C120, Verbundlänge 2,5 d_s und Bewehrungsdurchmesser 16 mm unter Pull-out-Belastung in gestrichelten Linien und unter Push-in-Belastung in durchgezogenen Linien. Dieser Vergleich zeigt, dass das Verhalten in Bezug auf die Verbundfestigkeit und die Kraft-Verschiebungs-Kurve recht ähnlich ist, mit einem etwas milderen Verlauf im abfallenden Ast für Push-in im Vergleich zu Pull-out.

2.2.3 Zyklische Belastung (LS2)

Zyklische Push-in-Kurven und Hysterese-Schleifen

Um ein möglichst breites Spektrum dissipativer Mechanismen innerhalb des Verbundverhaltens auszulösen, wurde der Beam-End-Probekörper mehreren weggesteuerten Belastungszyklen ausgesetzt, die auch den Bereich nach dem Erreichen der Maximalkraft umfassen. Ein besonderer Schwerpunkt der Versuchsauswertung lag auf der sich ändernden Form der Hysterese-Schleifen, wie in Bild 2.13 (a) dargestellt. Hier ist eine fast nicht sichtbare Öffnung der Hysterese-Schleifen zu beobachten.

Bewertung der dissipativen Mechanismen

Die Erforschung des Verbundverhaltens unter zyklischer Belastung (LS2) ist von wesentlicher Bedeutung für die makroskopische Unterscheidung der dissipativen Mechanismen, die zum Verlust der Verbundfestigkeit im Bereich nach der Maximalkraft in einer weggesteuerten, monotonen Prüfung führen. Die primären dissipativen Mechanismen sind die Entwicklung des plastischen Schlupfes und die Degradation der Entlastungssteifigkeit, die den Grad der Schädigung bestimmt [Bak18b; Lem12; Lem05; Mu05].

Der plastische Schlupf s^{P} kann für jeden Punkt der Push-in-Kurve wie folgt ermittelt werden [Bak21; Oso13]:

$$s^{\mathrm{P}} = s - \frac{F}{E_{\mathrm{b}}}, \tag{2.4}$$

wobei E_{b} die Entlastungssteifigkeit des Verbundes an jedem Punkt der Push-in-Kurve ist. Außerdem kann der Schädigungsparameter, der den Anteil des beschädigten Materials darstellt, gemäß Gleichung (2.5) berechnet werden, wobei E_{b0} die Anfangssteifigkeit des Verbundes definiert.

$$\omega = 1 - \frac{E_{\mathrm{b}}}{E_{\mathrm{b0}}}, \tag{2.5}$$

Die Entwicklung des plastischen Schlupfes wurde für jeden Lastzyklus bewertet, siehe Bild 2.13 (b). Aus der zyklischen Push-in-Kurve ist ersichtlich, dass der irreversible Schlupf fast gleich dem gesamten erzeugten Schlupf ist, was darauf hindeutet, dass der Verbund zwischen Beton und gerippter Bewehrung in erster Linie durch Plastizität bestimmt wird. Ähnliche Beobachtungen wurden in der Literatur dargelegt, z. B. [Eli83; Le19]. Neben der Entwicklung von plastischem Schlupf ist auch eine leichte Verringerung der Steifigkeit des entlasteten Verbundes zu beobachten. Der Schädigungsparameter wurde gemäß Gleichung (2.5), wie in Bild 2.13 (c) dargestellt, bewertet.

2.2.4 Stufenweise zyklische Belastung (LS3)

Die in Bild 2.13 (d) gezeigte Last-Verschiebungs-Kurve wurde für die Betongüte C120, einen Bewehrungsdurchmesser von 16 mm und eine Verbundlänge von 2,5 d_s ermittelt. Sie zeigt, dass der wichtigste inelastische, dissipative Mechanismus, der das zyklische Verhalten des Verbundes bestimmt, die Entwicklung des plastischen Schlupfes ist, der den in [Hua19] diskutierten Ergebnissen ähnlich ist. Dies ist am Entlastungspfad der Lastzyklen zu erkennen, der einen irreversiblen Schlupf aufweist. Das Verhalten zeigt auch eine geringfügige Verringerung der Steifigkeit des Verbundes, wie aus dem Vergleich des letzten Lastzyklus mit der Steifigkeit beim ersten Lastzyklus erkennbar ist.

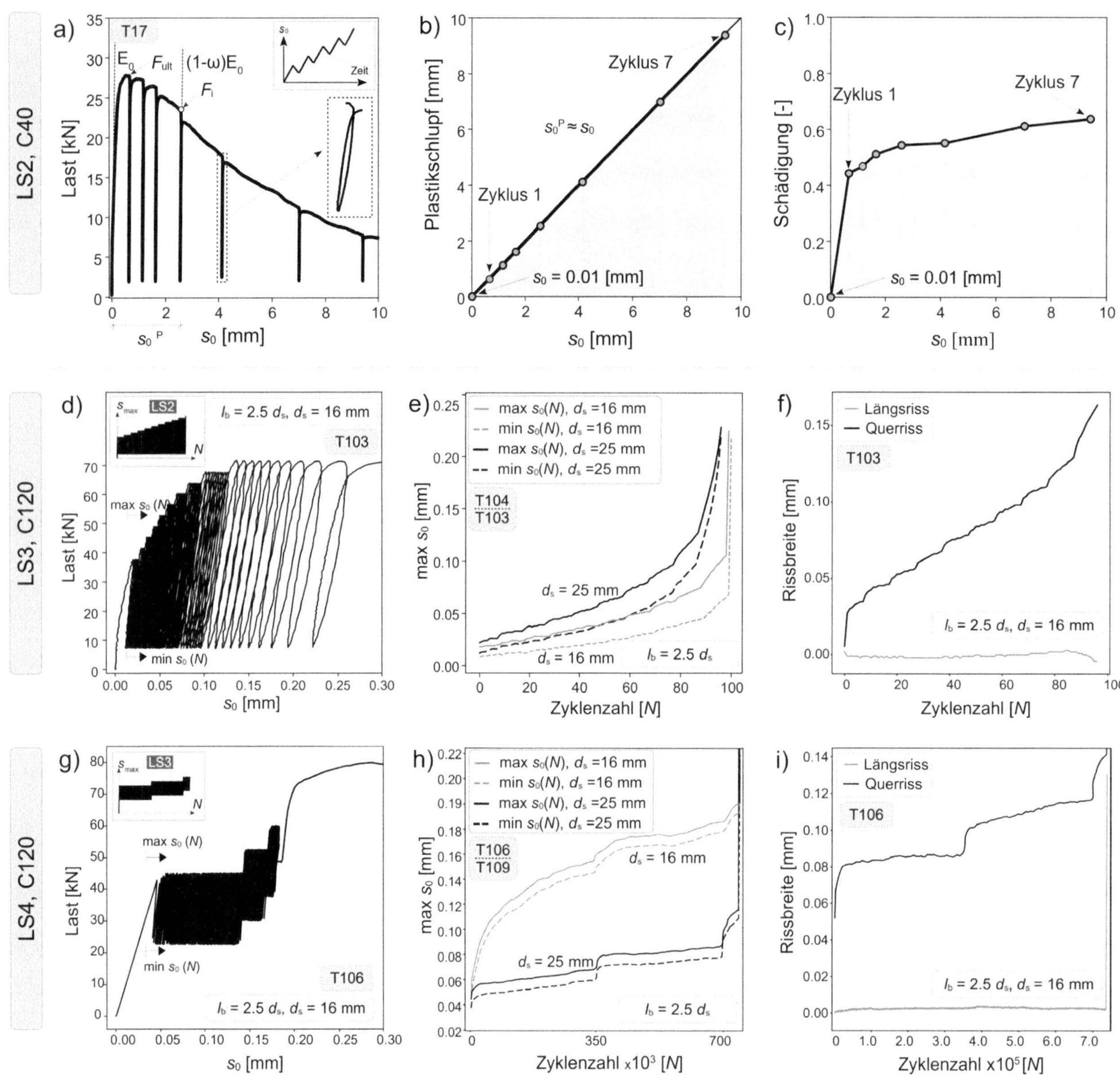

Bild 2.13: Beispiele für das Verbundverhalten unter zyklischer Belastung LS2, LS3 und LS4: a) zyklisches Push-in-Verhalten; b) zugehörige Entwicklung des plastischen Schlupfes; c) Entwicklung der Schädigung; d) Push-in-Kurve für das unbelastete Ende; e) Ermüdungskriechkurven für 16 mm und 25 mm Stabdurchmesser; f) Rissöffnungsentwicklung während der zyklischen Belastung (LS2); g) Push-in-Kurve für das unbelastete Ende; h) Ermüdungskriechkurven für 16 mm und 25 mm Stabdurchmesser; i) Rissöffnungsentwicklung während des Ermüdungsversuchs (LS4)

Die sich entwickelnde Form der Hystereseschleifen kann als Indikator für die zunehmende Energiedissipation bei zyklischer Belastung verwendet werden [Bod19; Can13; Mor11]. Bild 2.13 (d) zeigt eine zunehmende Fläche der Hystereseschleifen für ansteigende zyklische Belastungsstufen, was eine Zunahme der Energiedissipation pro Belastungszyklus bedeutet.

Der Anstieg der Push-in-Verschiebung bei den oberen und unteren Belastungsstufen ist in Bild 2.13 (e) für die Proben mit 16 mm und 25 mm Bewehrungsdurchmesser in schwarzer bzw. grauer Farbe aufgetragen. Die Ermüdungskriechkurven für beide Versuche zeigen eine Zunahme der Schlupfrate mit der Erhöhung des Lastniveaus. Die Fläche der Hystereseschleifen nimmt ebenfalls zu, was auf eine erhöhte Energiedissipationsrate hinweist.

2.2.5 Stufenweise steigende Ermüdungsbelastung (LS4)

Die Last-Verschiebungskurve für einen ausgewählten Versuch mit der Betongüte C120, einem Bewehrungsdurchmesser von 16 mm und einer Verbundlänge von 2,5 d_s ist in Bild 2.13 (g) dargestellt. Der Probekörper zeigte kein Ermüdungsversagen bis zu 735.000 Lastzyklen, dann wurde die Probe monoton bis zum Versagen belastet. Bei der angewandten Ermüdungsbelastung wurde keine Verringerung der monotonen Restfestigkeit des Verbundes festgestellt. Dies ist wahrscheinlich auf die kleine Amplitude innerhalb der schrittweise ansteigenden Belastungsbereiche von 30 % zurückzuführen.

In Bild 2.13 (h) sind die Ermüdungskriechkurven für zwei Proben aufgetragen. Obwohl bei diesen Versuchen kein Ermüdungsversagen auftrat, wurde ein schneller Anstieg der Push-in-Verschiebung im dritten Lastbereich beobachtet. Der Grund dafür könnte mit dem Anstieg des Mittelwertes des Lastbereichs zusammenhängen.

2.2.6 Ermüdungsbelastung mit konstanten Amplituden (LS5)

In Bild 2.14 und Bild 2.16 sind repräsentative Ermüdungskriechkurven für alle betrachteten Versuchsparameterkombinationen mit schwarzen Linien dargestellt. Die entsprechende Entwicklung der Rissöffnung des Längsrisses ist in den jeweiligen Diagrammen als graue Linie eingezeichnet. Die Ergebnisse verdeutlichen den direkten Einfluss des Spaltrisses auf die Form der Ermüdungskriechkurve.

Die Ermüdungskriechkurve der Versuche mit freien Bewehrungsenden und Beton C40 sind in Bild 2.14 (a–c, e–g, i–k) dargestellt. In Bild 2.15 (m–o) sind die Ergebnisse der Spitzendruck-Ermüdungsversuche gezeigt. In den Diagrammen der ersten drei Spalten in Bild 2.14 sind die Werte der Verschiebung bei der Bruchlast $s_0\ (F_{\mathrm{ult}})$ und der Verschiebung beim Auftreten des Spaltrisses $s_0\ (F_{\mathrm{crack}})$ aus den monotonen Versuchen in gestrichelter Form als Referenz für die entsprechenden Versuchsparameter dargestellt. Alle erhaltenen Ermüdungskriechkurven haben die typische Form mit den drei Phasen, einschließlich des schnellen Anstiegs der Push-in-Verschiebung in der ersten und letzten Phase und des quasi linearen Zuwachses in der mittleren Phase. Ausgenommen hiervon sind die Versuche in Bild 2.14 (c, g, k, o), die nach mehreren Millionen Lastzyklen kein Versagen aufwiesen.

Für den in Bild 2.16 (a) dargestellten Versuch mit $S_{\mathrm{max}} = 0{,}75$ trat kein Längsspaltriss auf, so dass er im reinen Push-through-Modus versagte. Bei dem Versuch mit $S_{\mathrm{max}} = 0{,}85$ wurde ein Spaltversagen beobachtet, bei dem der Spaltriss nach 88 % der Ermüdungslebensdauer erscheint, wie in Bild 2.16 (b) gezeigt. Die Ermüdungskriechkurven für die Betongüte C80 sind in Bild 2.16 (d–g) dargestellt. Ähnlich wie bei den Versuchen mit der Betongüte C120 treten die Spaltrisse umso früher auf, je höher die obere Laststufe ist. Bei Beton C80 entstanden die Spaltrisse jedoch bei niedrigeren Laststufen als bei Beton C120. Eine ähnliche Tendenz wurde in Abschnitt 2.2.2 für die monotonen Versuche in Bezug auf das Verhältnis $F_{\mathrm{crack}}/F_{\mathrm{ult}}$ beobachtet.

Bei den in Bild 2.16 (h) gezeigten Ermüdungsversuchen mit einer Zyklenzahl von mehr als 5 Millionen Lastwechseln trat kein Ermüdungsversagen auf, und die Versuche wurden bei der in Tabelle 2.4 angegebenen Zyklenzahlen abgebrochen.

2.2.7 Wöhler-Kurven und der Einfluss von Spaltrissen auf die Verbundermüdungsfestigkeit

Die gemessene Anzahl der Zyklen bis zum Ermüdungsversagen für verschiedene obere Laststufen S_{max} in den durchgeführten Beam-End-Tests für alle untersuchten Fälle sind in

Tabelle 2.4 zusammengefasst und in Bild 2.14 (d, h, l, p) und Bild 2.16 (c, h) für alle Ermüdungsversuche dargestellt. Die erhaltenen Ergebnisse zeigen eine sehr große Streuung in Bezug auf die Anzahl der Zyklen bis zum Ermüdungsversagen für gleiche Werte S_{max}, so dass kein klarer Trend einer Wöhler-Kurve vorgeschlagen werden kann. Auf der Grundlage der von Rehm und Eligehausen 1979 berichteten Versuchsreihe [Eli83], die mit typischen Pull-out-Proben mit zylindrischer Form und normalfestem Beton durchgeführt wurden, war die Approximation der Wöhler-Kurven für den Verbund zwischen Beton und Stahlbewehrung entsprechend der Gleichungen (1.4) und (1.5) vorgeschlagen worden. Die Wöhlerkurve mit $S_{\mathrm{max}} = 0{,}3$ unter Verwendung von Gleichung (1.5) ist als gepunktete Linie und die Wöhlerkurve mit $S_{\mathrm{max}} = 0{,}1$ nach Gleichung (1.4) ist als gestrichelte Linie in Bild 2.14 und Bild 2.16 zum Vergleich dargestellt.

Zur weiteren Interpretation der Ergebnisse betrachten wir die Versuche T24 und T25, die mit $S_{\mathrm{max}} = 0{,}85$ und dem gleichen Bewehrungsdurchmesser und der gleichen Verbundlänge durchgeführt wurden, wie in Bild 2.14 (a, b) dargestellt. Es ist zu sehen, dass die Probe T24 nach 54 Zyklen versagt hat, die Probe T25 hingegen erst nach 949.071 Zyklen, was auf die große Streuung der Ermüdungslebensdauer des Verbundes hinweist. Wenn wir jedoch die entsprechenden Verläufe der Spaltrissbreiten genauer betrachten, lässt sich feststellen, dass die erreichte Zyklenzahl bei Ermüdungsversagen stark von der Spaltrissbreite abhängt. Ein ähnlicher Trend wurde für alle untersuchten Fälle beobachtet, wie in den Bild 2.14 (d, h, l, p) zu sehen ist. Das graue Band zeigt die Abhängigkeit der Ermüdungslebensdauer von der Spaltrissbreite an. Die Streuung der gemessenen Ergebnisse der Spaltrissbreite und ihrer Entwicklung während der Ermüdungslebensdauer erklärt die große Streuung der Zyklenzahl, d. h. der Anzahl der Zyklen bis zum Ermüdungsversagen.

Um die erzielten Ergebnisse mit weiteren verfügbaren Wöhler-Kurven für die Verbundermüdung zu vergleichen, wurde die in [Bas10] vorgeschlagene Approximation berücksichtigt. Diese Annäherung beschreibt im halblogarithmischen Diagramm eine gerade Linie zwischen dem oberen Belastungsniveau $S_{\max}$ und der Anzahl der Zyklen Log (N), gegeben als

$$S_{\max}(N) = C \cdot N^{m}, \tag{2.6}$$

wobei C und m Konstanten sind, die die Ausgangslage und die Steigung im S-N-Diagramm steuern.

Auf der Grundlage der in [Lin10] vorgestellten experimentellen Ergebnisse aus Pull-out-Ermüdungsversuchen an einem normalfesten Beton wurden die Konstanten von Gleichung (2.6) bestimmt (siehe Tabelle 2.5).

Tabelle 2.6: Konstanten der Wöhler-Kurven nach Gl. (2.6) nach [Lin10]

Verbundtyp	S_{min}	C	m
Vollständiger Verbund ohne Spaltrisse	0,40	-0,019	0,880
Gespaltener Verbund (Rissbreite = 0,3 mm)	0,40	-0,059	1,016

Um die Einwirkung von Spaltrissen zu ermitteln, wurde außerdem die Wirkung einer Vorrissbildung in den Pull-out-Proben untersucht. Die ermittelten Konstanten für die Versuche mit einem vollständig intakten Verbund, nämlich umgerissenen Proben, sowie für die Versuche mit vorgerissenen Proben mit einer Rissbreite von 0,3 mm sind in Tabelle 2.6 zusammengefasst. Das untere Belastungsniveau wurde zu $S_{\min} = 0{,}4$ gesetzt. Die resultierenden Wöhler-Kurven für den ungerissenen und den gerissenen Verbund sind in Bild 2.14 (d, h, l, p) und Bild 2.16 (c, h) in schwarzer bzw. grauer Farbe dargestellt.

Auch wenn diese Wöhler-Kurven aus Pull-out-Versuchen mit einer größeren Verbundlänge von 10 d_s erhalten wurden, erscheint der Vergleich der selbst erzielten Ergebnisse mit diesen Wöhler-Kurven hilfreich, da andere Ergebnisse, die dem verwendeten Versuchsaufbau ähnlicher wären, in der Literatur nicht verfügbar sind. Es ist festzustellen, dass die Proben in den durchgeführten Beam-End-Tests unter Push-in-Belastung im Vergleich mit den in [Lin10] vorgestellten Ergebnissen eine längere Ermüdungslebensdauer aufwiesen, insbesondere für die Tests mit kleiner entwickelter Spaltrissbreite.

Darüber hinaus weisen die durchgeführten Spitzendruck-Versuche eine höhere Ermüdungslebensdauer mit geringeren Streuungen auf als die Versuche mit freiem Ende, wie in Bild 2.15 (l, p) gezeigt. Der Grund für die längere Ermüdungslebensdauer kann auf den Beitrag des Betons zurückgeführt werden, der eine große mitwirkende Fläche hat. Darüber hinaus weist der Beton eine theoretisch längere Ermüdungslebensdauer auf als der Verbund zwischen Beton und Stahlbewehrung.

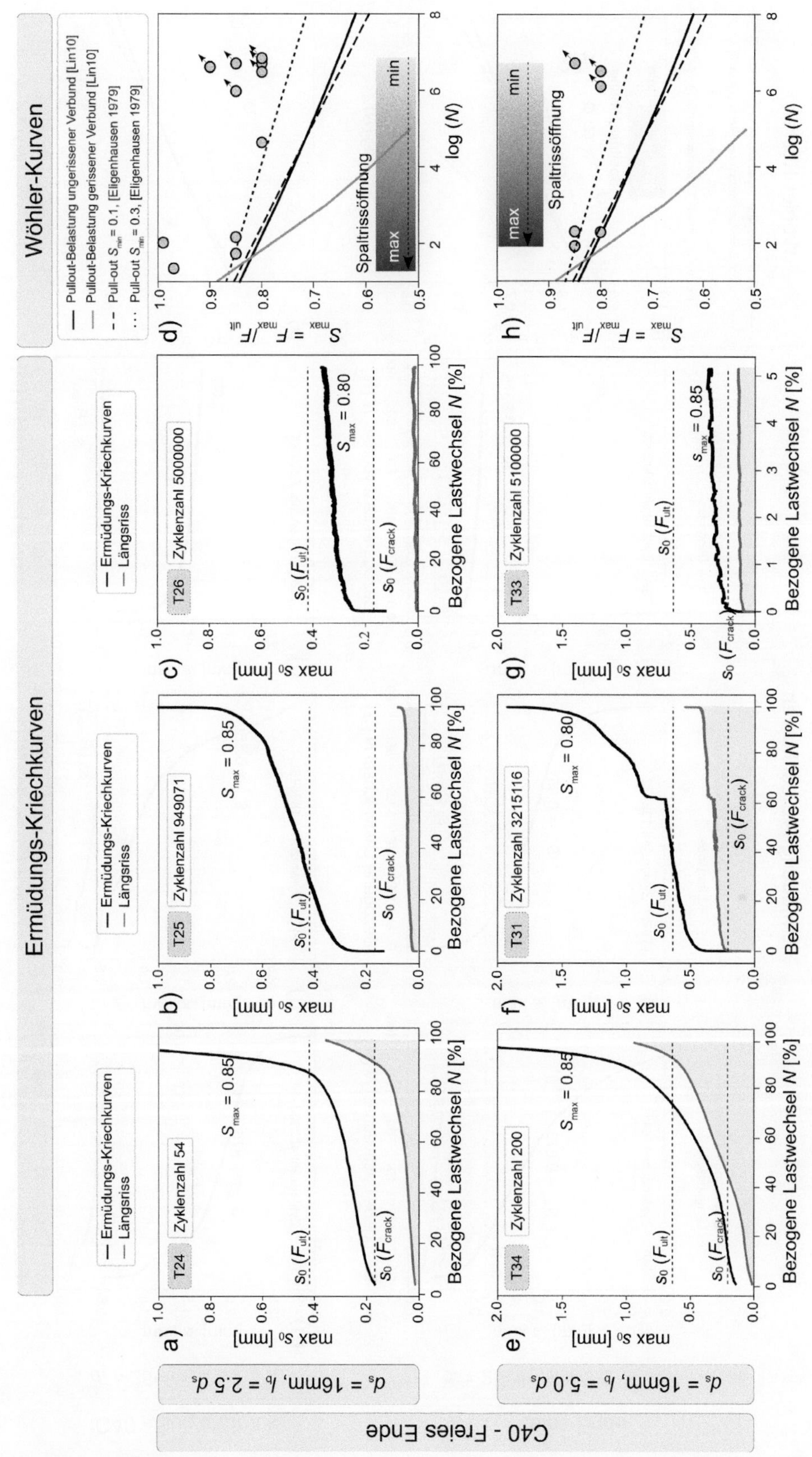

Bild 2.14: Ermüdungsverhalten im Verbund bei konstanten Amplituden (LS5) für Beton C40 mit Bewehrungsdurchmesser d_s = 16 mm

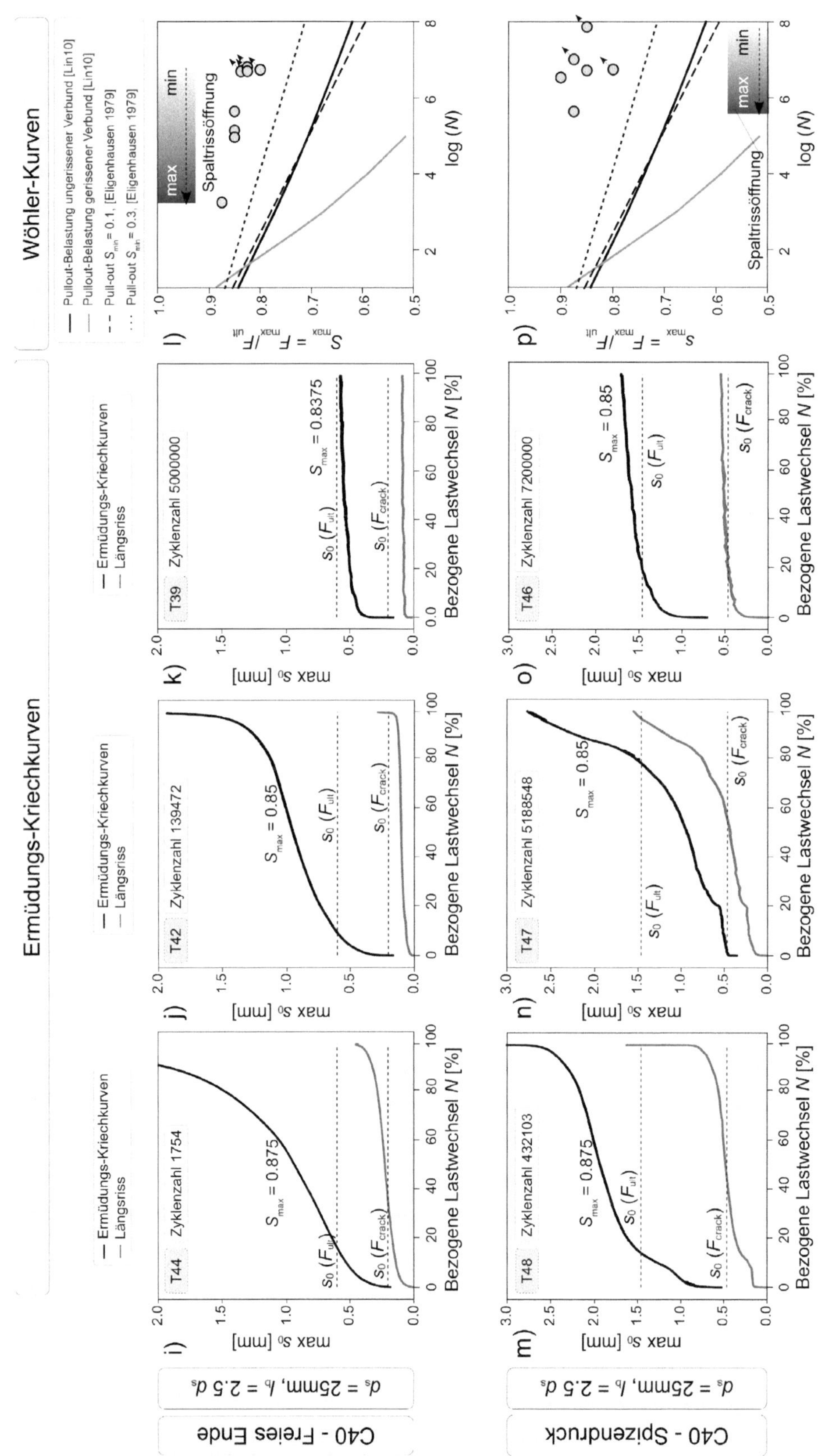

Bild 2.15: Ermüdungsverhalten im Verbund bei konstanten Amplituden (LS5) für Beton C40 mit Bewehrungsdurchmesser d_s = 25 mm

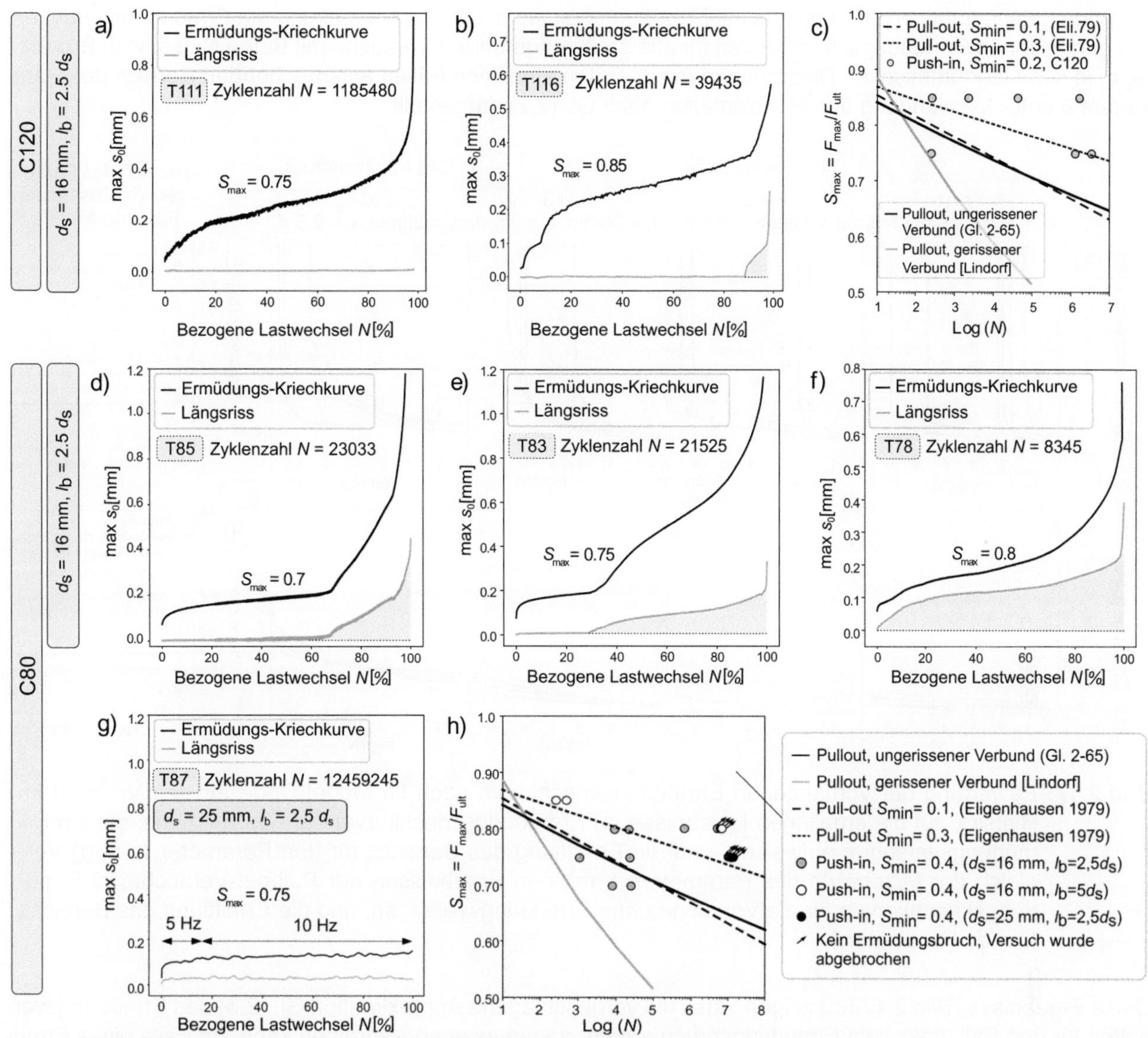

Bild 2.16: Ermüdungsverhalten im Verbund bei konstanten Amplituden (LS5) für Beton C80 und C120: a–b) Ermüdungskriechkurve mit zugehöriger Rissentwicklung für Versuche mit Beton C120; c–f) Ermüdungskriechkurven mit zugehöriger Rissöffnungsentwicklung für Versuche mit Beton C80

Beobachtete Mechanismen der Verbundermüdung

Das beobachtete Ermüdungsverhalten des Verbundes bei den hochfesten Betonen C120 und C80 weist zwei Phasen der Schädigungsakkumulation auf, wie in den gezeigten Ermüdungskriechkurven in Bild 2.16 zu sehen sind. In der ersten Phase kann das Ermüdungsverhalten des Verbundes als ungerissener Verbund betrachtet werden, mit Ablösung durch Ermüdung bis zu einem Übergangspunkt, an dem der Längsspaltriss auftritt. Nach diesem Punkt zeigt das Ermüdungsverhalten des Verbundes eine beschleunigte Schädigungsakkumulation. Aufgrund der Stabilisierung des Spaltrisses durch die Querbewehrung bietet diese Phase die Möglichkeit, die Verhältnisse zwischen Verbundermüdung und Spaltriss in reproduzierbarer Weise zu charakterisieren. Es ist zu bemerken, dass eine solche Charakterisierung mit dem Standard-RILEM-Pull-out-Test nicht möglich wäre. Für den normalfesten Beton C40 zeigten die meisten Versuche allerdings, dass der Spaltriss direkt mit dem ersten Belastungszyklus auftritt, wie die Ermüdungskriechkurven in Bild 2.14 dargestellt.

Bewertung der empirischen Approximation der Ermüdungskriechkurve des Verbundes nach fib Model Code 2010 [fib12]

Um die Gültigkeit und Anwendbarkeit der im fib-Model Code 2010 vorgeschlagenen Approximation Gl. (2.1) auf die Ermüdungsversuche unter Push-in-Belastung zu beurteilen, wurde der Wertebereich für den Exponenten b anhand der gemessenen Daten ermittelt. Zu diesem Zweck wurden die Ermüdungsversuche in zwei

Gruppen geteilt, nämlich die Versuche mit Ermüdungsversagen und die Versuche ohne Ermüdungsversagen. Die gemessenen Ermüdungskriechkurven für alle 33 durchgeführten Versuche mit Beton C40 sind in Bild 2.17 (a, c) in semi-logarithmischen Diagrammen mit dem den einzelnen Fällen entsprechenden Bereich des Parameters b unter Verwendung der Approximation nach Gl. (2.2) dargestellt.

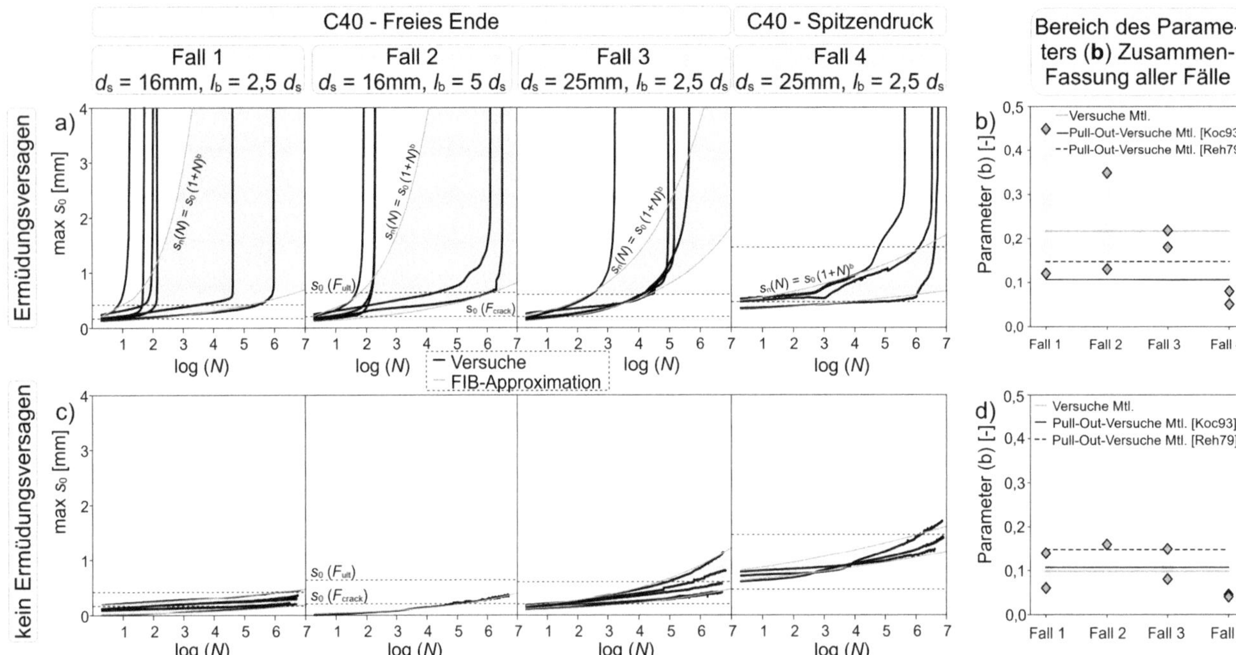

Bild 2.17: Bewertung der vorhandenen Ermüdungskriechkurve nach fib Model Code für den Verbund im Hinblick auf die erhaltenen Ergebnisse: a) Ermüdungskriechkurven für die Versuche, die ein Ermüdungsversagen aufweisen, und die Ermittlung des Bereichs für den Parameter $\boldsymbol{b}$; b, d) Vergleich der Mittelwerte des Parameters $\boldsymbol{b}$ mit den Ergebnissen der Pull-out-Versuche; c) Ermüdungskriechkurven für die Versuche ohne Ermüdungsversagen, und die Ermittlung des Bereichs für den Parameter $\boldsymbol{b}$

Diese Ergebnisse (Bild 2.17 (c)) zeigen, dass die vorgeschlagene Approximation Gl. (2.3) das Ermüdungsverhalten für den Fall, dass kein Ermüdungsbruch auftritt, angemessen beschreiben kann. Im Falle eines Ermüdungsversagens kann die vorgeschlagene Formel allerdings nur den Schlupfanstieg bis zum Ende der zweiten Phase der Ermüdungskriechkurve beschreiben, siehe Bild 2.17 (a). Die Ergebnisse lassen die Schlussfolgerung zu, dass diese Approximation nur einen begrenzten Gültigkeitsbereich hat und den letzten beschleunigten Abschnitt der Ermüdungskriechkurve nicht beschreiben kann und daher nicht zur Vorhersage von Ermüdungsversagen geeignet ist. Der ermittelte Bereich des Exponenten b für beide Gruppen ist in Abb. 12(b, d) mit Mittelwerten $b = 0{,}217$ und $b = 0{,}098$ für die Versuche mit Ermüdungsversagen bzw. die Versuche ohne Ermüdungsversagen zusammengefasst und mit grauen Linien dargestellt. Um die erhaltenen Ergebnisse mit den in [Koc93; Reh79] vorgestellten Ergebnissen von Pull-out-Versuchen zu vergleichen, sind die Mittelwerte des Exponenten b aus diesen Versuchsprogrammen in Bild 2.17 (b, d) mit schwarzen Linien dargestellt.

2.3 Entwicklung eines numerischen Verbundermüdungsmodells

Das Verhalten von Stahlbetonbauteilen, die unter Ermüdungsbelastung stehen, kann nur dann richtig beschrieben werden, wenn die lokalen Degradationsprozesse, die die Verbundfestigkeit unter Ermüdungsbelastung beeinflussen, erfasst werden. Diese beeinflussen wesentlich die Strukturverformung, die Breite und Ausbreitung der Risse in den Stahlbetonbauteilen und natürlich das Versagen.

Die Charakterisierung des Ermüdungsverhaltens des Verbundes in Stahlbetonbauwerken bedingt eine große Anzahl aufwendiger Versuche, sodass eine vollständige Abdeckung aller relevanten Belastungskombinationen unmöglich ist. Daher ist eine Strategie, die experimentelle und theoretische Methoden kombiniert, eine wesentliche Voraussetzung für einen wirtschaftlichen und sicheren Nachweis von Stahlbetonbauwerken, die unter Ermüdungsbelastung stehen.

Mit dem Ziel, eine tiefere Interpretation der experimentellen Ergebnisse zu ermöglichen, wurde am IMB-RWTH ein thermodynamisch konsistentes Materialmodell des Verbundverhaltens unter Ermüdungsbeanspruchung entwickelt und implementiert. Das Modell basiert auf dem kumulativen Maß des plastischen Schlupfes als grundlegender Schädigungsmechanismus bei subkritischen Belastungen. Das Modell stellt die Kopplung zwischen Schädigungsrate und Absolutwert der plastischen Schlupfrate her und berücksichtigt gleichzeitig die Auswirkung der Drucksensitivität auf das Verbundverhalten.

Thermodynamisch basierte Modellformulierung:

Das Modell wurde innerhalb des thermodynamischen Rahmens formuliert. Unter Berücksichtigung der Kopplung zwischen der Schädigung und dem unelastischen Schlupf wird das thermodynamische Potential des Verbundes definiert

$$\rho\psi(s, s^{\pi}, \omega, \alpha, z) = \frac{1}{2}(1-\omega)E_{\mathrm{b}}(s - s^{\pi})^2 + \frac{1}{2}\gamma\alpha^2 + \frac{1}{2}Kz^2, \tag{2.7}$$

wobei ψ die Helmholtz-Energie, ρ die Dichte des Betons, E_{b} die Verbundsteifigkeit, s der Schlupf und K und γ die isotropischen bzw. kinematischen Verfestigungsmodule sind. Die thermodynamischen Variablen sind der unelastische Schupf s^{π}, welcher dem irreversiblen Schlupf entspricht, die Schädigungsvariable ω und die Variablen z und α für die isotropische und die kinematische Verfestigung. Die Zustandsgleichungen, die die thermodynamischen Kräfte mit den thermodynamischen Variablen verbinden, erhält man durch Differenzieren des thermodynamischen Potentials des Verbundes wie folgt:

$$\tau = \frac{\partial\rho\psi}{\partial s} = (1-\omega)E_{\mathrm{b}}(s - s^{\pi})\,, \tag{2.8}$$

$$\tau^{\pi} = -\frac{\partial\rho\psi}{\partial s^{\pi}} = (1-\omega)E_{\mathrm{b}}(s - s^{\pi})\,, \tag{2.9}$$

$$X = \frac{\partial\rho\psi}{\partial\alpha} = \gamma\alpha, \qquad Z = \frac{\partial\rho\psi}{\partial z} = Kz\,, \tag{2.10}$$

$$Y = -\frac{\partial\rho\psi}{\partial\omega} = \frac{1}{2}E_{\mathrm{b}}(s - s^{\pi})^2, \tag{2.11}$$

worin $\tau = \tau^{\pi}$ die Verbundspannung, X, Z die thermodynamischen Verfestigungskräfte für die isotropische und die kinematische Verfestigung und Y die Energiedissipationsrate sind. Die Grenzwertfunktion ist definiert als

$$f(\tilde{\tau}^{\pi}, X, Z, \sigma_N) = |\tilde{\tau}^{\pi} - X| - Z - \bar{\tau} + m\,\sigma_N\,, \tag{2.12}$$

wobei $\tilde{\tau}^{\pi}$ die effektive Verbundspannung, $\bar{\tau}$ die Reversibilitätsgrenze, σ_N der Querdruck, und m ein Materialparameter, der die Drucksensitivität steuert.

Das Potenzial, das die Schädigungsentwicklung steuert, erweitert die Grenzwertfunktion um einen nicht-assoziativen Term

$$\phi = f(\tilde{\tau}^{\pi}, X, Z, \sigma_N) + \frac{S(1-\omega)^c}{(r+1)}\left(\frac{Y}{S}\right)^{r+1}\left(\frac{\bar{\tau}}{\bar{\tau} - m\sigma_N}\right). \tag{2.13}$$

Hierbei stellt S einen Materialparameter dar, der als Schädigungsfestigkeit bezeichnet wird. Die Parameter c und r steuern die Schädigungsakkumulation. Dieses Potential ist eine modifizierte Funktion des von Lemaitre und Desmorat [Lem05] vorgeschlagenen Schädigungspotentials. Diese Modifikation ermöglicht es, das Modell auf den hochzyklischen Ermüdungsbereich anzuwenden.

Die Evolutionsgleichungen werden durch die Differenzierung des Potenzials in Gl. (2.13) in Bezug auf die thermodynamischen Kräfte erhalten

$$\dot{s}^{\pi} = \dot{\lambda}\frac{\partial\phi}{\partial\tau^{\pi}} = \frac{\dot{\lambda}}{1-\omega}\operatorname{sign}(\tilde{\tau}^{\pi} - X)\,, \tag{2.14}$$

$$\dot{z} = -\dot{\lambda}\frac{\partial\phi}{\partial Z} = \dot{\lambda}\,, \tag{2.15}$$

$$\dot{\alpha} = -\dot{\lambda}\frac{\partial\phi}{\partial X} = \dot{\lambda}\operatorname{sign}(\tilde{\tau}^{\pi} - X)\,, \tag{2.16}$$

$$\dot{\omega} = \dot{\lambda}\frac{\partial\phi}{\partial Y} = (1-\omega)^{c}\left(\frac{Y}{S}\right)^{r}\left(\frac{\bar{\tau}}{\bar{\tau} - m\sigma_{N}}\right)\dot{\lambda}\,. \tag{2.17}$$

Unter Verwendung der Gl. (2.14) kann der inkrementelle Multiplikator als

$$\dot{\lambda} = (1-\omega)|\dot{s}^{\pi}| \tag{2.18}$$

erhalten werden. Durch Einsetzen von λ in Gl. (2.17) wird die Beziehung zwischen der Schädigungsrate und dem Absolutwert der inelastischen Schlupfrate in der folgenden Form erhalten

$$\dot{\omega} = (1-\omega)^{c+1}\left(\frac{Y}{S}\right)^{r}\left(\frac{\tau}{\bar{\tau} - m\,\sigma_{N}}\right)|s^{\pi}| \tag{2.19}$$

wodurch festgestellt werden kann, dass

$$s^{\pi}_{\mathrm{cum}}(t) = \int_{0}^{t} |\dot{s}^{\pi}|\mathrm{d}t \tag{2.20}$$

Aus dieser Integralgleichung ist zu erkennen, dass das Evolutionsgesetz (2.19) tatsächlich den kumulativen inelastischen Schupf als grundlegende Schädigungsquelle einführt. Die resultierende Struktur der Zustandsgleichungen und ihre Kopplung ist schematisch in Bild 2.18 (b) dargestellt. Eine detaillierte Beschreibung der Modellformulierung, Implementierung und Anwendung ist in [Bak18a; Bak18b] enthalten.

Das entwickelte Verbundermüdungsmodell erfasst die inelastischen dissipativen Mechanismen, die in der Verbundzone innerhalb einer idealisierten Interfacefläche ohne detaillierte Auflösung des Verbundprofils zwischen dem Beton und der gerippten Bewehrung auftreten. Dieses Interface kann in ein 1D-, 2D- oder 3D-Finite-Elemente-Modell eingefügt werden. In den vorliegenden Untersuchungen wird gezeigt, dass dieses Modell das unelastische Verhalten in der Verbundzone bei zyklischer subkritischer Belastung korrekt abbilden kann. Für die Simulation der Pull-out- und Beam-End-Versuche (Bild 2.18 (a)) wurde das entwickelte Verbundmaterialmodell in die Standard-Finite-Elemente-Methode als impliziter Time-Stepping-Algorithmus implementiert, der die Evolutionsgleichungen inkrementell integriert.

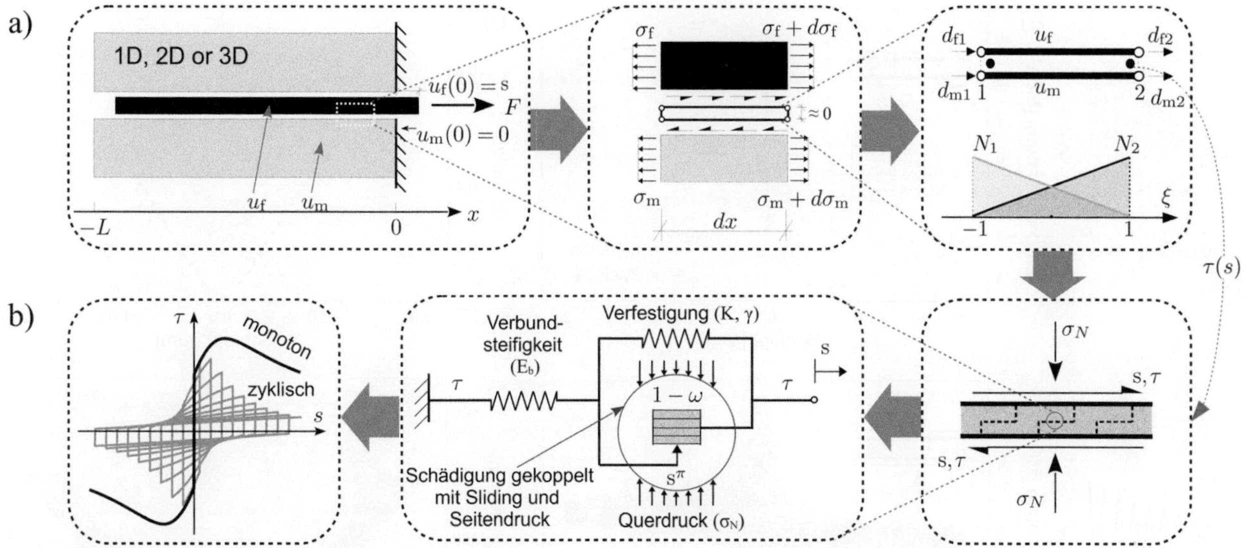

Bild 2.18: Numerischer Modellierungsansatz; a) Idealisierung des Pull-out / Push-in-Versuchs; b) schematische Darstellung des Verbundermüdungsmodells

Elementare Verifikationsstudien zum Modellverhalten

Zur Demonstrierung des Verhaltens des entwickelten Materialmodells werden in diesem Abschnitt Studien des Modellverhaltens auf der Ebene eines einzelnen Materialpunktes vorgestellt.

Kumulative Ermüdungsschäden

Die Degradation des Verbundverhaltens unter monotonen und zyklischen Belastungen, die durch den Schlupf gesteuert werden, ist in Bild 2.19 (a) dargestellt. Die zyklische Schlupfbeanspruchung mit steigender Amplitude zeigt den Zusammenhang zwischen der Schädigungsrate und dem absoluten Wert der unelastischen Schlupfrate, was zu einer Schädigungsakkumulation bei den subkritischen Laststufen führt. Die Schädigungsakkumulation während der Be- und Entlastungsphasen ist in Bild 2.19 (b) dargestellt.

Sensitivität auf Querdruck/-zug

Der Einfluss des Querdrucks auf das Verbundverhalten zwischen Beton und Stahl bei monotoner Belastung wurde in früheren Versuchen untersucht, die man in der Literatur findet [Eli83; La 92; Tor13] und zeigt einen Anstieg der maximalen Verbundspannung bei steigendem Querdruck. In Bild 2.19 (c) ist das Verbundspannungs-Schlupf-Verhalten bei zyklischer Beanspruchung mit steigender Amplitude für verschiedene Querdruckniveaus dargestellt. Die dissipierte Energie steigt proportional mit dem Niveau des Querdrucks, wie in Bild 2.19 (d) dargestellt ist. Diese qualitative Studie zeigt, dass das Modell die Sensitivität des Verbundes in Bezug auf den Querdruck abbildet und somit eine gute Darstellung des physikalischen Phänomens ermöglicht. Weitere Studien, die die Einflüsse der Modellparameter auf das Verbundverhalten zeigen, sind in [Bak18b] präsentiert.

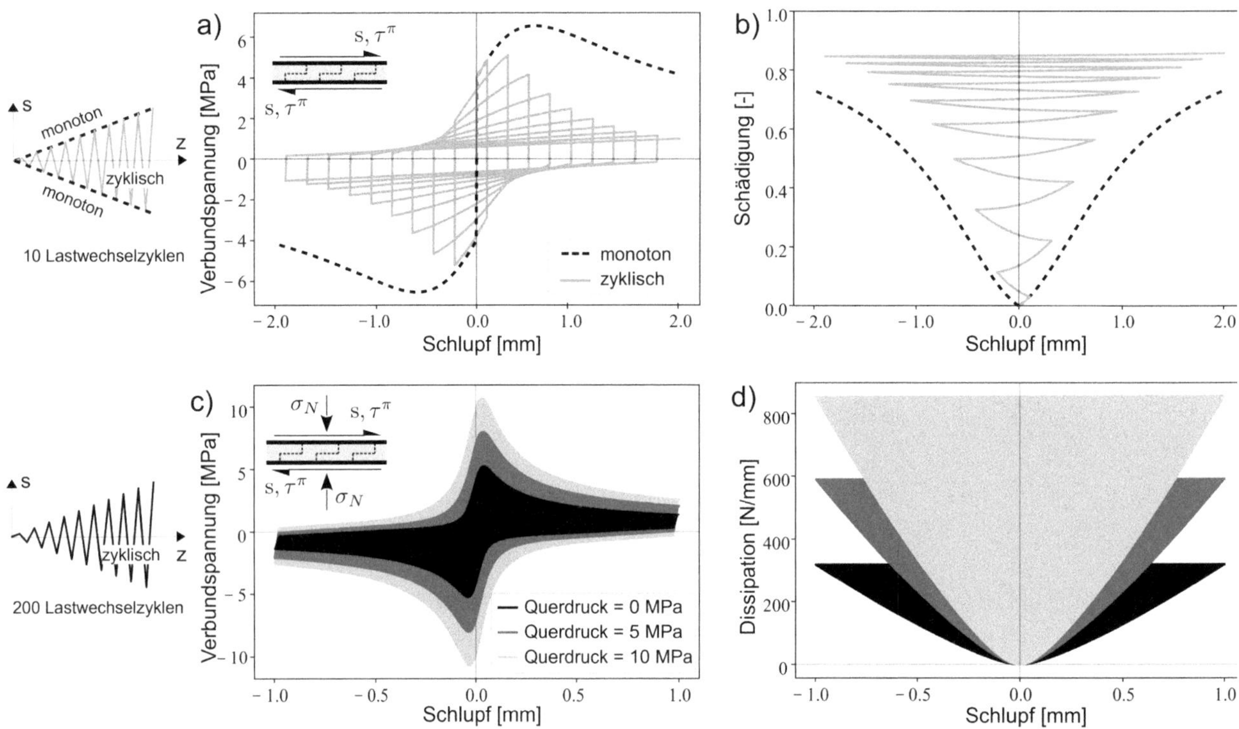

Bild 2.19: Zyklisches Verbundverhalten des Modells auf der Materialpunktebene: a) Verbundspannungs-Schlupf-Verhalten bei monotoner und zyklischer Belastung mit b) entsprechender Schädigungsentwicklung; c) zyklisches Verbundverhalten bei variierendem Querdruck sowie d) zugehörige Energiedissipation

2.4 Simulation von Pull-out-Versuchen unter zyklischer Belastung

Die folgenden numerischen Studien basieren auf experimentellen Untersuchungen aus der Literatur, die sich auf verschiedene Phänomene im Zusammenhang mit Verbundermüdung ausrichten. Zunächst wird die Fähigkeit des Modells geprüft, den Verbund zwischen Beton und Stahlbewehrung [Reh79] unter Ermüdungsbelastung zu reproduzieren.

Modellkalibrierung und -validierung

Die Modellparameter für eine Kombination von Stahlbewehrung mit einem Stabdurchmesser von d_s = 14 mm und der Betonklasse C30 wurden mit den Versuchen von [Reh79] kalibriert. Die Verbundlänge betrug 3 d_s und der Schlupf wurde am unbelasteten Ende gemessen. Die Versuchsergebnisse zeigten ein Pull-out-Versagen unter Ermüdungsbelastung.

Die kalibrierten Parameter des Verbundmodells sind in Tabelle 2.7 zusammengefasst. Die Verbundsteifigkeit E_b wurde entsprechend der Schersteifigkeit des Betons angenommen, entspricht $(E\ /\ 2(1+\nu))$, wobei E der Elastizitätsmodul und ν die Poissonzahl des Betons ist. Die Parameter $\bar{\tau}$, K, γ, S, r und c wurden anhand der in Bild 2.20 (a) als gestrichelte Linie dargestellten monotonen Pull-out-Kurve und der in Bild 2.20 (e) dargestellten experimentell ermittelten Wöhlerlinie identifiziert.

Die Wöhlerlinie repräsentiert die Ermüdungslebensdauer für unterschiedliche normalisierte Belastungsniveaus $S_{\max} = F_{\max}\ /\ F_{\mathrm{ult}}$, wobei $F_{\max}$ und F_{ult} das Oberlastniveau im Ermüdungsversuch bzw. das maximale Tragfähigkeitsniveau im Monotonversuch bestimmen (Bild 2.20 (a, b)). Für alle Versuche wurde ein konstantes Unterlastniveau $S_{\min} = 0{,}10$ festgelegt. Die Ermüdungskriechkurven, d. h. die Schlupfentwicklung während der Ermüdungslebensdauer, die den einzelnen im Versuchsprogramm enthaltenen Belastungsniveaus entsprechen, werden in Bild 2.20 (d) mit den numerisch berechneten Kurven verglichen.

Tabelle 2.7: Kalibrierte Modellparameter für den Verbund zwischen Stahlbewehrung und Beton

Parameter	Beschreibung	Wert	Einheit
E_b	Verbundsteifigkeit	12.900	[MPa/mm]
$\bar{\tau}$	Reversibilitätsgrenze	4,20	[MPa]
K	isotropischer Verfestigungsmodul	11,00	[MPa/mm]
γ	kinematischer Verfestigungsmodul	55,00	[MPa/mm]
S	Schädigungsfestigkeit	4,8 x 10^{-4}	[N/mm]
r	Parameter der Schädigungsakkumulation	0,51	[-]
c	Parameter der Schädigungsakkumulation	2,80	[-]

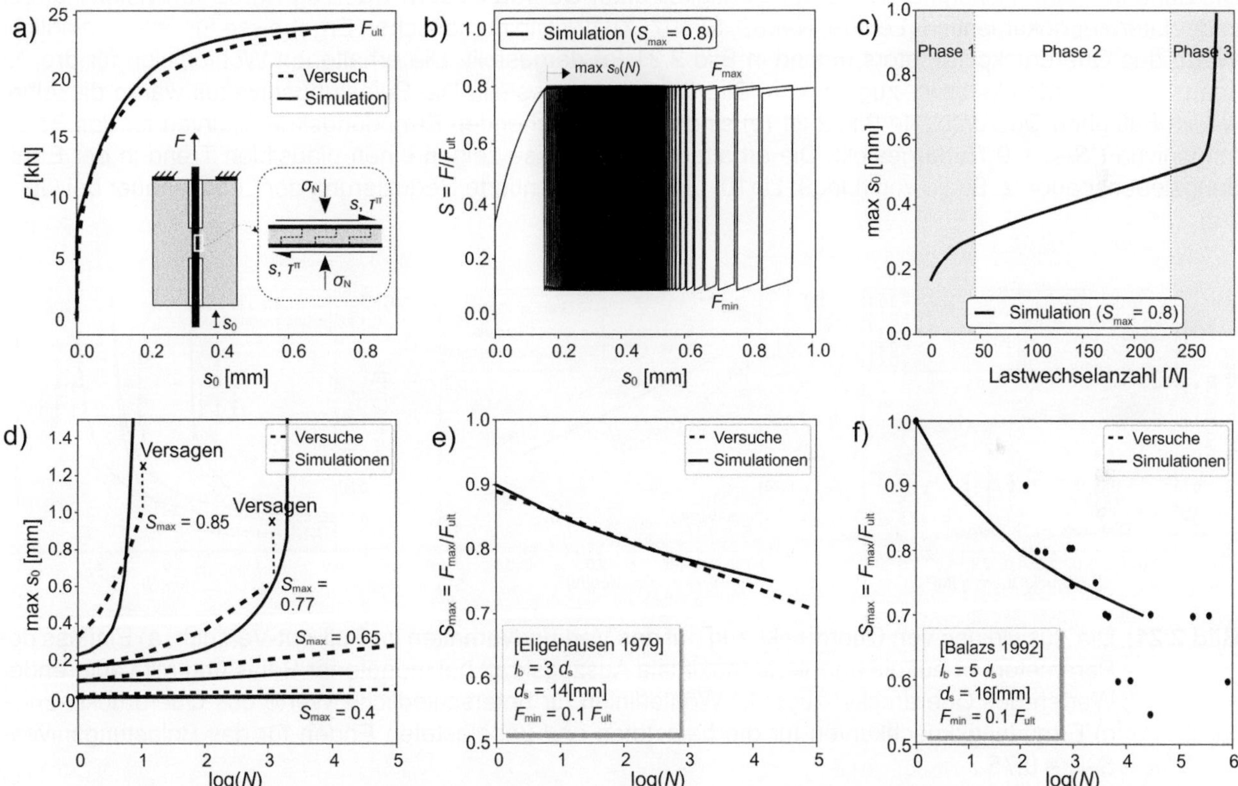

Bild 2.20: Simulation des Pull-out-Tests - Vergleich mit dem Testprogramm von [Reh79] und [Bal98]: a) Pull-out-Kurven bei monotoner Belastung; b) Pull-out-Kurven bei zyklischer Belastung; c) Ermüdungskriechkurve für das Belastungsniveau (S_{max} = 0,8); d) Ermüdungskriechkurve für verschiedene Belastungsniveaus; e, f) Wöhlerlinien (S-N-Kurve)

Das Modell ist offensichtlich in der Lage, sowohl das monotone als auch das zyklische Verhalten des Verbundes mit den gleichen Materialparametern zu reproduzieren. Außerdem konnte die Lebensdauergrenze für kleine Lastniveaus ohne Ermüdungsversagen abgebildet werden. Um die Fähigkeit des Modells zu demonstrieren, den charakteristischen Verlauf der Ermüdungskriechkurve abzubilden, ist in Bild 2.20 (c) die für das Lastniveau $S_{\max} = 0{,}80$ berechnete Schlupfentwicklung am belasteten Ende dargestellt. Der Verlauf der Kurve zeigt drei Stufen der Ermüdungsentwicklung: schnelles Wachstum in der ersten und letzten Phase und stabiles, quasi lineares Wachstum in der mittleren Phase. Dies stimmt mit der Form der experimentell beobachteten Ermüdungskriechkurven in [Bal98; Lin09] überein.

Um den vorgestellten Modellierungsansatz zu validieren, müssen wir die Fähigkeit des Modells zur Prognose des Ermüdungsverhaltens bei veränderter Verbundlänge überprüfen. Da die für die Kalibrierung verwendeten Versuchsreihen nur einen einzigen Wert für die Verbundlänge betrachteten, kann die Modellvalidierung nur mit experimentellen Daten aus anderen Quellen durchgeführt werden. Die Versuche, die in [Bal98] vorgestellt wurden, wurden mit einer Verbundlänge von 5 d_s und einem Bewehrungsdurchmesser d_s = 16 mm durchgeführt. Die Versuchsergebnisse sind in Form von Datenpunkten, die die Ermüdungslebensdauer bis zum Verbundversagen repräsentieren, in Bild 2.20 (f) dargestellt. Die numerisch berechnete Wöhlerlinie ist als durchgezogene Linie dargestellt.

Verbundermüdung bei Querdruck bzw. -zug

Stahlbetonbauteile werden häufig biaxialer zyklischer Belastung eingesetzt, z. B. bei nicht vorgespannten Brückenplatten. Die Zugspannungen in der Querrichtung führen zu einer Rissentwicklung entlang der Querbewehrung, die das Verbundverhalten entlang der Bewehrung negativ beeinflusst. Aus diesem Grund ist das Ermüdungsverhalten des Verbundes unter Querzug ein sehr wichtiges Thema bei der Bewertung von Bauteilen [Lin09; Lin10; Saa05]. Daher wurde auch die Auswirkung eines Querdrucks oder Querzugs auf die Verbundermüdung anhand des vorliegenden Modells unter monotoner und zyklischer Belastung untersucht.

Die Zunahme bzw. Abnahme der Verbundfestigkeit unter Querdruck bzw. Querzug wurde von vielen Autoren in der Literatur dokumentiert [Lem09; Nag92; Sim07; Xu12]. Die numerischen Ergebnisse für unterschiedliche Werte des Querdruckparameters m sind in Bild 2.21 (a) dargestellt. Die erhaltenen Wöhlerlinien für drei Niveaus des Querdrucks bzw. -zugs sind in Bild 2.21 (b) dargestellt. Die Belastungsniveaus waren dieselben wie im Fall ohne Querdruck. In Bild 2.21 (c) sind die entsprechenden Ermüdungskriechkurven für das Belastungsniveau S_{max} = 0,75 dargestellt. Die erhaltenen Ergebnisse zeigen einen plausiblen Trend in der Ermüdungslebensdauer, z. B. die von [Lin09; Lin10; Lin11] dokumentierte Reduzierung der Lebensdauer bei Querzug.

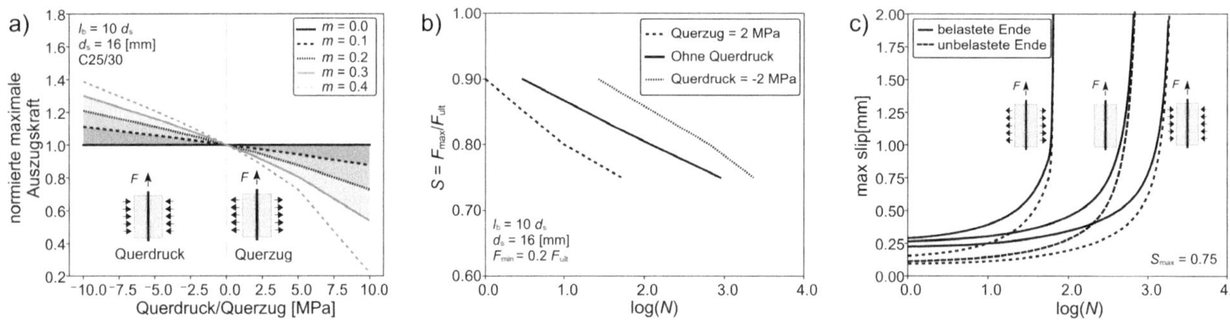

Bild 2.21: Die Auswirkung von Querdruck/-zug auf das Verbundverhalten im Pull-out-Versuch: a) Einfluss des Parameters m auf die normierte maximale Auszugskraft bei monotoner Belastung mit variierenden Werten des Querdrucks/-zugs; b) Wöhlerlinien für unterschiedliche Werte des Querdrucks/-zugs; c) Ermüdungskriechkurven für die belasteten und unbelasteten Enden für das Belastungsniveau S_{max} = 0,75

Ermüdungsverhalten des Verbundes unter variablen Amplituden

Um die Fähigkeit des Modells zu überprüfen, das Ermüdungsverhalten des Verbundes unter variablen Amplituden mit unterschiedlichen Belastungsreihenfolgen abzubilden, wird eine qualitative Vergleichsstudie in Bild 2.22 dargestellt. Das Modellverhalten wird mit den experimentellen Ergebnissen von Pull-out-Versuchen verglichen, die in [Bal91; Bal98] dokumentiert sind.

In diesem Versuchsprogramm wird die Verbundermüdung unter variablen Amplituden und unterschiedlichen Belastungsszenarien bis zu zwei Millionen Lastzyklen untersucht. Da die vorliegende Version des Modells die Simulation Zyklus für Zyklus durchführt, wäre die erforderliche Berechnungszeit für diese hohe Anzahl von Zyklen sehr lang. Deshalb wurde eine qualitative Vergleichsstudie des Ermüdungsverhaltens für ähnliche Belastungsszenarien, jedoch mit höheren Belastungsniveaus zur Erreichung des Pull-out-Versagens nach 2.000 Zyklen durchgeführt. Ziel war es, die Fähigkeit des Modells zu überprüfen, die qualitativen Tendenzen im

Ermüdungsverhalten bei Belastungsreihenfolgen mit variablen Amplituden zu reproduzieren. Eine ähnliche Strategie wurde auch in [Kir15] angewandt.

Die erste Vergleichsstudie, die in Bild 2.22 (a, b) dargestellt ist, zeigt die Ermüdungskriechkurven für die belasteten und unbelasteten Enden bei steigenden Belastungsniveaus. Das Modell reproduziert den Anstieg des Schlupfes während der Erhöhung des Belastungsniveaus und den Anstieg der Ermüdungskriechneigung mit der Erhöhung des Mittelwertes des Belastungsniveaus. Eine weitere qualitative Vergleichsstudie unter zwei verschiedenen Belastungssequenzen, d. h. ansteigende und absteigende Belastungsblocks, ist in Bild 2.22 (c, d) dargestellt. Die mit dem Modell erhaltenen Ergebnisse zeigen einen Trend, der mit den experimentellen Ergebnissen in Übereinstimmung ist. Im ansteigenden Belastungsszenario bleibt der Schlupf am unbelasteten Ende nach dem Anstieg des Schlupfes im ersten Belastungsblock im zweiten Belastungsblock konstant, bis das Belastungsniveau, das im ersten Belastungsblock erreichte Niveau wieder erreicht. Bei dem absteigenden Belastungsszenario erhöht sich der Schlupf nur bei dem höchsten Belastungsniveau und bleibt bei den niedrigeren Belastungsniveaus konstant.

Das validierte Modell kann zur Untersuchung des Ermüdungsverhaltens bei variablen Belastungsamplituden verwendet werden und ermöglicht eine detaillierte Interpretation des Reihenfolgeeffekts im Verbundermüdungsverhalten. Durch die Erfassung der grundlegenden dissipativen Effekte, die die Entwicklung der Ermüdungsschädigung steuern, sollte das Modell in der Lage sein, die Auswirkungen der Belastungsreihenfolge und der variablen Amplituden auf möglichst realistische Weise zu erfassen.

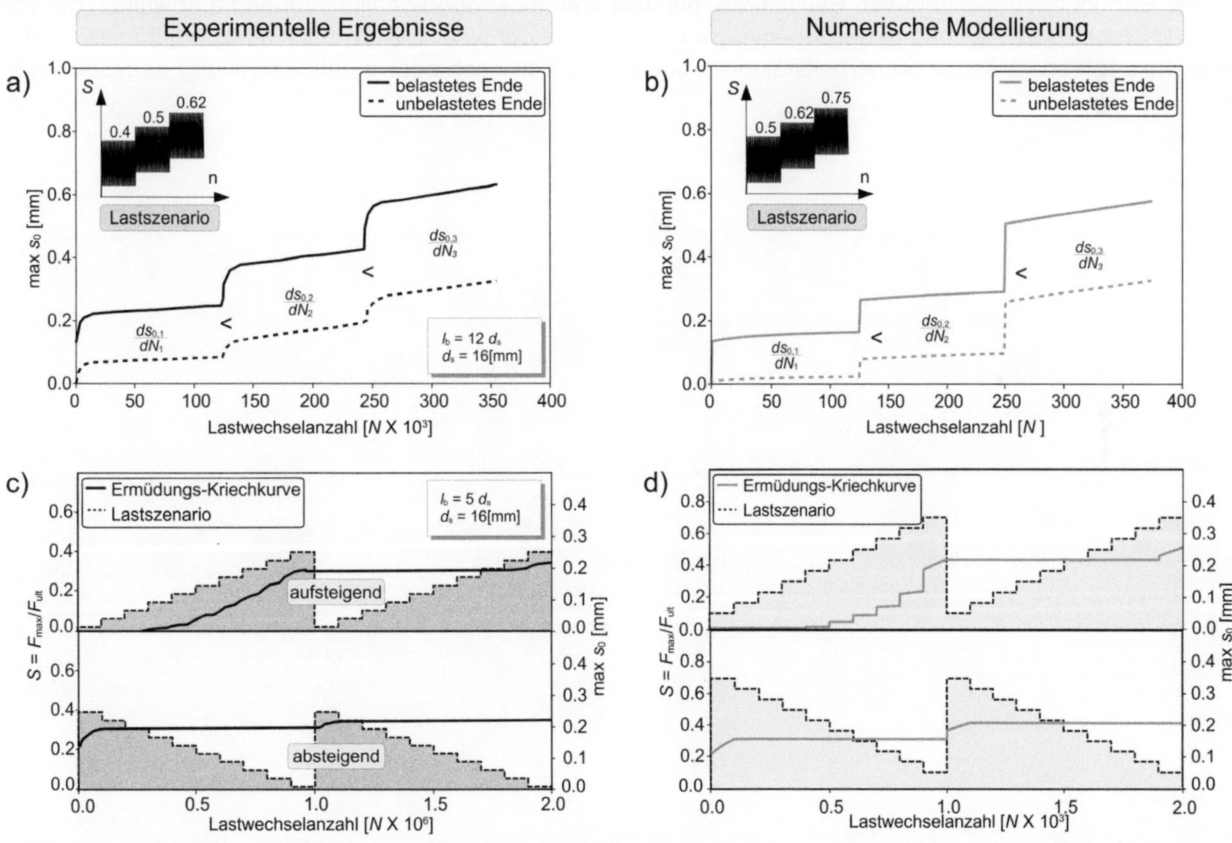

Bild 2.22: Qualitative Vergleichsstudie des Ermüdungsverhaltens des Verbundes unter verschiedenen Belastungsszenarien mit variablen Amplituden mit den Versuchsergebnissen, die in [Bal91; Bal98] dokumentiert wurden: a), b) Verbundverhalten unter drei erhöhten Belastungsstufen – experimentelle und numerische Ergebnisse; c), d) Verbundverhalten unter zwei Sequenzen von wiederholten Belastungsblocks – experimentelle und numerische Ergebnisse

Die numerische Untersuchung des Pull-out-Verhaltens bei zwei Belastungsszenarien, d. h. (H-L) und (L-H), ist in Bild 2.23 dargestellt. Insbesondere wird das Ermüdungsverhalten für die Belastungsszenarien (H-L) und (L-H) verglichen, wobei (H) dem Lastniveau S_{max} = 0,75 und (L) dem Lastniveau S_{max} = 0,7 entspricht. Die Unterlast wurde mit S_{min} = 0,10 jeweils konstant gehalten. Beispiele für die simulierten Pull-out-Kurven für die beiden Belastungsszenarien sind in Bild 2.23 (d, e) gezeigt. Die für die untersuchten Belastungsszenarien erhaltenen Ermüdungskriechkurven sind in Bild 2.23 (b, c) dargestellt. Betrachten wir die (H-L)-Belastungsreihenfolge mit 60 % und 80 % der verbrauchten Ermüdungslebensdauer bei dem höheren Belastungsniveau (H), erhalten wir die beiden in Bild 2.23 (b) gezeigten Ermüdungskriechkurven, die als Belastungsszenarien (1) und (2) bezeichnet werden. Bei der umgekehrten Belastungsfolge (L-H) wurden 10 % und 20 % der Lebensdauer in der ersten Belastungsstufe (L) verbraucht. Die in Bild 2.23 (c) als Szenarien (3) und (4) dargestellten Ermüdungskriechkurven zeigen einen plötzlichen Sprung des Schlupfes von der unteren Grenzkurve (L) beim Wechsel zum höheren Belastungsniveau (H).

Der Vergleich der numerischen Ergebnisse mit dem P-M-Regel ist für alle vier Szenarien in Bild 2.23 (a) zusammengefasst. Während bei der (H-L)-Belastungsfolge die P-M-Regel im Vergleich zu den berechneten Ergebnissen eine konservativere Prognose liefert, ergibt sich für die (L-H)-Belastungsfolge eine stark unsichere Vorhersage durch die P-M-Regel. Insbesondere das Szenario (4) mit einer Zyklenzahl von $0{,}2\ N_{\mathrm{L}}^{\mathrm{f}}$ für das (L)-Belastungsniveau versagte nach $\approx 0{,}23\ N_{\mathrm{H}}^{\mathrm{f}}$ Zyklenzahl mit dem (H)-Belastungsniveau, während die lineare P-M-Regel das Versagen nach $= 0{,}80 N_{\mathrm{H}}^{\mathrm{f}}$ Zyklenzahl prognostizieren würde. Dieses Ergebnis bestätigt die Notwendigkeit einer realistischeren Berücksichtigung der Belastungsreihenfolge und der variablen Amplituden bei der Ermüdungsbewertung von Bauwerken, die weit von der Proportionalitätsannahme abweicht, die von der P-M-Regel postuliert und in der Ingenieurpraxis angewendet wird. Die Vernachlässigung dieses Effekts kann dazu führen, dass die Sicherheitsfaktoren unwirtschaftlich hoch oder gefährlich niedrig angesetzt werden.

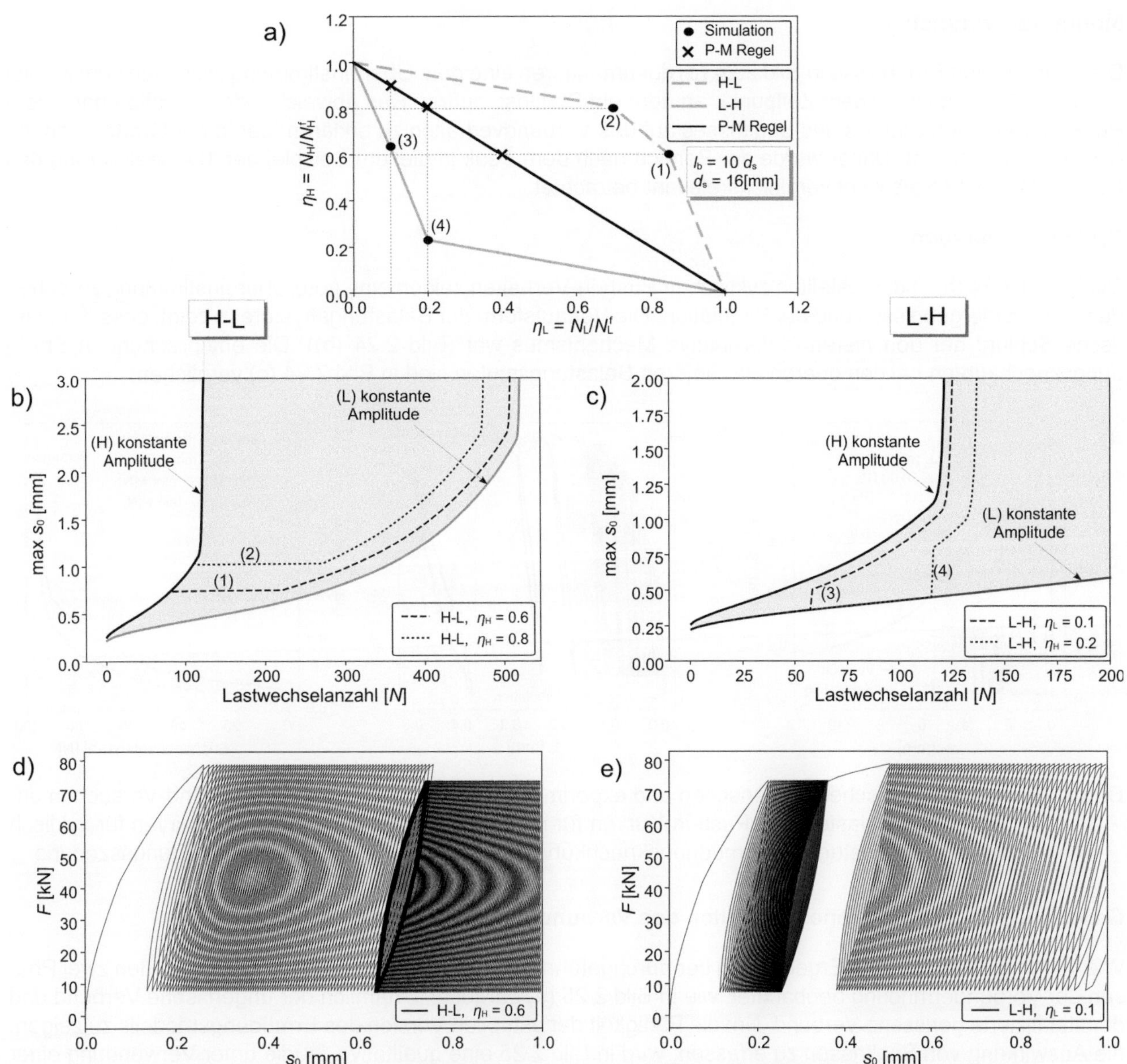

Bild 2.23: Numerische Studie der Verbundermüdung unter verschiedenen Belastungsreihenfolgen und variablen Amplituden: a) Berücksichtigung des Modells zur Auswirkung der Belastungsreihenfolge auf die Ermüdungslebensdauer im Vergleich zu P-M-Regel; b, c) Ermüdungskriechkurven für verschiedene Belastungsszenarien; d, e) Pull-out-Kurven unter variablen Amplituden

2.5 Simulation von Beam-End-Versuchen unter zyklischer Belastung

Das in Bild 2.24 gezeigte Kalibrierungsbeispiel demonstriert die Fähigkeit des Modells, das beobachtete Verhalten des Beam-End-Tests unter den Belastungsszenarien (LS1) und (LS3) mit denselben Materialparametern zu reproduzieren. Die in Bild 2.24 (a) zusammengefassten Materialparameter wurden identifiziert, die sowohl das monotone als auch das zyklische Verhalten für die betrachtete Verbundkombination von Beton C120 und dem Bewehrungsdurchmesser d_s = 16 mm reproduzieren können. Da die im aktuellen Modell verwendete Idealisierung keine Spaltrisse berücksichtigen kann, wurde die Simulation für einen Versuch mit Push-through-Versagen durchgeführt, der für die Kombination von C120-Beton und einem Bewehrungsdurchmesser von d_s = 16 mm durchgeführt wurde.

Monotoner Versuch

Die numerischen Ergebnisse in Bild 2.24 (a) dokumentieren eine gute Übereinstimmung zwischen dem Modell und dem Versuch bis zu dem Zeitpunkt, an dem ein Spaltriss auftrat. Das abweichende Verhalten nach dem Peak ist durch den Einfluss des Spaltrisses auf das Verbundverhalten zu erklären, der in der Größenordnung der Peak-Last auftrat. Daher wurde der Bereich nach dem Peak in diesem Beispiel der 1D-Idealisierung des Push-in-Versuches als nicht vergleichsrelevant betrachtet.

Zyklischer Versuch

Die in Bild 2.24 (b, c) dargestellten zyklischen Push-in-Verhalten zeigen eine gute Übereinstimmung zwischen den Versuchsergebnissen und der Simulation. Die Verlaufsform der Belastungshysterese zeigt, dass der plastische Schlupf der dominierende dissipative Mechanismus war (Bild 2.24 (b)). Die entsprechenden Ermüdungskriechkurven bei den oberen und unteren Belastungsstufen sind in Bild 2.24 (c) verglichen.

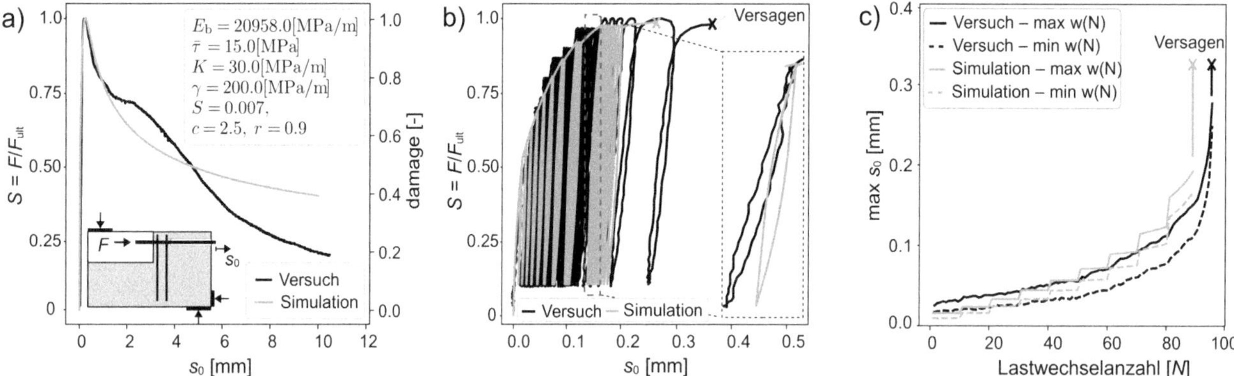

Bild 2.24: Vergleich zwischen numerischen und experimentellen Ergebnissen von Beam-End-Versuchen unter Push-in-Belastung: a) Push-in-Kurven für monotone Belastung; b) Push-in-Kurven für zyklisch steigende Belastung; c) Ermüdungskriechkurven für das zyklisch steigende Belastungsszenario

Gerissenes und ungerissenes Verhalten des Verbundes – qualitative Studie

Wie in den experimentellen Ergebnissen der durchgeführten Beam-End-Versuche erläutert, wurden zwei Phasen der Verbundermüdung beobachtet, wie in Bild 2.25 (a) dargestellt, nämlich der ungerissene Verbund und der stabilisierte gerissene Verbund. Um die Fähigkeit der aktuellen Version des Ermüdungsmodells zu zeigen, die Auswirkung von Spaltrissen zu erfassen, wird in Bild 2.25 eine qualitative Studie unter Verwendung einer einzelnen Materialpunktidealisierung vorgestellt.

Das Verbundverhalten des ungerissenen Verbundes mit kalibrierten Parametern für das monotone und zyklische Verhalten gesteuert durch Schlupf ist für einige Zyklen im ersten Bereich von Bild 2.25 (b) dargestellt. Der zweite Bereich in Bild 2.25 (b) zeigt die Auswirkung eines Spaltrisses auf das Verbundverhalten, das durch eine Querspannung senkrecht zum Interface simuliert wurde. Die Entwicklung der Ermüdungsschädigung zeigt einen schnellen Anstieg ab dem Wechselpunkt. Dieser qualitative Vergleich zeigt, dass das entwickelte Modell den Einfluss von Spaltrissen auf das Ermüdungsverhalten des Verbundes abbilden kann und das Potenzial für eine weitere Weiterentwicklung hat, um in 2D- und 3D-Modellen der Pull-out- und Push-in-Versuche mit einem vernünftigen Berechnungsaufwand verwendet zu werden.

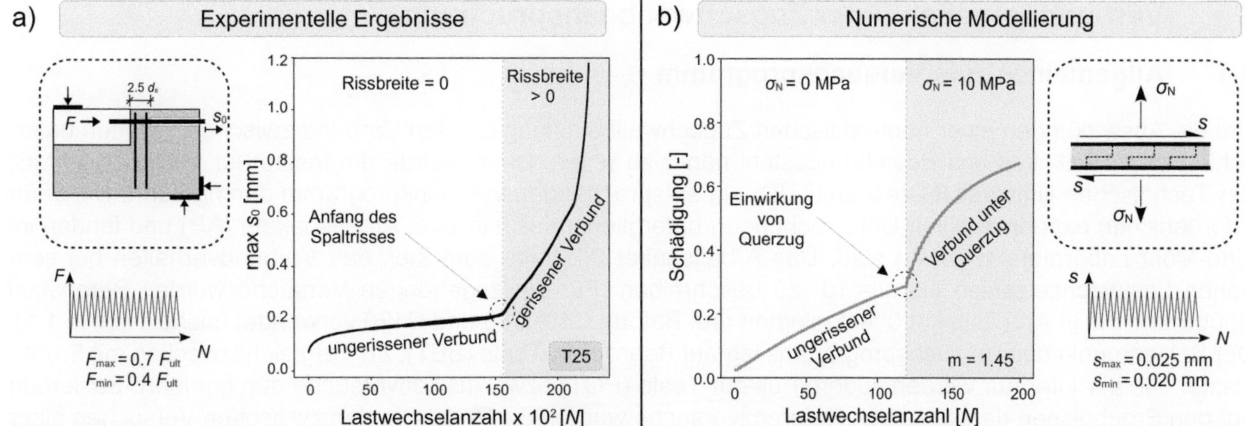

Bild 2.25: Qualitative Simulation der Auswirkung des Spaltrisses auf das Ermüdungsverhalten des Verbundes: a) experimentelle Ermüdungskriechkurve bei konstanten Amplituden; b) Schädigungsentwicklung anhand des kalibrierten Modells auf der Ebene eines einzelnen Materialpunkts

Modellierungsansätze für das Verbundverhalten unter Berücksichtigung der Spaltrisse

Mehrere numerische Ansätze sind in der Literatur zu finden, die das Verbundverhalten unter Berücksichtigung der Spaltrissentwicklung simulieren [Ban17; Far20; Ogu08; Tor13; Ye00]. Diese Ansätze berücksichtigen den 3D-Spannungszustand im Beton in der Umgebung des Bewehrungsstabs und sind für die Modellierung des Verbundverhaltens bei monotoner Belastung geeignet. Allerdings ist eine solch detaillierte Simulation des Verbundverhaltens bei hochzyklischer Ermüdung extrem rechenaufwändig und noch nicht realisierbar.

Die Spaltrisse, die sich entlang des Stabes entwickeln, müssen in ein Ermüdungsmodell auf effiziente Weise integriert werden. Eine solche Verbesserung des vorgestellten Ermüdungsmodells ist durch eine Dimensionsreduktion geplant, die die Rotationssymmetrie des vorliegenden Randwertproblems ausnutzt.

3 Verbundverhalten unter Zugschwellbeanspruchung

3.1 Allgemeines zum Versuchsprogramm

Um die Auswirkungen einer hochzyklischen Zugschwellbelastung auf den Verbund zwischen Betonen unterschiedlicher Festigkeit und Bewehrungsstahl näher zu untersuchen, wurde am Institut für Massivbau (IMB) der Technischen Universität Dresden (TUD) ein entsprechendes Versuchsprogramm durchgeführt. Die dafür erforderlichen experimentellen Untersuchungen untergliedern sich in zwei Arbeitspakete (AP) und fanden im Otto-Mohr-Laboratorium (OML) statt. Das Arbeitspaket 2.2 hatte zum Ziel, das Verbundverhalten bei sehr hohen Lastwechselzahlen bis $N = 10^7$ zu beschreiben. Für die zugehörigen Versuche wurden Betonstahl B500B und die in Arbeitspaket 0 festgelegten drei Betone C40, C80 und C120 verwendet (siehe Tabelle 1.1). Der Schwerpunkt des Versuchsprogramms lag auf Beam-End-Tests (BET). Zu Vergleichszwecken mit Ergebnissen aus der Literatur wurden zudem Pull-out-Tests (POT) bzw. Ausziehversuche durchgeführt. Basierend auf den Ergebnissen der statischen Referenzversuche wurden die Proben in den zyklischen Versuchen einer Zugschwellbelastung mit 5 Hz ausgesetzt.

Im Rahmen des Arbeitspakets 2.3 wurde der Einfluss von Belastungsfrequenz und -geschwindigkeit auf die Verbundermüdung untersucht. Die experimentellen Untersuchungen hierzu wurden am Beton C80 und mit Belastungsfrequenzen von 10 Hz und 20 Hz in Beam-End-Tests durchgeführt. In Tabelle 3.1 ist das Versuchsprogramm des IMB TUD zusammengefasst.

Tabelle 3.1: Versuchsprogramm der Arbeitspakete 2.2 und 2.3

AP	Probentyp	Belastungsfrequenz	Anzahl Versuche mit Betongüte		
		[Hz]	C40	C80	C120
Tastversuche	BET	–	–	–	12
		5	–	–	4
2.2	BET	–	8	6	11
		5	8	6	12
	POT	–	–	12	6
		5	–	8	6
2.3	BET	–	–	12	–
		10	–	6	–
		20	–	6	–
Σ			**16**	**56**	**51**

3.2 Auswahl und Herstellung der Probekörper

3.2.1 Konzipierung

Der überwiegende Anteil der heute vorliegenden Erkenntnisse zum Verbundverhalten wurde anhand von Ergebnissen von Ausziehversuchen abgeleitet (s. Abschn. 1.2). Der Versuchsaufbau und die Abmessungen des Ausziehkörpers sind bereits seit 1970 durch RILEM [RIL70b] standardisiert. Zudem bildet die DIN 10080 [DIN05] die normative Grundlage für die Prüfung der Verbundeigenschaften gerippter und profilierter Bewehrungsstähle und beinhaltet in Anhang D ebenfalls den Ausziehversuch nach RILEM. Der Aufbau des Ausziehversuchs ist vergleichsweise einfach und ermöglicht die Untersuchung des Einflusses variierender Materialeigenschaften auf den Verbund. Allerdings sind die Anordnung des Auszugsstabes im Probekörper und der Spannungszustand während des Versuches untypisch für Stahlbetonbauteile in der Praxis. Die Betondeckung beträgt im Versuch mindestens 90 mm bzw. das 4,5-Fache des Stabdurchmessers d_s. Dies entspricht in etwa dem Zwei- bis Vierfachen üblicher Betondeckungen in der Praxis. Aufgrund der großen Betondeckung und der flächigen Auflagerung der Proben besteht eine starke Umschnürungswirkung, was in der Regel zu einem reinen Ausziehversagen führt [Van92].

Im Gegensatz zum Ausziehkörper nach RILEM ist der Balkenendprobekörper nicht normativ geregelt. Da dieser verstärkt im amerikanischen Raum verwendet wird, stammt auch die einzige Richtlinie zu dieser Art Test von der ASTM [AST15]. Allerdings sind in dieser Richtlinie vor allem allgemeine Konstruktionsprinzipien anstatt konkreter Vorgaben zu Abständen und Maßen zu finden. So gibt es keine Angaben zur Betondeckung, zur verbundfreien Vorlänge und der Verbundlänge selber.

Im Forschungsvorhaben wurden abweichend von der ASTM-Richtlinie, die für eine kurze Verbundlänge 600 × 230 × 140 mm große Probekörper empfiehlt, die Abmessungen des Balkenendkörper mit einer Länge von 320 mm, Breite 160 mm und Höhe 224 mm gewählt (siehe Bild 3.2). Lt. ASTM wäre der Balkenquerschnitt breiter als hoch und für eine kurze Verbundlänge unnötig lang und schwer (ca. 50 kg)

Da die zu untersuchenden Betone für das Gesamtvorhaben WinConFat definiert waren (siehe Tabelle 1.1), galt es noch, einen geeigneten Stabdurchmesser zu wählen. In Abstimmung mit den Partnern der RWTH Aachen wurde entschieden, für die Verbundversuche Bewehrungsstäbe zu nutzen, welche auch im Rahmen von Arbeitspaket 3 „Betonstahl unter sehr hohen Lastwechselzahlen" durch die TU München untersucht wurden [DAf23]. Die Wahl fiel dabei auf Stabstahl Ø 16 mm von den Badischen Stahlwerken (siehe 3.4.2).

Verbundlänge

Ein wesentlicher Versuchsparameter, der festzulegen war, ist die Verbundlänge. Dabei galt es, einen Kompromiss zwischen zwei Ansätzen zu finden. Unter Annahme einer konstanten Verbundspannungsverteilung werden lokale Störungen oder Fehlstellen bei einer größeren Verbundlänge entsprechend vermittelt und haben dadurch einen geringeren Einfluss auf die Versuchsergebnisse und deren Streuung. Andererseits steigt mit zunehmender Verbundlänge die erforderliche Ausziehkraft F_{ult}, welche den statischen Referenzwert für zyklische Versuche darstellt. Um ein Verbundermüdungsversagen unter Zugschwellbeanspruchung erreichen zu können, muss ein Ermüdungsversagen des Bewehrungsstahls vermieden werden.

Gemäß DIN EN 1992-1-1/NA [DIN13], Tabelle NA.6.3 liegt der charakteristische Wert der ertragbaren Spannungsschwingbreite für gerade Stäbe mit Ø ≤ 28 mm und einer Lastwechselzahl von $N = 10^6$ bei $\Delta\sigma_{Rsk}$ = 175 N/mm². Im Gegensatz dazu ist im Model Code 2010 [fib12], Table 7.4-1 für Stäbe mit Ø ≤ 16 mm bei gleicher Bruchlastwechselzahl ein Wert von $\Delta\sigma_{Rsk}$ = 210 N/mm² angegeben. Legt man diesen zweiten Wert zu Grunde, ergibt sich anhand des Spannungsexponenten $m = k_2 = 9$ für die Ziellastwechselzahl $N = 10^7$ gemäß Beziehung (3.1) die ertragbare Schwingbreite zu $\Delta\sigma_{Rsk}$ = 162,6 N/mm² und das Lastspiel ΔF_{Rsk} für einen Stab Ø 16 mm gemäß Gl. (3.2).

$$(\Delta\sigma_{Rsk})^m \cdot N = konstant \tag{3.1}$$

$$\Delta F_{Rsk} = \Delta\sigma_{Rsk} \cdot A_s = 162{,}6\ \mathrm{N/mm^2} \cdot 201{,}1\ mm^2 = 32{,}7\ \mathrm{kN} \tag{3.2}$$

$$\tau_{ult,120} = 0{,}45 \cdot f_{cm} = 0{,}45 \cdot 120\ \mathrm{N/mm^2} = 54{,}0\ \mathrm{N/mm^2} \tag{3.3}$$

Die Verbundfestigkeit für hochfeste Betone kann anhand des linearen Ansatzes von Huang et al. [Hua96] abgeschätzt werden (vgl. Bild 1.3). In Gl. (3.3) ist dies beispielhaft für einen Beton mit einer Druckfestigkeit von f_{cm} = 120 N/mm² angegeben. Verwendet man die Ermüdungsfestigkeit des Bewehrungsstabes als Grenzwert, ergibt sich eine maximale bezogene Verbundspannungsschwingbreite $\Delta\tau_{Rsk}$ in Abhängigkeit von der Verbundlänge nach (Gl. 3.4).

$$\Delta\tau_{Rsk} = (\Delta\sigma_{Rsk} \cdot A_S)/(\tau_{ult} \cdot A_M) = \Delta\sigma_{Rsk} \cdot d/4 \cdot \tau_{ult} \cdot l_b \tag{3.4}$$

Gemäß den Wöhlerlinien des Verbundes von Rehm und Eligehausen [Reh75a] tritt ein Versagen durch Verbundermüdung für $N = 10^6$ bei einer bezogenen Schwingbreite von ca. 40 bis 50 % für ein Unterspannungsniveau von S_{min} = 0,30 ein (vgl. Bild 1.5). Für eine derartige bezogene Schwingbreite ergibt sich die bezogene Verbundlänge mittels Gl. (3.4) bei einer mittleren Betondruckfestigkeit von f_{cm} =120 N/mm² zu 1,5 bis 2,0 · d_s. Längere Verbundlängen würden dazu führen, dass der Bewehrungsstab mit einer Spannungsschwingbreite von $\Delta\sigma$ > 162,6 N/mm² beansprucht wird und sehr wahrscheinlich auf Ermüdung versagt. Für niedrigere Betonfestigkeiten sind größere Verbundlängen möglich (siehe Bild 3.1). Um auch die Verbundermüdung bei Verwendung eines C120 untersuchen zu können, wurde eine Verbundlänge von 2 d_s bzw. 32 mm gewählt, womit sich diese um 0,5 d_s gegenüber den Untersuchungen der RWTH Aachen unterscheidet (2.1.2).

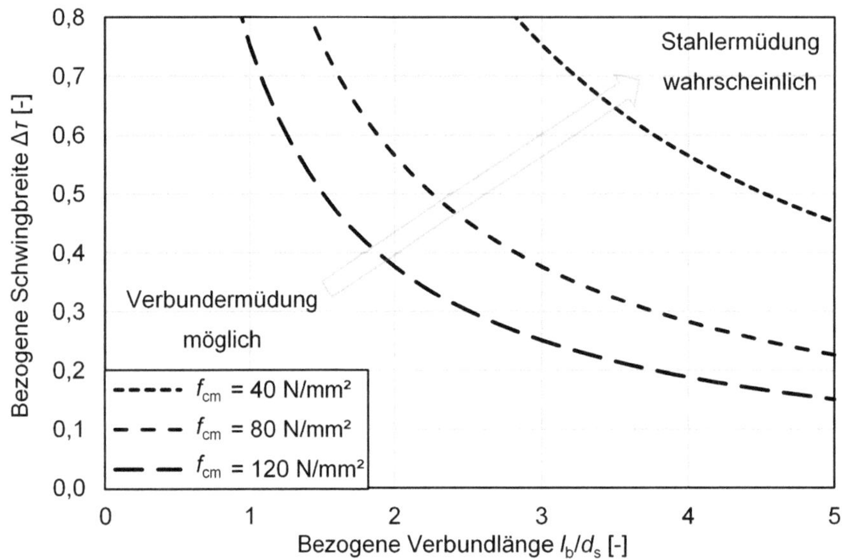

Bild 3.1: Maximal ertragbare bezogene Schwingbreite $\Delta\tau$ in Abhängigkeit der bezogenen Verbundlänge für $N = 10^7$ und verschiedene Betonfestigkeiten f_{cm}

Betondeckung und Bewehrungsanordnung

Der für die Balkenendkörper gewählte Wert von 2 d_s bzw. 32 mm für die Betondeckung liegt im baupraktischen Bereich, jedoch ist gemäß Vandewalle [Van92] bei Betondeckungen von weniger als 2,5 d_s mit einem Spaltbruchversagen zu rechnen. Um diesem schlagartigen Versagen vorzubeugen, wurde Querbewehrung in Form von zwei Bügeln Ø6 im Verbundbereich angeordnet, analog zu Kap. 2.1.2. Weitere zwei Bügel wurden an beiden Enden des Probekörpers positioniert. Die Anordnung der Bewehrung ist in Bild 3.2 dargestellt.

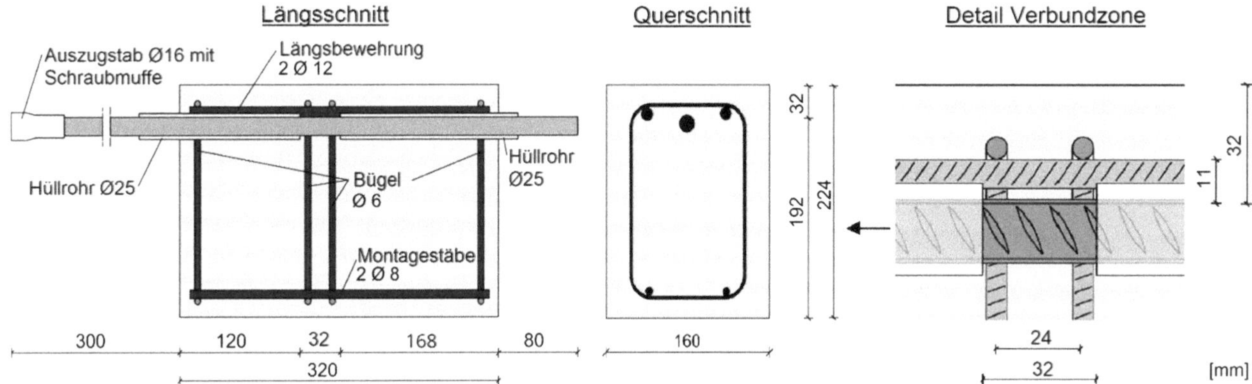

Bild 3.2: Abmessungen und Bewehrungsanordnung des Balkenendkörpers

Die beiden Längsstäbe Ø12 dienen dazu, dass der Probekörper mit Eintreten eines Querrisses die aufgebrachte Zugkraft weiterhin abtragen kann. Der Querschnitt der beiden Längsstäbe sollte den Querschnitt des Auszugstabs überschreiten, damit nicht ein Ermüdungsversagen der Längsstäbe maßgebend wird. Die beiden Stäbe Ø8 dienen ausschließlich Montagezwecken der Bügelbewehrung. Die verbundfreie Vorlänge wurde in allen Probekörpern zu 120 mm bzw. 7,5 d_s gewählt. Zudem wurde die Anordnung der Rippen stets gemäß dem Detail in Bild 3.2 ausgeführt.

Die Ausziehkörper bestanden aus Würfeln mit einer Kantenlänge von 200 mm und wurden ohne zusätzliche Bewehrung hergestellt. Die Rippenanordnung innerhalb der Verbundlänge und die verbundfreie Vorlänge wurden analog zu den BE-Körpern ausgeführt.

3.2.2 Herstellung und Lagerung

Die Herstellung und Lagerung der Probekörper erfolgte im Otto-Mohr-Laboratorium der Technischen Universität Dresden. Die Ausgangsstoffe für die drei Betone C40, C80 und C120 wurden seitens des

Projektpartners Max Bögl Bauservice GmbH & Co. KG bereitgestellt. Für den C80 und C120 wurden das Bindemittel und die feinen Zuschläge als Trockenmischung geliefert.

Mit der zur Verfügung stehenden Mischtechnik war für beide hochfesten Betone die Betonmenge auf ca. 60 l je Charge begrenzt. Dementsprechend konnten bis zu vier Balkenendprobekörper je Betonage hergestellt werden. Dafür wurden vier Stahlschalungen gefertigt. Diese wurden so konstruiert, dass der Beton von der späteren Unterseite eingefüllt wurde und somit der Auszugstab im Abstand von 32 mm zum Schalungsboden im guten Verbundbereich lag. Der Bewehrungskorb aus vier Bügeln und vier Längsstäben wurde an den Verbindungspunkten verschweißt und mit Abstandhaltern 15 mm in die Schalung eingebracht. Der rechnerische lichte Abstand zwischen Auszugstab und Bügel ergab sich zu 11 mm. Die Verbundlänge wurde mit Hüllrohren aus PVC Ø 25 mm eingestellt. Damit die Hüllrohre keinen tragenden Verbund mit dem Beton eingehen und dadurch das Verbundverhalten beeinflussen, wurden die Hüllrohre am belasteten Stabende vor der Betonage eingefettet und vor der Versuchsdurchführung entfernt.

Für die Herstellung der Ausziehkörper wurde auf bestehende Stahlschalungen mit den Abmessungen 200 × 200 × 200 mm zurückgegriffen. Die Schalungen besitzen auf zwei Seiten mittige kreisförmige Öffnungen, durch welche der Auszugstab aus der Schalung austritt. Der Stab befand sich während der Betonage in horizontaler Lage.

Der flüssige Beton wurde zunächst bis zur halben Höhe eingefüllt. Beim C40-Beton erfolgte dann eine erste Verdichtung mit einem Innenrüttler. Die beiden selbstverdichtenden Betone C80 und C120 entgasten für kurze Zeit. Der Vorgang wurde für die restliche Betonmenge wiederholt, die Oberflächen geglättet und die Probekörper mit Folie abgedeckt.

Nach einem Tag wurden die Probekörper ausgeschalt und für mindestens sechs weitere Tage in feuchten Tüchern gelagert. Anschließend erfolgte die Lagerung in der Laborhalle bis zur Prüfung nach frühestens 56 Tagen.

Begleitend zu jeder Charge wurden sechs Würfel 100 × 100 × 100 mm zur Bestimmung der Druck- und Spaltzugfestigkeit hergestellt und wie die Verbundprobekörper gelagert. In separaten Serien zur Bestimmung der Materialkennwerte wurden Normzylinder, 10er Würfel sowie Probekörper für Biegezug und zentrischen Zug hergestellt. Durch die Kennwerte konnten Umrechnungsfaktoren zwischen den verschiedenen Probekörpertypen bestimmt werden (siehe 3.4). Des Weiteren wurde für jeden Beton eine Serie zur Bestimmung der Druckfestigkeitsentwicklung in Abhängigkeit des Betonalters durchgeführt.

3.3 Versuchsstand, Durchführung und Voruntersuchungen

Um die statischen und zyklischen Versuche an den beiden Probekörpertypen durchzuführen, war ein Versuchsstand mit zugehöriger Probenhalterung zu entwerfen und zu errichten. Mit einer Belastungsfrequenz von 5 Hz ergibt sich für $N = 10^7$ Lastwechsel eine Versuchsdauer von etwas mehr als 23 Tagen je Versuch. Mit dem vorgesehenen Versuchsprogramm ergibt sich im Falle des Erreichens der Ziellastwechselzahl eine aufsummierte Versuchslaufzeit von bis zu 3 Jahren. Unter Berücksichtigung dessen sowie Umbau- und Wartungszeiten wurde der Versuchsstand so konzipiert, dass sowohl einzelne als auch zwei Proben gleichzeitig statisch und zyklisch getestet werden können.

Dafür wurden zwei identische Hydraulikzylinder an große Stahlwinkeln in horizontaler Position befestigt. Der Verfahrweg der Zylinder beträgt 250 mm und die maximale dynamische Prüfkraft 280 kN. Die beiden Stahlwinkel wurden auf einer 2,0 × 3,0 m großen Grundplatte befestigt. Diese Platte besitzt in der Längsrichtung T-Nuten, wodurch eine hohe Variabilität für die Befestigung von Haltekonstruktionen vorhanden ist. Die Grundplatte ist auf Stahlträgern verschraubt, welche auf elastischen Maschinenlagern stehen, um Schwingungen vom Prüfstand zu isolieren (siehe Bild 3.3).

Bild 3.3: Verbundversuchsstand mit zwei Hydraulikzylindern im Otto-Mohr-Laboratorium

Probenhalterung

Die Balkenendprobekörper wurden umgekehrt zur üblichen Lastabtragsrichtung (Bild 1.2) eingebaut, sodass sich der gedrückte Rand unten und der gezogene Stab oben befanden (siehe Bild 3.4). Die horizontale Lagerung der Probekörper erfolgte mit ausgesteiften Haltewinkeln aus Stahl, welche auf der Grundplatte verschraubt waren. Der Kraftfluss wurde zudem durch liegende Stahlträger zwischen Auflagerwinkel und Haltewinkel kurzgeschlossen.

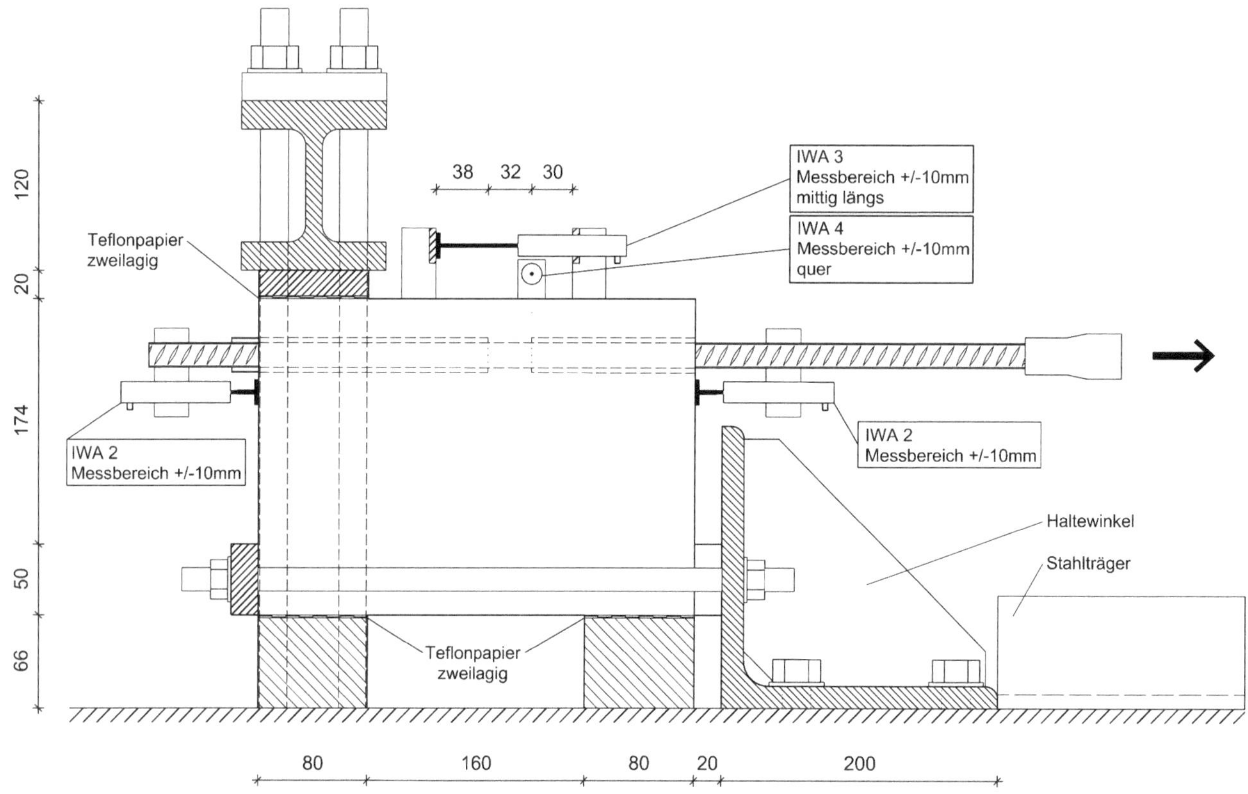

Bild 3.4: Probenhalterung für Balkenendkörper und Position der Wegaufnehmer

Das Versatzmoment zwischen horizontaler Lastachse und Auflagerachse wurde durch die beiden vertikalen Auflager abgetragen. Das vordere Auflager wurde durch ein Vollprofil aus Stahl gebildet. Der hintere Auflagerpunkt bestand aus einem Stahlprofil HE-M 100, welches beidseits des Probekörpers durch jeweils zwei Gewindestäbe M20 mit der Grundplatte verspannt war. Die horizontale Verspannung im unteren Bereich diente dazu, den Probekörper vor Versuchsbeginn vollständig an das horizontale Auflager zu drücken, damit es während der Lastaufbringung zu keiner Verschiebung des Probekörpers kam. Alle vertikalen Auflagerpunkte wurden zudem mit zwei Lagen Teflonpapier ausgestattet.

Ein wesentliches Entwurfskriterium für einen Ermüdungsprüfstand ist die Ermüdungsfestigkeit aller Halterungen und Befestigungsmittel. Über das gesamte Versuchsprogramm betrachtet waren die Komponenten mindestens für $N = 5 \cdot 10^8$ Lastwechsel auszulegen. Besonders ermüdungsanfällig waren dahingehend Schraubverbindungen unter Zugbeanspruchung. Aufgrund der starken Kerbwirkung durch das Gewinde werden Schrauben unter Zugschwellbeanspruchung gemäß DIN EN 1993-1-9 [DIN10], Tabelle 8.1 dem Kerbfall 50 zugeordnet. Für Lastwechselzahlen $N \geq 10^8$ ergab sich die ertragbare Längsspannungsschwingbreite als Schwellenwert der Ermüdungsfestigkeit zu $\Delta\sigma_L$ = 20,26 N/mm². Dies entspricht bei Schrauben der Güte 8.8 ca. 3 % der charakteristischen Zugfestigkeit. Schraubverbindungen unter Zugschwellbeanspruchung sind dementsprechend robust auszuführen oder bestenfalls zu vermeiden.

Lasteinleitung

Für die statischen Referenzversuche waren die Auszugstäbe mit aufgepressten Schraubmuffen versehen (siehe Bild 3.2). In diese wurde ein Gewindestab M20 gedreht und mit dem Hydraulikzylinder und einer Kalotte verbunden. Für die zyklischen Versuche war diese Art der Lasteinleitung aufgrund der beschriebenen Ermüdungsproblematik von Schraubverbindungen nicht umsetzbar. Unter verschiedenen Lösungsansätzen kristallisierte sich die Kombination einer MBT-Kupplung und einer GEWI-Schraubmuffe als Vorzugsvariante heraus (siehe Bild 3.5). Dazu wurden eine MBT-Kupplung ET16 der Firma Ancon GmbH [ANC21] und eine Verbindungsmuffe für einen GEWI-Grobgewindestab Ø25 mm jeweils halbiert und miteinander verschweißt. Dadurch konnte einerseits der Auszugstab Ø16 in die MBT-Kupplung gespannt und auf der anderen Seite ein GEWI-Stab angeschlossen und an den Hydraulikzylinder geführt werden. Um eine qualitativ hochwertige Schweißnaht zu erzeugen, wurden die beiden Werkstücke mit einer Fase versehen und vorgewärmt. Nach dem Schweißen einer umlaufenden V-Naht erfolgte ein Spannungsarmglühen und kontrolliertes langsames Auskühlen. Über die gesamte Versuchszeit betrachtet, erwies sich diese Lasteinleitung als sehr zuverlässig.

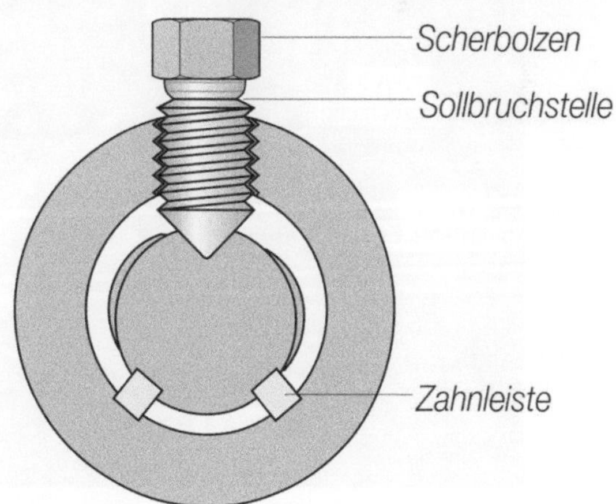

Bild 3.5: Kupplungen für zyklische Versuche (links) und schematischer Querschnitt einer MBT-Kupplung [ANC21] (rechts)

Obwohl durch die drei Schneidbolzen und die beiden Zahnleisten der MBT-Kupplung am Auszugstab zusätzliche Kerben verursacht wurden, beeinflussten diese das Ermüdungsverhalten des Bewehrungsstabes nicht. Trotzdem soll nicht unerwähnt bleiben, dass es im Verlauf der zyklischen Tests mit dem Beton C120 zum Versagen einzelner Auszugstäbe und eines GEWI-Stabes sowie zum Ausbrechen von Zahnleisten gekommen ist. Entsprechende Komponenten wurden nach dem Versagen, wenn möglich, ausgetauscht und die zyklische Belastung wieder aufgebracht.

Versuchsdurchführung

Die quasi-statischen Versuche wurden einzeln weggesteuert durchgeführt. Dazu erzeugte der Hydraulikzylinder eine gleichmäßige Wegzunahme von 0,01 mm/s. Das Versuchsende war bei einem Schlupf von 10 mm am unbelasteten Ende erreicht.

Die zyklische Prüfung erfolgte in der Regel für zwei Probekörper simultan. Dazu wurden die Proben zunächst weggesteuert bis zur erforderlichen Mittellast beansprucht. Nach einer kurzen Haltezeit wurde die zyklische Zugschwellbelastung kraftgesteuert mit der gewünschten Frequenz aufgebracht. Das Ende eines Versuches war erreicht, wenn der Maschinenweg 2,5 mm überschritten hatte bzw. die Oberlast nicht mehr aufgebracht werden konnte. Bei Erreichen eines Maschinenweges von 1,2 mm bei einer Probe wurde die zyklische Belastung der anderen Probe kontrolliert gestoppt. Grund dafür war, dass bei schlagartigem Versagen einer Probe kurzzeitige Druckschwankungen im Hydrauliksystem eine Überlastung des noch intakten anderen Prüfkörpers zur Folge gehabt hätten. Dieser wurde anschließend separat wieder zyklisch beansprucht. Beide genannte Weggrenzen wurden aus Ergebnissen der Vorversuche abgeleitet.

Wurde die Ziellastwechselzahl von $N = 10^7$ erreicht, wurde die Probe entlastet und anschließend einer quasistatischen Prüfung unterzogen.

Messtechnik

Sowohl bei den Balkenendproben als auch bei den Ausziehkörpern wurde der Schlupf am unbelasteten Stabende durch einen induktiven Wegaufnehmer erfasst. Bei den BE-Körpern wurde zudem auch der Schlupf am belasteten Ende erfasst. Die Wegaufnehmer wurden mittels Klemmschellen an dem Stab befestigt. Als Referenz diente die jeweilige Stirnseite des Probekörpers (siehe Bild 3.6).

Bei den Balkenendprobekörpern wurde zudem das Risswachstum auf der Oberseite mit zwei weiteren Wegaufnehmern dokumentiert. Dafür wurde ein Wegaufnehmer oberhalb der Stabachse und ein weiterer quer zu dieser auf der Probenoberfläche mit einer jeweiligen Messlänge von 100 mm platziert. Die Kraftmessung erfolgte mit Kraftmessdosen, welche direkt an den Hydraulikzylindern angebaut waren. Darüber hinaus wurden der Maschinenweg und die Umgebungstemperatur aufgezeichnet.

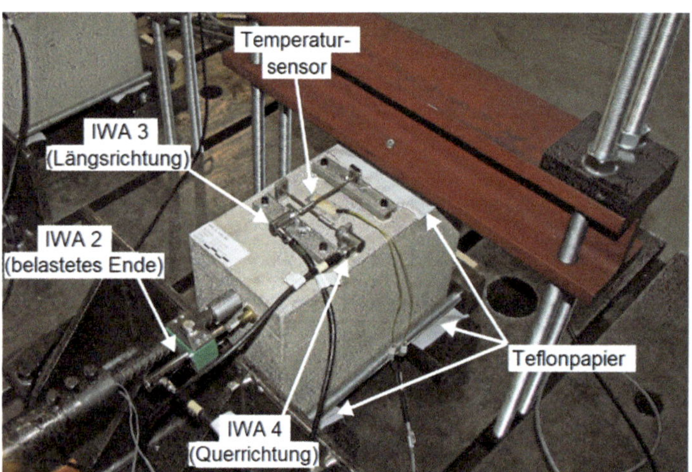

Bild 3.6: Anordnung der Wegaufnehmer und des Temperatursensors bei einem Balkenendversuch

Während der Durchführung der statischen Versuche wurden alle Messwertaufnehmer mit einer Messrate von 5 Hz aufgezeichnet. Analog wurde beim Anfahren bis Mittellast bei der zyklischen Prüfung vorgegangen. Anschließend wurden für die Belastungsfrequenz 5 Hz die ersten 3.000 Lastwechsel mit einer Messrate von 150 Hz aufgezeichnet. Die weitere Erfassung erfolgte in Intervallmessung aller 15 Minuten mit einer Messdauer von zwei Sekunden. Erreichte der Schlupf am unbelasteten Ende das 1,5-Fache des statischen Referenzwertes, wurde dies als Indikator für ein zeitnahes Versagen definiert und die Dauermessung aktiv. Bei den höheren Belastungsfrequenzen wurden entsprechend höhere Messraten verwendet.

Voruntersuchungen

Die Entwicklung des Versuchsstandes und die Durchbildung des Balkenendprobekörpers war ein Prozess, welcher durch Tastversuche begleitet wurde. Anhand von statischen und zyklischen Versuchen an 16 Probekörpern mit dem Beton C120 wurden die Eignung und Anbringung der Messtechnik, der Lasteinleitung und Probenhalterung getestet. Bei allen Tastproben betrug die Verbundlänge l_b = 2,5 d_s. Die ersten acht Probekörper wurden mit vier Bügeln Ø 6 als Querbewehrung, keiner Längsbewehrung und einer Betondeckung von c = 2 d_s ausgeführt. Beim Test dieser Probekörper stellt sich ein vorzeitiges Versagen infolge eines großen Querrisses am Ende der Verbundzone ein.

Daraufhin wurden jeweils zwei weitere Proben mit Längsbewehrung 2 Ø 8 bzw. 2 Ø 12 bei gleicher Querbewehrung und Betondeckung ausgeführt (Serie BE4). Vier weitere Proben wurden gänzlich ohne Zusatzbewehrung und mit einer Betondeckung von c = 4 d_s hergestellt und getestet (Serie BE3). Die Versuchsergebnisse deuteten auf einen wesentlichen Einfluss der Betondeckung hin (siehe Bild 3.7). In den Tastversuchen der Serie 3 wurden Auszugskräfte von fast 100 kN erreicht, was in etwa einer Verbundfestigkeit gemäß Gl. (1.2) entsprach. Dabei traten auf der Probenoberfläche keine Risse auf (vgl. Bild 3.6, IWA 4). Die Testkörper der Serie 4, mit der geringeren Betondeckung, waren hingegen nach der Versuchsdurchführung von deutlichen Rissen in Längs- und Querrichtung gekennzeichnet (siehe Bild 3.7 rechts) In den Tastversuchen erreichten diese Proben nur eine maximale Auszugskraft von ca. 70 kN.

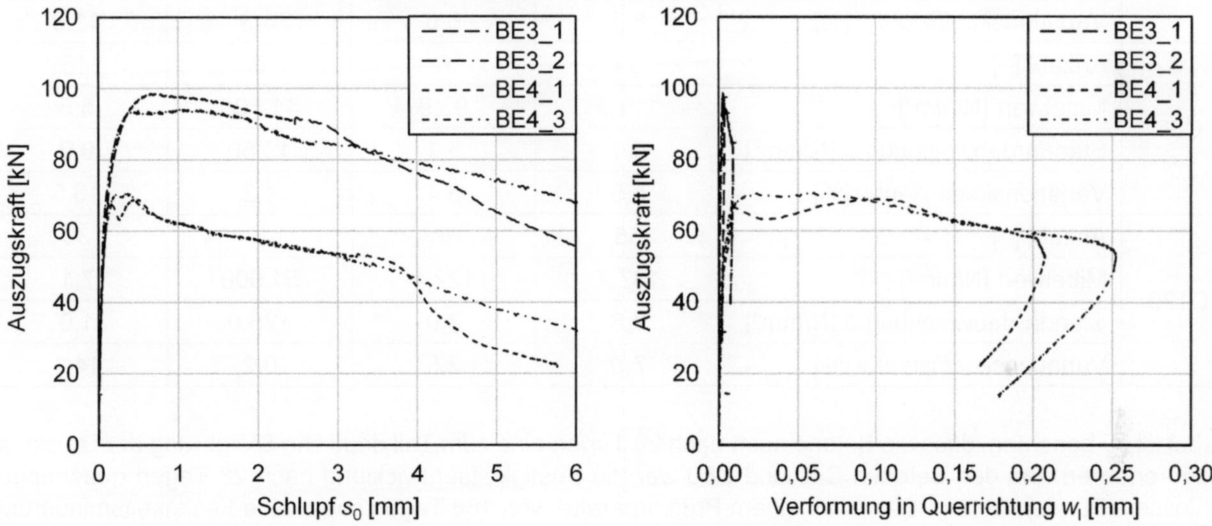

Bild 3.7: Ergebnisse der Tastversuche: Schlupf s_0 (links) und Verformung quer zur Stabachse w_l (rechts) in Abhängigkeit der Auszugskraft

In zyklischen Tastversuchen wurden die Messtechnik und Messeinstellungen sowie verschiedene Möglichkeiten der Lasteinleitung erprobt. Beispielsweise wurde der Stab entweder mit einer Hülse vergossen oder in eine Apparatur geklemmt. Die besten Ergebnisse wurden mit einer Kombination aus zwei Adaptern erzielt und weiterverfolgt (s. o. bei Lasteinleitung). Da bei einer Probe mit Längsbewehrung 2Ø8 im Tastversuch ein Ermüdungsbruch eben dieser eintrat, wurde festgelegt, für alle Hauptversuche eine Längsbewehrung von 2Ø12 zu verwenden. Durch die Tastversuche wurden Schwachstellen in der Konstruktion erkannt und gezielt behoben, so dass eine möglichst störungsfreie Durchführung der Hauptversuche sichergestellt wurde.

3.4 Auswertung der Materialuntersuchungen

3.4.1 Betone

Im Rahmen des Vorhabens wurden für alle drei getesteten Betone Materialprüfungen zur Bestimmung der Festbetoneigenschaften durchgeführt. Für jede Serie wurden die Druckfestigkeit $f_{c,cube100}$ und die Spaltzugfestigkeit $f_{ct,sp,cube100}$ an je drei Würfeln mit einer Kantenlänge 100 × 100 × 100 mm ermittelt. In zuvor separat geprüften Serien wurden der Elastizitätsmodul und die Druckfestigkeit an Normzylindern Ø 150 mm × 300 mm sowie die Druckfestigkeit an 10er Würfeln bestimmt. Daraus wurde ein Umrechnungsfaktor zwischen Würfel- und Zylinderdruckfestigkeit ermittelt. Des Weiteren wurden die zentrische Zugfestigkeit an Zugknochen mit einer Querschnittsfläche von 50 × 50 mm (im maßgebenden Bereich) und die Biegezugfestigkeit an Prismen 100 × 100 × 400 mm bestimmt. Tabelle 3.2 zeigt die Mittelwerte aller Betone mit einem Mindestprüfkörperalter von 28 Tagen. Das maximale Probenalter betrug 320 Tage.

Tabelle 3.2: Betoneigenschaften im Prüfkörperalter von mindestens 28 Tagen

Beton	Wert	$f_{c,cube100}$	$f_{c,cyl}$	E_{cm}	$f_{ct,sp,cube100}$
C40	Anzahl [–]	27	9	9	15
	Mittelwert [N/mm²]	56,6	49,6	33.400	3,90
	Standardabweichung σ [N/mm²]	4,6	4,3	1.100	0,4
	Variationskoeffizient v [%]	8,1	8,6	3,3	11,0
C80	Anzahl [–]	54	6	9	45
	Mittelwert [N/mm²]	111,9	93,9	41.500	5,5
	Standardabweichung σ [N/mm²]	6,1	5,1	1.750	0,9
	Variationskoeffizient v [%]	5,5	5,4	4,2	16,5
C120	Anzahl [–]	56	6	3	35
	Mittelwert [N/mm²]	137,7	122,4	51.900	7,1
	Standardabweichung σ [N/mm²]	9,6	3,0	125,0	1,0
	Variationskoeffizient v [%]	7,0	2,5	0,2	14,1

Dabei ist zu beachten, dass die Betone auch nach 28 Tagen eine zum Teil deutliche Steigerung der Druckfestigkeit erfuhren. Bei den Betonen C40 und C80 war die Festigkeitsentwicklung nach 28 Tagen quasi abgeschlossen. Für den Beton C80 war ab einem Prüfkörperalter von 168 Tagen sogar eine Festigkeitsminderung festzustellen. Im Gegensatz dazu wurde für den Beton C120 eine Festigkeitszunahme auch noch nach 112 Tagen gemessen (siehe Tabelle 3.3 und Bild 3.8).

Da die Prüfung der Verbundprobekörper frühestens 56 Tage nach Herstellung erfolgte, ist die Festigkeitsentwicklung nach diesem Zeitpunkt von Relevanz für eine Veränderung der Festigkeit während der Versuchslaufzeit. Die Entwicklung der Spaltzugfestigkeit $f_{ct,sp,cube100}$ und das Verhältnis zur jeweiligen Würfeldruckfestigkeit $f_{c,cube100}$ ist in Tabelle 3.4 aufgeführt und in Bild 3.9 dargestellt.

Tabelle 3.3: Zeitabhängige Entwicklung der Mittelwerte der Druckfestigkeit $f_{c,cube100}$

Beton	Druckfestigkeit $f_{c,cube100}$ [N/mm²] in Abhängigkeit des Prüfkörperalters [d]			
	28+	56+	112+	168+
C40	58,7	55,3	57,5	–
C80	113,2	111,2	114,7	108,4
C120	129,2	139,8	142,0	150,4

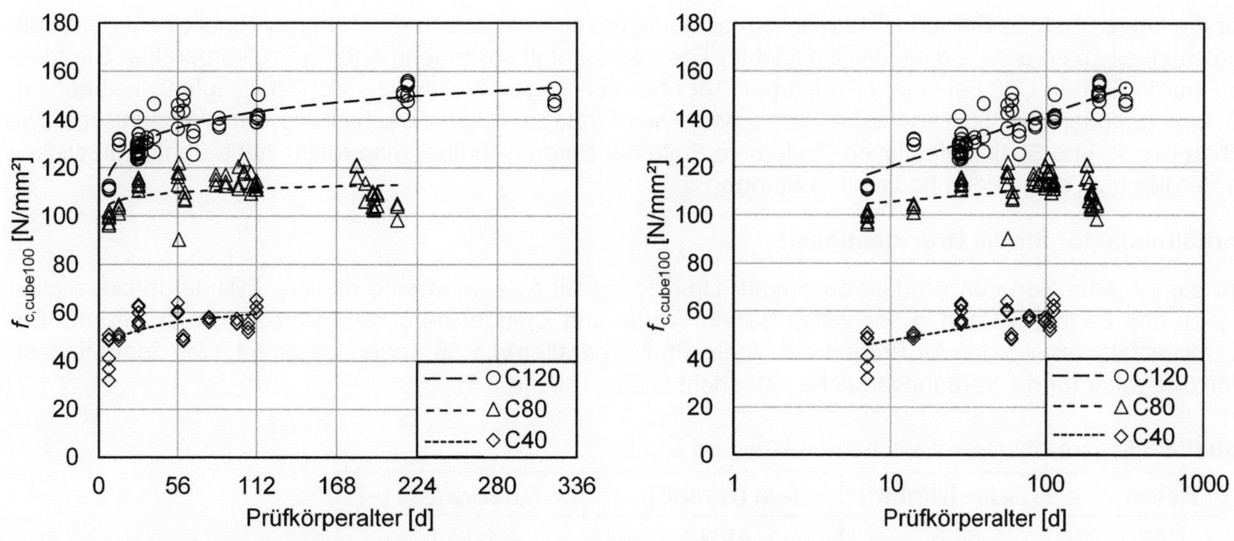

Bild 3.8: Abhängigkeit der Druckfestigkeit $f_{c,cube100}$ vom Prüfkörperalter bezogen auf eine lineare (links) bzw. logarithmische Zeitachse (rechts)

Tabelle 3.4: Zeitabhängige Entwicklung der Mittelwerte der Spaltzugfestigkeit $f_{ct,sp,cube100}$

Beton	$f_{ct,sp,cube100}$ **[N/mm²]** bei Prüfkörperalter [d]		$f_{ct,sp,cube100}$ **/** $f_{c,cube100}$ **[%]** bei Prüfkörperalter [d]	
	56+	168+	56+	168+
C40	3,9	–	7,1	–
C80	5,0	6,3	4,5	5,8
C120	7,0	6,7	5,0	4,4

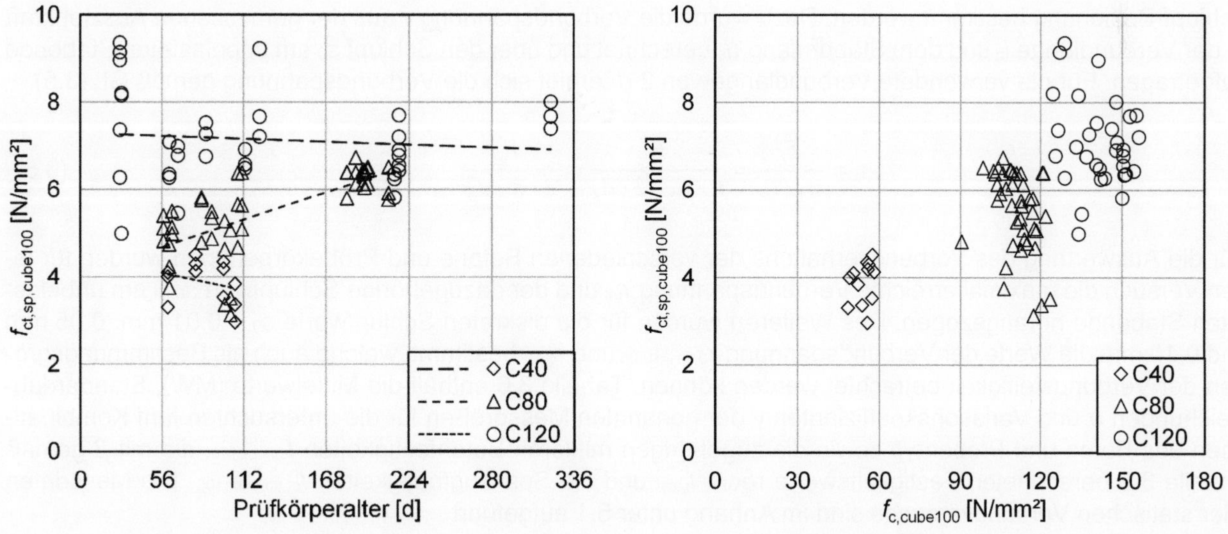

Bild 3.9: Abhängigkeit der Spaltzugfestigkeit $f_{ct,sp,cube100}$ vom Prüfkörperalter (links) und von der Druckfestigkeit $f_{c,cube100}$ (rechts)

Für die beiden Betone C40 und C120 ist kein eindeutiger zeitlicher Zusammenhang im Hinblick auf die Spaltzugfestigkeit zu erkennen, allenfalls ein leichter Festigkeitsabfall bei zunehmendem Prüfkörperalter. Stattdessen wurde für den C80 bei einem Prüfkörperalter über 168 Tage ein Zuwachs der Spaltzugfestigkeit von ca. 30 % gegenüber dem 56-Tage-Mittel gemessen. Dies führte zu einer Verschiebung des Verhältnisses zwischen Druck- und Spaltzugfestigkeit. Zudem verfügte der Beton C40 über eine relativ hohe Spaltzugfestigkeit im Vergleich zu den beiden hochfesten Betonen.

Verhältnisfaktor für die Druckfestigkeit

Um die zu jeder Serie an Würfeln bestimmte Druckfestigkeit $f_{c,cube100}$ in eine mittlere Zylinderdruckfestigkeit $f_{c,cyl}$ zu übertragen, wurden in separaten Serien Würfel und Zylinder hergestellt und auf Druck geprüft. Die Verhältnisfaktoren wurden an Proben mit einem Prüfkörperalter von 56 Tagen bestimmt, was dem Mindestprüfkörperalter für die Verbundversuche entspricht (siehe Tabelle 3.5).

Tabelle 3.5: Verhältnisse zwischen $f_{c,cube100}$ und $f_{c,cyl}$

Beton	$f_{c,cube100}$ **[N/mm²]**	$f_{c,cyl}$ **[N/mm²]**	$\beta = f_{c,cube100}/f_{c,cyl}$ **[–]**
C40	56,6	49,2	1,15
C80	115,8	98,5	1,17
C120	141,7	123,0	1,15

3.4.2 Betonstahl

In allen Versuchen wurde Stabstahl Ø 16 mm von den Badischen Stahlwerken verwendet (siehe Bild 2.2). Zur Überprüfung der Materialeigenschaften wurden vier Stäbe einer Zugprüfung bis Bruch unterzogen. Im Mittel betrug die Streckgrenze f_{ym} = 607 N/mm² und die Zugfestigkeit f_{tm} = 705 N/mm². Die bezogene Rippenfläche wurde anhand von Daten eines 3D-Scans eines Stabes bestimmt. Nach Auswertung von acht Rippenpaaren ergab sich ein f_R-Wert von 0,065.

3.5 Statische Verbundversuche – Referenzuntersuchung

3.5.1 Überblick

Anhand der Messdaten der statischen Verbundversuche kann für jeden Versuch eine Verbundspannungs-Schlupf-Beziehung bestimmt werden. Dazu wurde die Verbundspannung τ aus der gemessenen Ausziehkraft F, der Verbundlänge l_b und dem Stabumfang u_s berechnet und über den Schlupf s_0 am unbelasteten Stabende aufgetragen. Für die verwendete Verbundlänge von 2 d_s ergibt sich die Verbundspannung gemäß Gl. (3.5).

$$\tau = \frac{F}{u_s \cdot l_b} = \frac{F}{\pi \cdot d_s \cdot 2 \cdot d_s} = \frac{F}{2 \cdot \pi \cdot d_s^2} \tag{3.5}$$

Für die Auswertung des Verbundverhaltens der verschiedenen Betone und Probekörpertypen wurden für jeden Versuch die maximal erreichte Verbundspannung τ_{ult} und der dazugehörige Schlupfwert $s_{0,ult}$ am unbelasteten Stabende herangezogen. Des Weiteren wurden für die diskreten Schlupfwerte s_0 = 0,01 mm, 0,05 mm und 0,10 mm die Werte der Verbundspannung $\tau_{0,01}$, $\tau_{0,05}$ und $\tau_{0,10}$ bestimmt, welche auch als Bestimmungsgrößen der Verbundsteifigkeit betrachtet werden können. Tabelle 3.6 enthält die Mittelwerte (MW), Standardabweichungen σ und Variationskoeffizienten v der genannten Messgrößen für die untersuchten fünf Kombinationen aus Beton und Probentyp sowie die zugehörigen mittleren Betonfestigkeiten $f_{c,cube100}$, die mit β gemäß Tabelle 3.5 berechneten Festigkeitswerte rech. $f_{c,cyl}$ und die Spaltzugfestigkeiten $f_{ct,sp,cube100}$. Die Messdaten aller statischen Verbundversuche sind im Anhang unter 6.1 aufgeführt.

Tabelle 3.6: Ausgewählte Messgrößen der statischen Referenzversuche

Messgröße			C40 - BE	C80 - BE	C80 - PO	C120 - BE	C120 - PO
Anzahl	n	[Stck.]	8	18	12	11	6
$f_{c,cube100}$	MW	[N/mm²]	54,1	110,3	112,6	138,1	150,9
rech. $f_{c,cyl}$	MW	[N/mm²]	47,0	94,3	96,3	120,1	131,2
$f_{ct,sp,cube100}$	MW	[N/mm²]	3,9	5,6	5,4	7,2	6,7
$\tau_{0,01}$	MW	[N/mm²]	7,7	11,1	11,20	13,1	13,4
	σ	[N/mm²]	1,0	2,0	2,2	1,5	1,3
	v	[%]	13,4	17,8	19,9	11,1	9,6
$\tau_{0,05}$	MW	[N/mm²]	15,0	25,4	24,3	30,7	33,9
	σ	[N/mm²]	1,9	2,6	2,1	2,7	1,7
	v	[%]	13,0	10,2	8,4	8,8	4,9
$\tau_{0,10}$	MW	[N/mm²]	18,5	32,4	31,9	38,4	44,0
	σ	[N/mm²]	2,2	2,5	2,2	2,8	1,5
	v	[%]	11,7	7,7	7,0	7,4	3,4
τ_{ult}	MW	[N/mm²]	24,9	36,8	41,8	44,2	57,2
	σ	[N/mm²]	2,6	2,0	2,6	1,6	2,2
	v	[%]	10,4	5,5	6,3	3,5	3,8
F_{ult}	MW	[kN]	40,0	59,2	67,2	71,1	92,0
$s_{0,ult}$ (= $s_{0,Ref}$)	MW	[mm]	0,50	0,27	0,71	0,27	0,96
	σ	[mm]	0,12	0,08	0,45	0,08	0,47
	v	[%]	23,7	29,5	63,5	27,7	49,2

3.5.2 Einfluss der Betonfestigkeit

Beim Vergleich der verschiedenen Verbundspannungsgrößen $\tau_{0,01}$, $\tau_{0,05}$, $\tau_{0,10}$ und τ_{ult} ist zunächst festzustellen, dass mit steigender Druckfestigkeit die jeweiligen Verbundspannungswerte steigen. Über alle Versuche betrachtet, ergibt sich für alle vier Verbundspannungsgrößen ein linearer Zusammenhang mit der Druckfestigkeit (siehe Bild 3.10). Der Einfluss ist für $\tau_{0,01}$ weniger stark ausgeprägt und wächst für höhere Schlupfwerte. Die Streuung der Versuchswerte sinkt für höhere Schlupfwerte von durchschnittlich ca. 14 % für $\tau_{0,01}$ bis unter 6 % für τ_{ult}. Allerdings unterscheiden sich die drei Betone dahingehend wie folgt: Für die beiden hochfesten Betone wurde eine geringe Streuung für die Verbundspannungsgrößen $\tau_{0,10}$ und τ_{ult} ermittelt, wohingegen für den C40 bei diesen beiden Größen eine Streuung von über 10 % besteht. Anhand der Werte für $\tau_{0,05}$ und $\tau_{0,1}$ zeigt sich, dass beim C120 eine durchschnittlich etwa doppelt so hohe Verbundsteifigkeit gemessen wurde als beim C40.

Im Diagramm für die Verbundfestigkeit τ_{ult} sind ergänzend die Verläufe für die Gleichungen (1.1) [fib12] und (1.2) [Hua96] dargestellt. Bei allen Versuchen wurde eine höhere Verbundfestigkeit erreicht als nach dem Ansatz aus dem *fib* Model Code 2010. Für die PO-Versuche mit dem Beton C120 liegen die Ergebnisse etwa beim zweifachen Wert von Gl. (1.1). Gute Übereinstimmung liefert hingegen der lineare Ansatz nach Huang et al. für die PO-Versuche mit C80 und C120. Die BE-Versuche mit den beiden hochfesten Betonen lieferten etwas geringere maximale Verbundspannungen. Im Gegensatz dazu wurden mit der Konfiguration C40 - BE verhältnismäßig hohe Verbundfestigkeiten erzielt, welche auch die rechnerischen Werte nach Gl. (1.2) überschreiten.

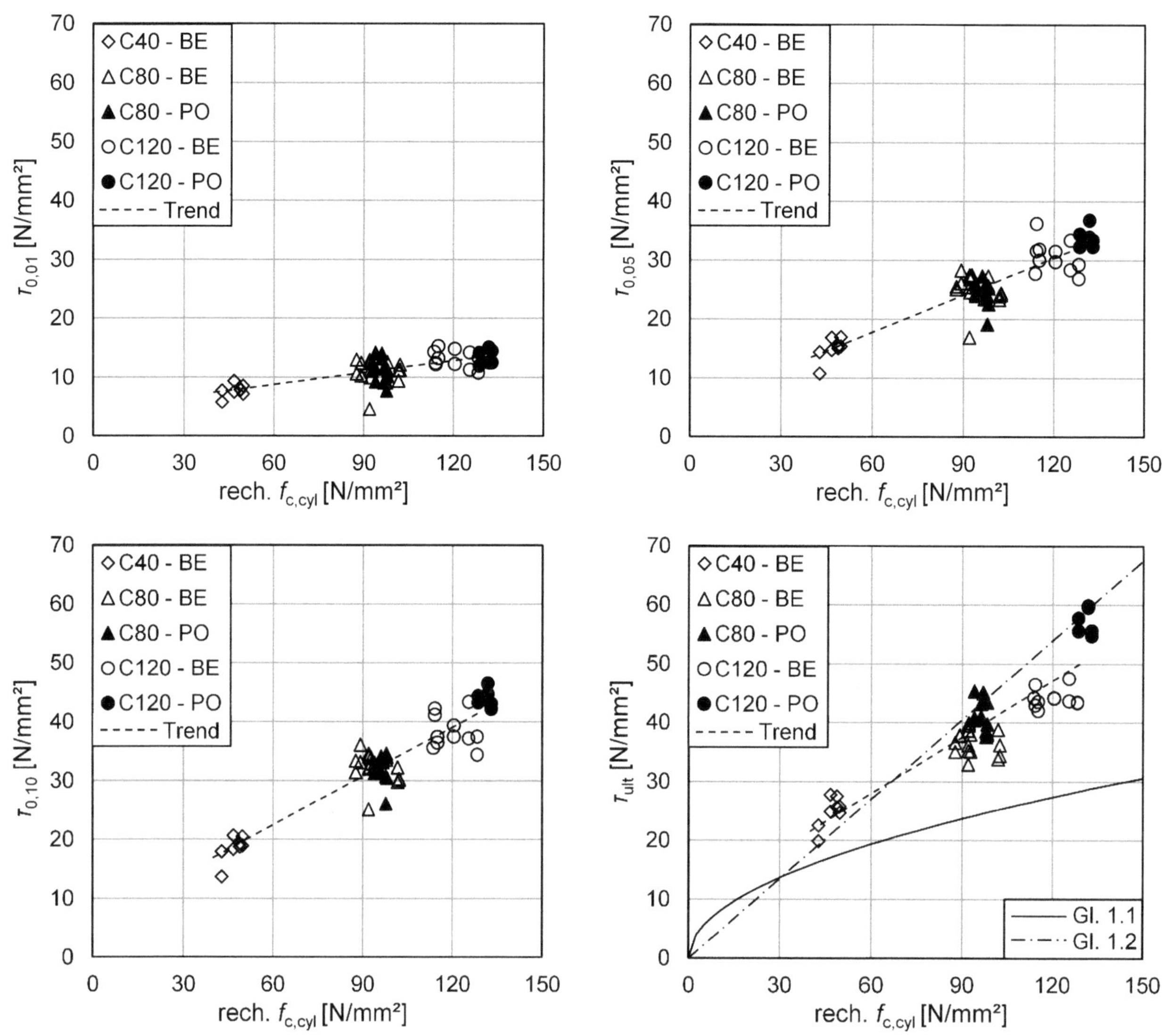

Bild 3.10: Verhältnisse der Verbundspannungsgrößen $\tau_{0,01}$, $\tau_{0,05}$, $\tau_{0,10}$ und τ_{ult} zur Druckfestigkeit rech. $f_{c,cyl}$

3.5.3 Einfluss der Spaltzugfestigkeit

Trägt man die erreichten Verbundspannungswerte über die zugehörigen Spaltzugfestigkeiten auf, ist ebenfalls eine Korrelation erkennbar. In Bild 3.11 sind die Versuchswerte für die Größen $\tau_{0,1}$ und τ_{ult} dargestellt. Tendenziell steigt die jeweilige Verbundspannungsgröße mit zunehmender Spaltzugfestigkeit, was anhand der Korrelation zwischen Spaltzugfestigkeit und Druckfestigkeit auch zu erwarten ist. Allerdings bestehen relativ große Schwankungen, welche in der Streuung der Spaltzugfestigkeit begründet liegen. So können Werte für $\tau_{0,1}$ und τ_{ult} für eine bestimmte Spaltzugfestigkeit $f_{ct,sp,cube100}$ mit dem Faktor 2 schwanken.

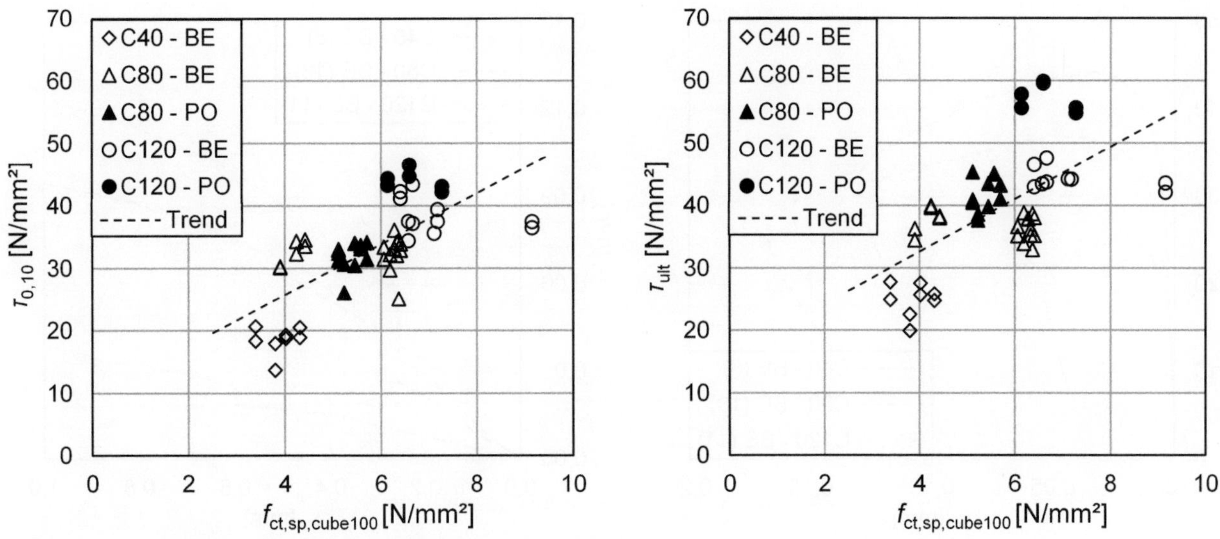

Bild 3.11: Verhältnisse zwischen $\tau_{0,10}$ und τ_{ult} zur Spaltzugfestigkeit $f_{ct,sp,cube100}$

3.5.4 Einfluss des Probekörpertyps

Für die Verbundspannungsgrößen $\tau_{0,01}$, $\tau_{0,05}$ und $\tau_{0,10}$ ist sowohl im Verhältnis zur rechnerischen Zylinderdruckfestigkeit $f_{c,cyl}$ (siehe Bild 3.10) als auch zur Spaltzugfestigkeit $f_{ct,sp,cube100}$ (siehe Bild 3.11) kein signifikanter Unterschied der Werte zwischen Balkenendkörpern (BE) und Ausziehkörpern (PO) für die Betone C80 und C120 erkennbar. Betrachtet man zudem die Mittelwertkurven der Verbundspannung-Schlupf-Beziehungen aller untersuchten Konfigurationen (Bild 3.12), wird deutlich, dass sich das Verbundverhalten von BE- und PO-Körpern bis zu einem Schlupf von $s_0 \approx 0{,}1$ mm (C80) bzw. 0,05 mm (C120) nicht wesentlich unterscheidet.

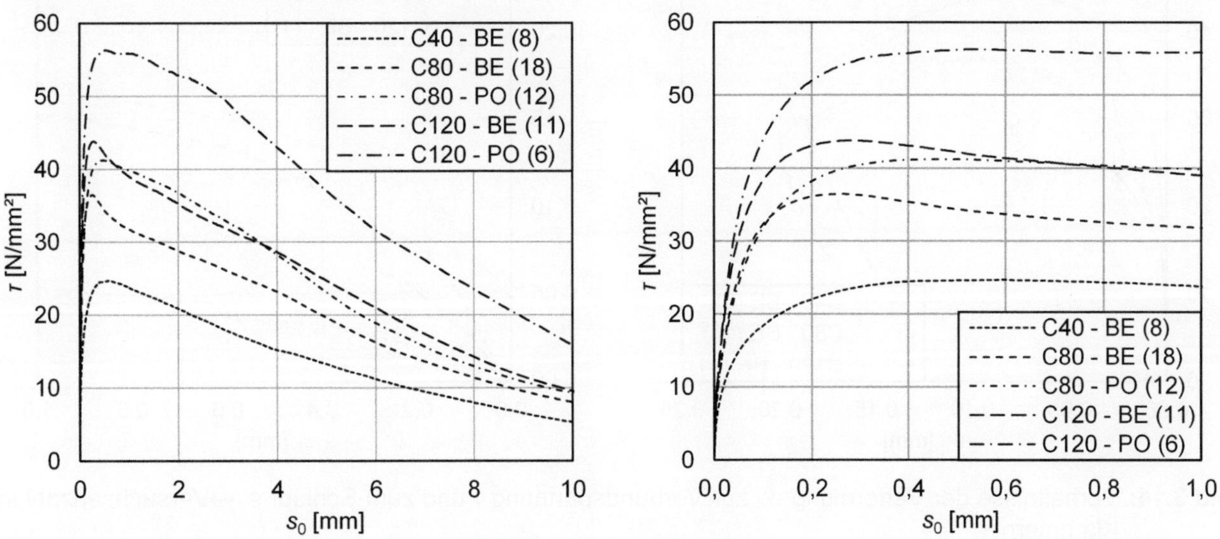

Bild 3.12: Mittelwertkurven der Verbundspannung-Schlupf-Beziehungen – Versuchsanzahl in Klammern

Dementsprechend bietet der BE-Körper bis dahin eine ausreichende Umschnürungswirkung durch die Betondeckung von 2 d_s, wodurch die Verbundbedingungen vergleichbar mit denen im PO-Körper sind. Mit weiterer Laststeigerung unterscheiden sich die Verläufe der Probekörpertypen jedoch zunehmend. Sowohl für den C80 als auch für den C120 flachen die Verläufe der BE-Versuche ab $s_0 = 0{,}1$ mm deutlich ab und erreichen die maximale Verbundspannung im Mittel bei $s_{0,ult} = 0{,}27$ mm. Nach Überschreiten des Maximums ist für beide hochfesten Betone ein rascher Abfall des Verbundwiderstandes zu beobachten. Dieser geht mit der Bildung von Längs- bzw. Spaltrissen (w_l) und einem Querriss (w_q) auf der Oberseite einher. In Bild 3.13 ist die durchschnittlich gemessene Verformung w_l auf der Oberseite quer zur Stabachse (vgl. IWA 4 in Bild 3.6) im Verhältnis zur mittleren Verbundspannung (links) und zum mittleren Schlupf s_0 (rechts) dargestellt.

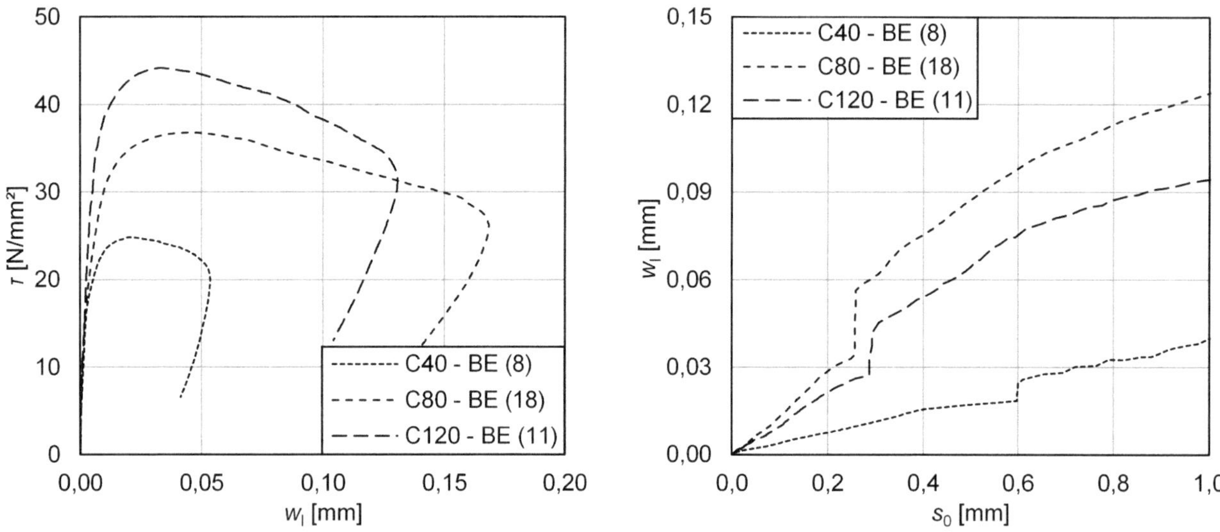

Bild 3.13: Verhältnisse der Verformung w_l zur Verbundspannung τ und zum Schlupf s_0 – Versuchsanzahl in Klammern

Bei beiden hochfesten Betonen ist ein sprunghafter Anstieg der Verformung w_l bei einem Schlupf von ca. 0,27 mm und damit beim Erreichen der maximalen Verbundspannung zu beobachten, was auf die Entstehung eines Längsrisses hindeutet. Ähnliche Mittelwertverläufe wurden für die Verformung w_q längs zum Stab auf der Oberfläche (vgl. IWA 3 in Bild 3.6) gemessen (siehe Bild 3.14).

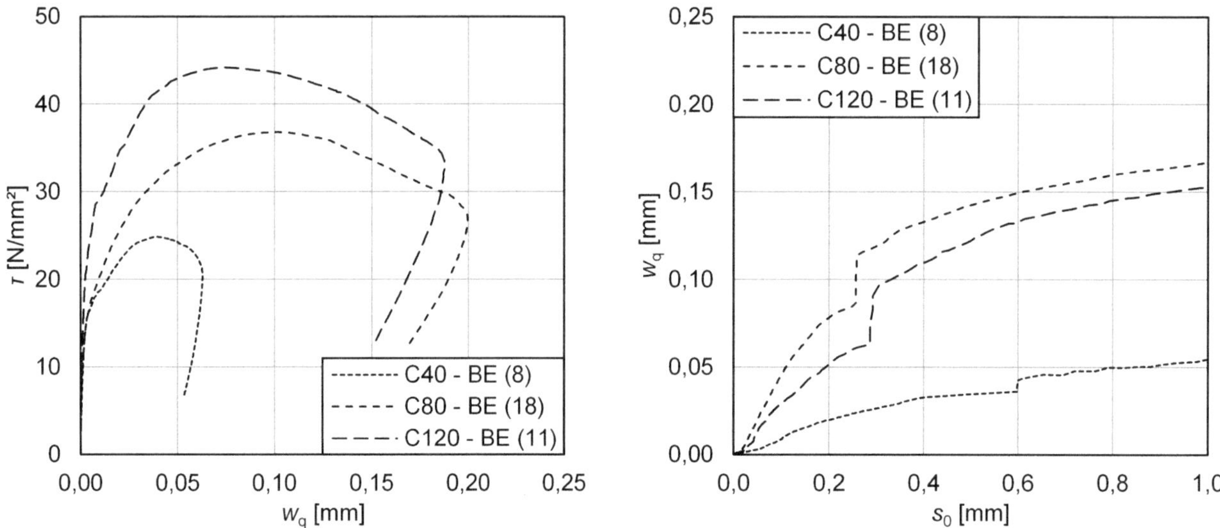

Bild 3.14: Verhältnisse der Verformung w_q zur Verbundspannung τ und zum Schlupf s_0 – Versuchsanzahl in Klammern

Allerdings nimmt die Verformung in Längsrichtung im Gegensatz zur Querrichtung bereits mit ansteigender Belastung deutlich zu, sodass beim Belastungsmaximum in etwa die Hälfte der maximalen Verformung w_q der jeweiligen Konfiguration erreicht wurde. Für w_l liegt dieses Verhältnis nur etwa bei einem Viertel. Analog zur Querrichtung wurde auch für w_q für beide hochfesten Betone ein sprunghafter Anstieg der Verformung bei $s_0 \approx 0{,}27$ mm gemessen, wobei dieser im Vergleich zu der bis dahin entstanden Verformung geringer ist. Bild 3.15 zeigt das charakteristische Rissbild eines BE-Körpers. In der Regel bildete sich der Querriss am Ende der Verbundzone, welche durch die rote Linie gekennzeichnet ist. Die Bildung von Längsrissen führte zu einer verringerten Umschnürungswirkung und infolgedessen zu einem ebenso schnellen Abfall des Verbundwiderstandes. Aufgrund der Querbewehrung durch zwei Bügel Ø6 wurde das Risswachstum begrenzt und es blieb eine relativ große Umschnürungswirkung nach dem Überschreiten des Verbundspannungsmaximums erhalten. Nach Erreichen des Maximums von w_l und w_q bei ca. 75 % von τ_{ult} setzte eine Abnahme bzw. die elastische Rückverformung infolge des Kraftabfalls ein.

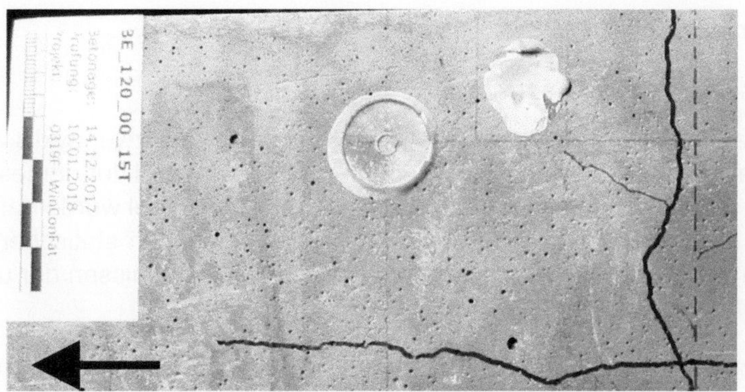

Bild 3.15: Typisches Rissbild eines Balkenendkörpers (Draufsicht auf den Prüfkörper)

Dieses Verhalten wird auch als „spaltbruchinduziertes Ausziehversagen“ bezeichnet [Gam00]. Für den Beton C40 ist dieser Versagensmodus weniger stark ausgeprägt. Zwar wurde mit steigender Ausziehkraft ebenfalls eine zunehmende Verformung w_l in Querrichtung gemessen, allerdings beträgt diese im Maximum nur ca. 30 bis 40 % der Werte der beiden anderen Betone. Bei Erreichen von $s_0 \approx 0{,}6$ mm ist ein verhältnismäßig kleiner Sprung der Verformung w_l zu sehen (Bild 3.13, rechts), allerdings konnten nach Versuchsende keine sichtbaren Risse auf der Probenoberseite festgestellt werden. Aus den Verläufen für den Beton C40 in den Diagrammen von Bild 3.13 lässt sich ableiten, dass die Umschnürungswirkung infolge Mikrorissbildung geschwächt wurde, aber kein Spaltbruch (Längsriss) eintrat. Dementsprechend ähnelt die Charakteristik des Verbundspannung-Schlupf-Verlaufes mehr den Ergebnissen aus PO-Versuchen bzw. der typischen Kurve eines Ausziehversagens (vgl. Bild 3.12).

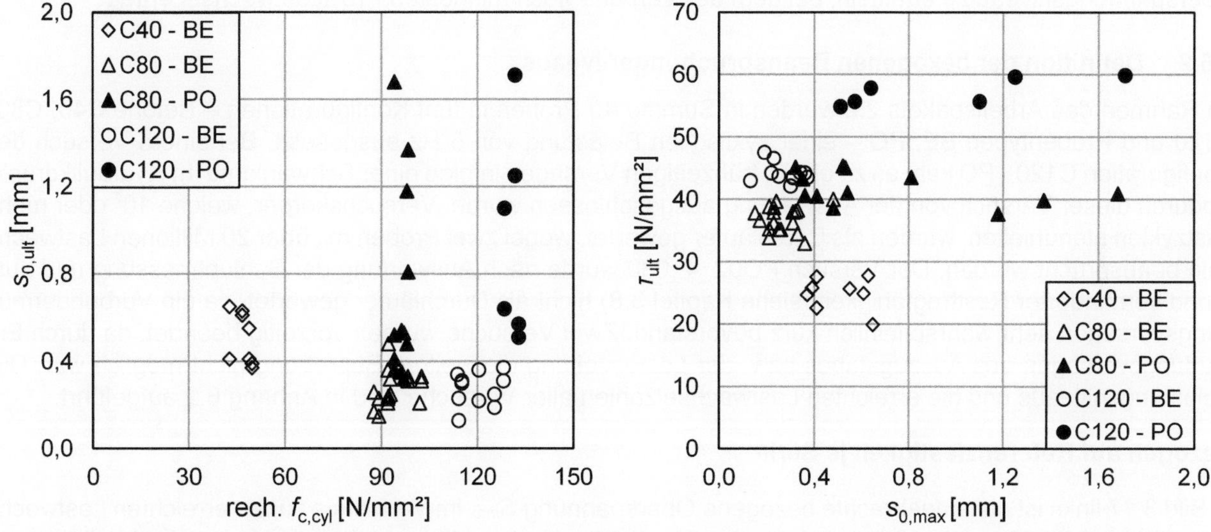

Bild 3.16: Verhältnisse der Schlupfgröße $s_{0,ult}$ zur Druckfestigkeit rech. $f_{c,cyl}$ und zur Verbundfestigkeit τ_{ult}

Ein weiteres Indiz dafür gibt das Verhältnis $\tau_{max}/\tau_{0,10}$ an. Wird die maximale Verbundspannung für die Konfigurationen C80 - BE und C120 - BE im Mittel bei $\tau_{max} \approx 1{,}15 \cdot \tau_{0,10}$ erreicht, beträgt der durchschnittliche Verbundspannungszuwachs für alle anderen Konfigurationen ca. 30 % gegenüber dem $\tau_{0,10}$-Wert. Das unterschiedliche Verbundverhalten zwischen den Betonen liegt sehr wahrscheinlich in der vergleichsweise hohen Spaltzugfestigkeit des C40 begründet (siehe Tabelle 3.4). Bezogen auf die jeweilige Druckfestigkeit verfügt der C40 über eine ca. 30 bis 50 % höhere Spaltzugfestigkeit als die beiden hochfesten Betone.

Im Vergleich zu den BE-Versuchen zeichnen sich die Verbundspannung-Schlupf-Kurven aus den PO-Versuchen durch einen Plateaubereich um das Verbundspannungsmaximum aus. Damit geht einher, dass der maximale Verbundwiderstand im Mittel bei einem Schlupf von 0,7 bzw. ca. 1,0 mm auftritt. Je nach Versuch ist der Plateaubereich unterschiedlich lang ausgeprägt, was sich in der großen Streuung der Größe $s_{0,ult}$ für die PO-Versuche widerspiegelt (siehe Bild 3.16). Für die BE-Versuche ist in Bild 3.16 links wiederum der Einfluss der Betonfestigkeit auf die Verbundsteifigkeit erkennbar. Mit steigender Druckfestigkeit wurden geringere Schlupfwerte $s_{0,ult}$ bei Erreichen der maximalen Verbundspannung τ_{ult} gemessen.

3.6 Verbund unter Zugschwellbeanspruchung

3.6.1 Bestimmung der zyklischen Beanspruchung

Eine Prüfserie bestand aus vier Probekörpern, wobei zwei statisch und zwei zyklisch belastet wurden. Die Referenzfestigkeit für die zyklischen Versuche wurde für jede Serie anhand der gemessenen maximalen Auszugkräfte F_{ult} der beiden statischen Verbundversuche ermittelt. In der Regel wurde dafür der Mittelwert beider Auszugkräfte bestimmt. Sofern eine große Differenz zwischen den beiden statischen Versuchsergebnissen bestand (> 10 %), wurde der Wert, welcher näher an den restlichen Ergebnissen der untersuchten Konfiguration lag, als Referenzgröße F_{Ref} verwendet.

In statischen Tastversuchen mit dem Beton C120 wurden Verbundspannungen von $\tau_{ult} \approx 50$ N/mm² erreicht (siehe Abschn. 3.3), was annähernd dem Ansatz für hochfeste Betone nach Gl. (1.2) von Huang et al. [Hua96] entspricht. Entsprechend war die bezogene Spannungsschwingbreite $\Delta\sigma$ auf ca. 40 % zu begrenzen, um einem vorzeitigen Ermüdungsversagen des Auszugstabs zu begegnen (vgl. Bild 3.1). Anhand der Verbundwöhlerlinien von Rehm und Eligehausen [Reh75a] für Normalbeton ist zu erkennen, dass das Ermüdungsverhalten des Verbundes, wie auch jenen von Beton unter Druckschwellbelastung, vom Unterspannungsniveau abhängig ist. Gemäß Rehm/Eligehausen ist für eine bezogene Spannungsschwingbreite von 40 % selbst bei einem Unterspannungsniveau S_{min} von 30 % ein Versagen infolge Verbundermüdung unwahrscheinlich (vgl. Bild 1.5).

Als Schlussfolgerung daraus wurde für alle zyklischen Versuche ein Unterspannungsniveau S_{min} von 40 % der jeweiligen statischen Referenzfestigkeit F_{Ref} festgelegt. Das Oberspannungsniveau S_{max} wurde für die erste Serie jeder Konfiguration im Bereich von 75 bis 80 % frei gewählt. Abhängig von den erreichten Lastwechselzahlen N der ersten Serie wurden die Proben in den darauffolgenden Versuchen mit einer geringeren (wenn N niedrig) oder höheren (wenn $N \geq 10^7$) bezogenen Oberlast beaufschlagt. Diese Vorgehensweise wurde in Anlehnung an das Treppenstufenverfahren [Hüc83] für jede weitere Serie mit der Zielsetzung verfolgt, das Oberspannungsniveau zu ermitteln, bei dem der Verbund noch mindestens 10^7 Lastwechsel erträgt.

3.6.2 Definition der bezogenen Beanspruchungsniveaus

Im Rahmen des Arbeitspakets 2.2 wurden in Summe 40 Proben in fünf Konfigurationen – Betone C40, C80, C120 und Probentypen BE, PO – einer zyklischen Belastung von 5 Hz ausgesetzt. Bei einem Versuch der Konfiguration C120 - PO kam es zu einem frühzeitigen Versagen infolge einer Schwankung im Hydraulikdruck, wodurch dieser Versuch von der Auswertung ausgeschlossen wurde. Versuchskörper, welche 10^7 oder mehr Lastzyklen standhielten, wurden als Durchläufer gewertet, wobei zwei Proben mit über 20 Millionen Lastwechseln beansprucht wurden. Der Versuch PO02_4_080 wurde nach Auswertung der Schlupfmessung und aufgrund verminderter Resttragfähigkeit (siehe Kapitel 3.8) nicht als Durchläufer gewertet, da ein Verbundermüdungsversagen sehr wahrscheinlich kurz bevorstand. Zwei Versuche wurden vorzeitig beendet, da durch Ermüdungsversagen des Auszugstabes bzw. der Lasteinleitung die weitere Beprobung nicht möglich war. Die Belastungsniveaus und die erreichten Lastwechselzahlen aller Versuche sind in Anhang 6.2 aufgeführt.

Bezogen auf Referenzfestigkeit je Serie

In Bild 3.17 links ist die aufgebrachte bezogene Oberspannung S_{max} im Verhältnis zu der erreichten Lastwechselzahl N für die 39 durchgeführten Versuche dargestellt. Als Orientierung sind die Verbundwöhlerlinien gemäß den Gleichungen (1.4) und (1.5) von Rehm und Eligehausen [Reh75a] für die Unterspannungsniveaus S_{min} = 10 und 30 % ergänzt. Die eingezeichneten Trendlinien wurden anhand der versagten Proben bestimmt, Durchläufer wurden dafür nicht einbezogen.

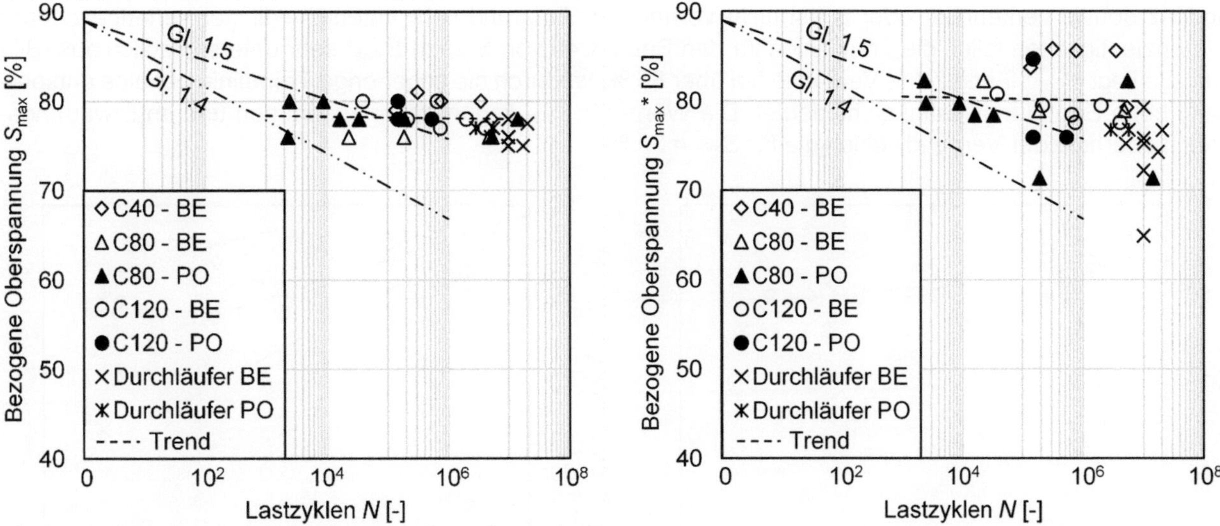

Bild 3.17: Verhältnis der bezogenen Oberspannung S_{max} (links) und S_{max}* (rechts) zur aufgebrachten Anzahl an Lastzyklen N für alle zyklischen Versuche

Lässt man eine Unterscheidung zwischen den Konfigurationen außer Acht, streuen die Versuchsergebnisse über einen Bereich von $N = 10^4$ bis 10^7 sehr stark und eine allgemeine Tendenz zwischen S_{max} und N ist nur schwerlich erkennbar. So haben einzelne Proben bei einer bezogenen Oberspannung von 78 % nur wenigen zehntausend Lastwechseln standgehalten, andere hingegen erreichten mehr als 10^7 Wiederholungen, ohne zu versagen. Des Weiteren führten geringfügige Änderungen der bezogenen Oberspannung von ±2 % in der Regel zu erheblich geringeren bzw. höheren Bruchlastwechselzahlen.

In diesem Zusammenhang stellte sich die Frage, welchem tatsächlichen Belastungsniveau jede einzelne Probe ausgesetzt war. Die Werte für die Unterlast F_{min} und die Oberlast F_{max}, mit welcher der Hydraulikzylinder in einer Sinusschwingung am Auszugstab zog, waren abhängig von der statischen Referenzlast F_{Ref}. Die Verbundfestigkeit F_{ult} jeder einzelnen Probe unterscheidet sich jedoch in aller Regel vom Referenzwert. Liegt die tatsächliche Verbundfestigkeit des zyklisch zu prüfenden Probekörpers beispielsweise 5 % unterhalb der angesetzten Referenzlast F_{Ref}, so wird der Probekörper tatsächlich mit einem Spannungsverhältnis von S_{min}/S_{max} = 42/84 % belastet anstatt mit dem geplanten Spannungsspiel 40/80 % für den Fall, dass die tatsächliche Festigkeit genau F_{Ref} entspricht. Bei einer Überfestigkeit von 5 % sinkt das Lastspiel entsprechend auf 38/76 %. Allerdings ist die tatsächliche statische Verbundfestigkeit der zyklisch zu belastenden Probe weder vor dem Versuch, noch nach dem Ermüdungsversagen ermittelbar. Einzig bei Durchläufern kann eine anschließende Prüfung der statischen Resttragfähigkeit einen groben Anhaltswert über die tatsächliche Verbundfestigkeit der Probe und das aufgebrachte Belastungsniveau liefern. Dabei ist zu beachten, dass infolge der zyklischen Belastung eine Vorschädigung vorliegt und der Beton einen Festigkeitszuwachs durch das fortgeschrittene Prüfkörperalter erfahren haben kann (vgl. Bild 3.8).

Bezogen auf Referenzfestigkeit je Konfiguration

Bezieht man das Oberspannungsniveau nicht auf die ermittelte Referenzfestigkeit je S_{max} Serie, sondern auf den Mittelwert aller Serien gleicher Konfiguration, ergibt sich das Oberspannungsniveau S_{max}* (siehe Bild 3.17 rechts). Damit vergrößert sich die Anzahl der statischen Versuche, welche in die mittlere Referenzfestigkeit eingehen für die Bestimmung der Referenzfestigkeit und es ergeben sich scheinbar Unterschiede zwischen den Konfigurationen. Allerdings geht bei diesem Vorgehen der Zusammenhang zwischen Betonfestigkeit und Verbundfestigkeit der jeweiligen Serie verloren. Für einzelne Serien mit vergleichsweise niedriger Betonfestigkeit und entsprechend geringerer Verbundfestigkeit verringert sich die bezogene Oberspannung zum Teil deutlich. Bei höherer Festigkeit ist dies umgekehrt der Fall. Dies gilt ebenso für die bezogene Unterspannung S_{min}*, welche nicht mehr einheitlich 40 % beträgt, sondern für jeden Versuch unterschiedlich ist.

3.6.3 Einfluss der Betonfestigkeit

Unter Berücksichtigung der verschiedenen Betonfestigkeiten weisen die Versuchsergebnisse zum Teil auf eine Korrelation zwischen bezogener Oberspannung und erreichter Lastwechselzahl hin. Je nachdem, ob man die Referenzfestigkeit für jede Serie oder den Mittelwert der Serien gleicher Konfiguration ansetzt, ist eine

Tendenz deutlich erkennbar oder quasi nicht vorhanden. Aufgrund sehr unterschiedlicher serienbezogener Referenzfestigkeiten fallen die Trendlinien für den Beton C40 von S_{max} zu S_{max}^* sehr unterschiedlich aus (Bild 3.18). So liegt S_{max}^* für einzelne Versuche bei über 85 %, wodurch die zugehörige Trendlinie auf eine entsprechend hohe Ermüdungsfestigkeit hindeutet. Die Werte für S_{max} liegen näher zusammen und im Erwartungsbereich oberhalb der Verbundwöhlerlinie für S_{min} = 30 %.

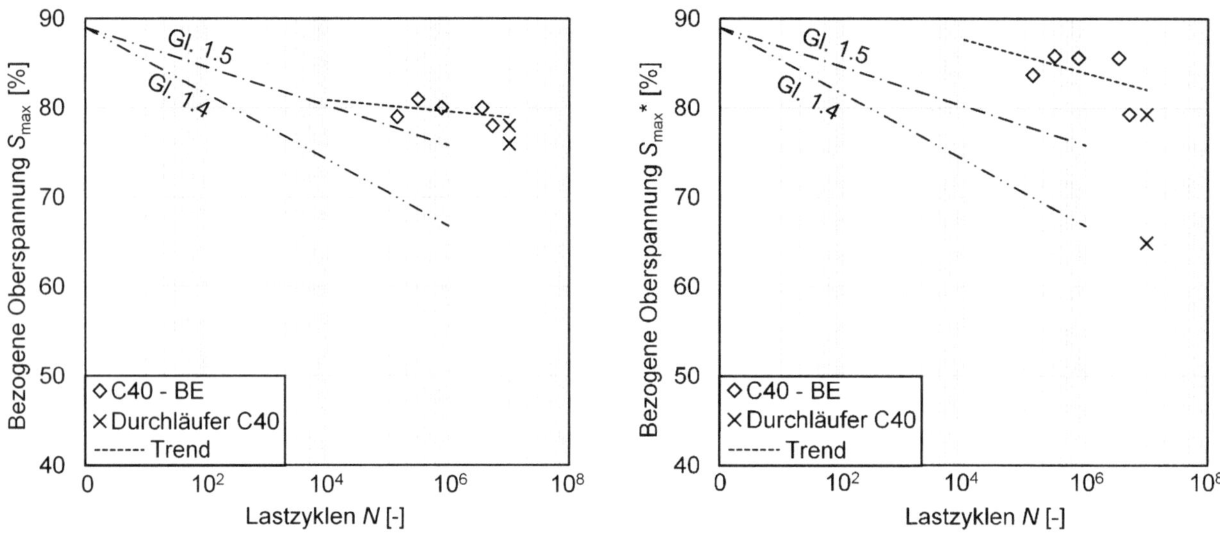

Bild 3.18: Verhältnis der bezogenen Oberspannung S_{max} (links) und S_{max}^* (rechts) zur aufgebrachten Anzahl an Lastzyklen N für Versuche mit dem Beton C40

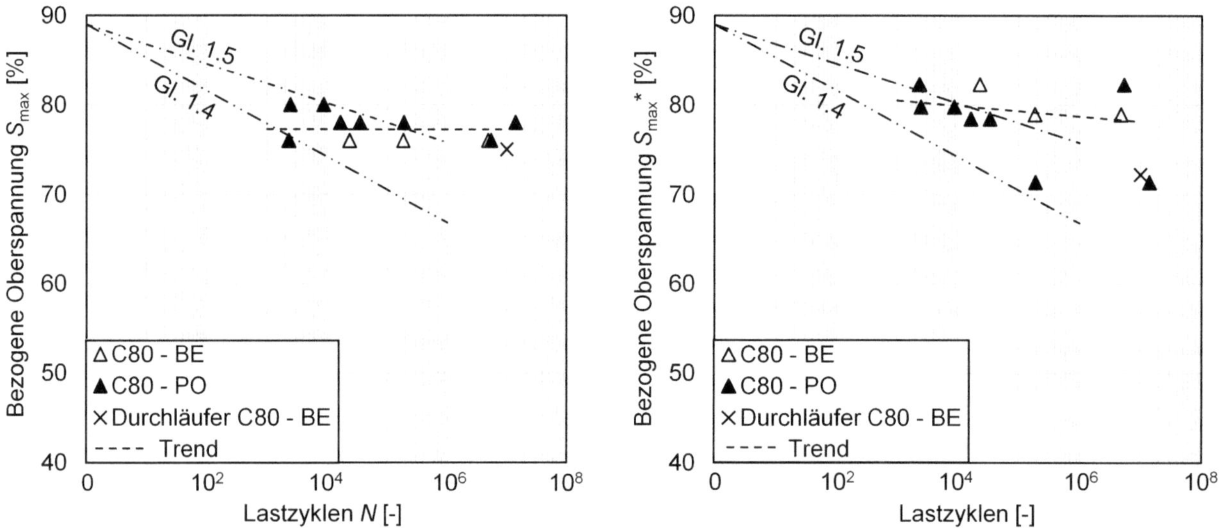

Bild 3.19: Verhältnis der bezogenen Oberspannung S_{max} (links) und S_{max}^* (rechts) zur aufgebrachten Anzahl an Lastzyklen N für Versuche mit dem Beton C80

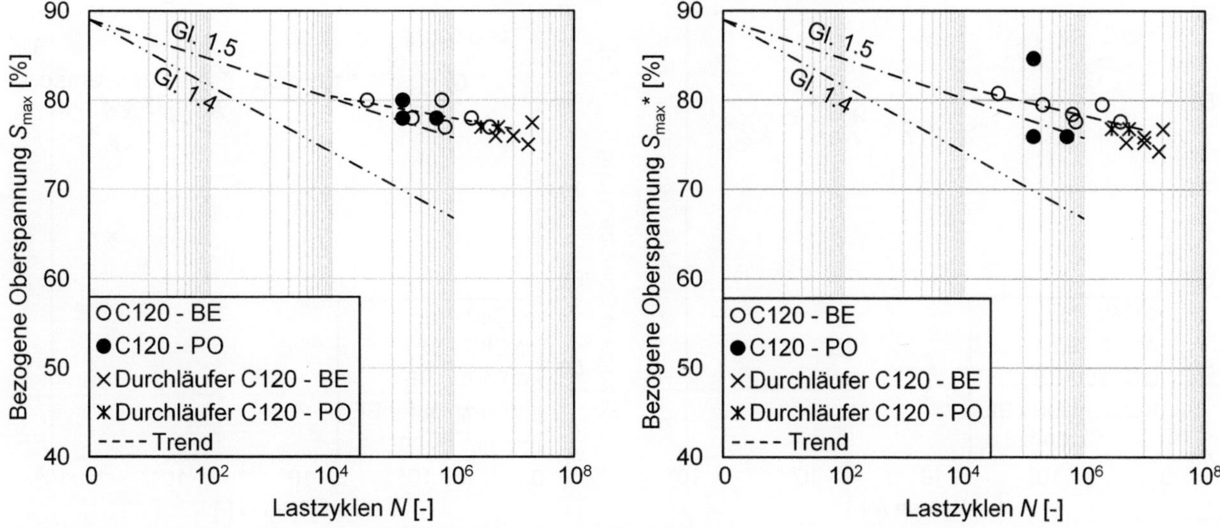

Bild 3.20: Verhältnis der bezogenen Oberspannung S_{max} (links) und S_{max}* (rechts) zur aufgebrachten Anzahl an Lastzyklen N für Versuche mit dem Beton C120

Für den Beton C80 zeigt sich mit S_{max} keine klare Tendenz und mit S_{max}* eine leicht abfallende Mittelwertlinie (siehe Bild 3.19). Im Vergleich mit den Ergebnissen für den C40 wurden im Mittel geringere Lastwechselzahlen erreicht. Für beide Auswertungsmethoden erreichte die Mehrzahl der Proben nicht die Lastwechselzahl gemäß Gl. (1.5). Die Ergebnisse für den Beton C120 unterscheiden sich für S_{max} und S_{max}* nur geringfügig (siehe Bild 3.20). Die Tendenz ist leicht fallend und verläuft oberhalb der Verbundwöhlerlinie für S_{min} = 30 %.

Ausgehend von den analytischen Gleichungen (1.4) und (1.5) zur Ermüdung des Verbundes für Normalbeton nach [Reh75a] liegen die Versuchsergebnisse für die Betone C40 und C120 im erwartbaren Bereich und die Mittelwertverläufe besitzen einen flacheren Abfall als die Wöhlerlinien des Verbundes für S_{min} = 10 und 30 %.

3.6.4 Einfluss des Probekörpertyps

Von den insgesamt 39 zyklischen Versuchen wurden 26 an BE-Körpern und 13 an PO-Körpern durchgeführt. In Bild 3.21 und Bild 3.22 sind die erreichten Lastwechselzahlen im Verhältnis zu den bezogenen Oberspannungen S_{max} und S_{max}* für beide Probekörpertypen getrennt dargestellt.

Die Versuchsergebnisse der zyklisch geprüften Balkenendkörper (Bild 3.21) ergeben bei Bezug auf S_{max} einen breiten Streubereich mit einem leicht ansteigenden Trend. Diese untypische Korrelation wird vor allem durch die niedrigen Lastwechselzahlen für den C80 bestimmt. Unter Verwendung der Größe S_{max}* liegen die Ergebnisse der Versuche mit C80 bei einem Oberspannungsniveau von über 80 %, wodurch sich der Trend gegenüber S_{max} wieder umkehrt. Bei den PO-Versuchen (Bild 3.22) unterscheiden sich die Trendlinien für S_{max} und S_{max}* nur geringfügig. Im Vergleich zu den Ergebnissen der BE-Versuche wiesen die PO-Prüfkörper im Mittel eine geringere Ermüdungsfestigkeit auf. Allerdings wurde für 8 der 13 PO-Proben der Beton C80 verwendet, bei dem im Vergleich mit den anderen Betonen bereits bei vergleichsweise niedrigen Lastwechselzahlen ein Verbundermüdungsversagen auftrat (siehe Abschn. 3.6.3) Entsprechend haben die Versuchsergebnisse C80 - PO einen starken Einfluss auf die Trendlinien der PO-Versuche.

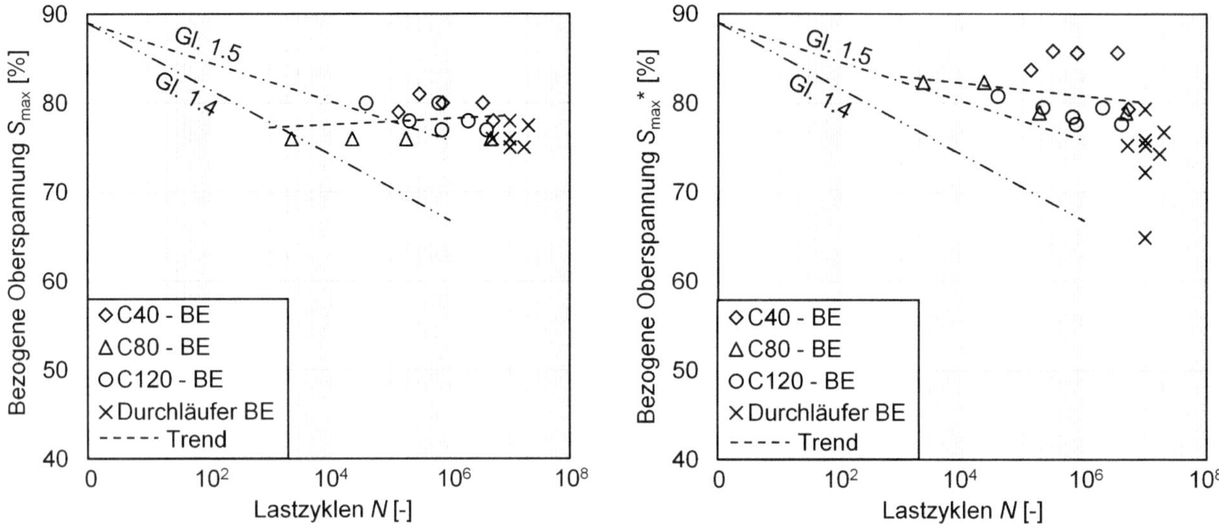

Bild 3.21: Verhältnis der bezogenen Oberspannung S_{max} (links) und S_{max}* (rechts) zur aufgebrachten Anzahl an Lastzyklen *N* für Versuche mit Balkenendkörpern

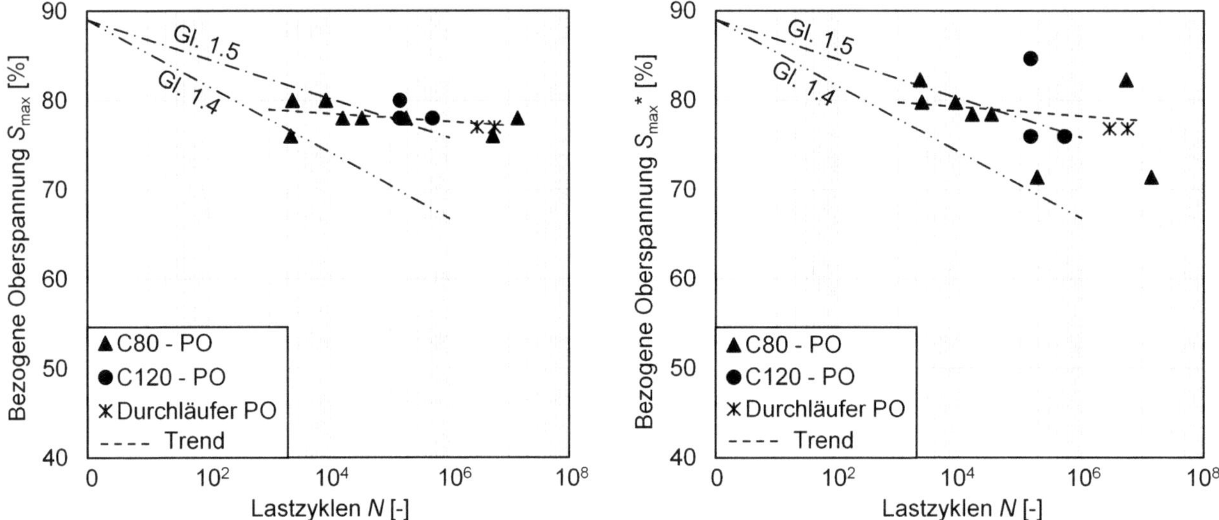

Bild 3.22: Verhältnis der bezogenen Oberspannung S_{max} (links) und S_{max}* (rechts) zur aufgebrachten Anzahl an Lastzyklen *N* für Versuche mit Ausziehkörper

3.6.5 Ermittlung des Schlupfzuwachses

Für die Versuche mit Zugschwellbeanspruchung wurden die gleichen Messgrößen wie bei den statischen Referenzversuchen erfasst. Trägt man diese über die aufgebrachten Lastzyklen *N* auf, kann anhand der Verformungssteigerung der Schädigungsgrad des Verbundes abgeleitet werden. Im Gegensatz zur üblichen Definition des Verbundwiderstandes als Kraft- bzw. Spannungsgröße τ_{ult} eignet sich zur Ermittlung des Schädigungsgrades die Betrachtung als Verformungsgröße. Dabei handelt es sich um die Verformung, welche benötigt wird, um den maximalen Widerstand bzw. ein Versagen zu erreichen. Allgemein entspricht dies der Bruchdehnung. Für das Verbundverhalten wird der Wert $s_{0,ult}$ herangezogen.

Aufgrund der vorgesehenen Versuchsdauer von bis zu 24 Tagen wurden die Messwerte nur partiell aufgezeichnet und im Abstand von mehreren Stunden abgespeichert, um die anfallende Datenmenge in Grenzen zu halten (siehe Abschn. 3.3). Von den insgesamt 39 durchgeführten Versuchen in Arbeitspaket 2.2 konnten für 35 Versuche Schlupf-Lastzyklen-Verläufe erzeugt werden. Bei sieben dieser Tests standen nicht über die gesamte Versuchsdauer Messdaten zur Verfügung. Häufiger Grund dafür war die Auslastung des Pufferspeichers bei Dauermessung, welche bei Überschreitung definierter Grenzen des Maschinenweges aktiviert wurde. In diesen Fällen wurden die Differenzen zwischen den separat gespeicherten Maschinendaten (Lastwechsel und Maschinenweg) und den zur Verfügung stehenden Messwerten über die Lastwechsel bestimmt und mit geeigneten Funktionen abgebildet. Mittels dieser Differenzfunktionen konnten anhand der jeweiligen Maschinenwege die Schlupf-Lastzyklen-Verläufe für die sieben betreffenden Versuche vervollständigt werden. Bei vier Tests mit dem Beton C120 (2 × BE und 2 × PO) waren übermäßig viele Messdaten fehlerhaft bzw. beschädigt, so dass eine valide Auswertung nicht möglich war.

Um die Schlupfentwicklung von verschiedenen Proben miteinander vergleichen zu können, wurden die Lastzyklen mit der jeweils erreichten Bruchlastzyklenzahl zu 100 % skaliert. Die bezogene Zyklenzahl spiegelt so den Schädigungsfortschritt wider. Im Folgenden wurden Mittelwertverläufe für die einzelnen Konfigurationen erstellt und Schlupfwerte für signifikante Schädigungsraten gegenübergestellt. Im Gegensatz zu versagten Proben kann bei Durchläufern der Schädigungsgrad nicht anhand der aufgebrachten Lastzyklen zutreffend abgebildet werden. Bei Erreichen der Ziellastzyklenzahl von $N = 10^7$ ist nicht bekannt, wie viele weitere Zyklen für ein Versagen erforderlich gewesen wären. Für Durchläufer ist ein Vergleich von Schlupfwerten daher nur für annähernd gleiche Zyklenzahlen sinnvoll.

In Tabelle 3.7 sind ausgewählte mittlere Schlupfwerte für jede Konfiguration getrennt nach versagten Proben und Durchläufern ($N \geq 10^7$) aufgeführt. Als Bezugsgröße dient der Wert $s_{0,\mathrm{Ref}}$ der zugehörigen statischen Versuche (siehe $s_{0,\mathrm{ult}}$ in Tabelle 3.6). Die Schlupf-Lastwechsel-Verläufe sind durch die klassischen drei Phasen des Ermüdungsverhaltens charakterisiert. Die Übergangsgrenzen zwischen den Phasen liegen für die versagten Proben bei etwa 20 und etwa 80 % der Bruchlastwechselzahl. Die mittleren Schlupfwerte $s_{0,20\%}$ bei 20 % und $s_{0,80\%}$ bei 80 % der bezogenen Lastzyklen werden daher zu Vergleichszwecken und zur Ermittlung des Exponenten $b_{20\text{-}80\%}$ (siehe Gl. (1.6)herangezogen. Dieser Exponent beschreibt das mittlere exponentielle Schlupfwachstum für die Ermüdungsphase II (siehe Bild 1.4) zwischen 20 und 80 % der aufgebrachten Lastzyklen bezüglich des Schlupfes $s_{0,1}$ beim erstmaligen Erreichen der Oberlast.

Tabelle 3.7: Ausgewählte Mittelwerte der zyklischen Versuche

Konfiguration	Prüfende	gewertete Versuche	$s_{0,\mathrm{Ref}}$	$s_{0,1}$	$s_{0,20\%}$	$s_{0,80\%}$	$b_{20\text{-}80\%}$	$s_{0,80\%}/s_{0,\mathrm{Ref}}$
		[-]	[mm]	[mm]	[mm]	[mm]	[–]	[–]
C40 - BE	Versagen	5	0,50	0,081	0,56	0,93	0,162	1,87
	Durchläufer	3	0,50	0,061	0,38	0,52	0,126	1,04
C80 - BE	Versagen	4	0,27	0,044	0,26	0,47	0,175	1,73
	Durchläufer	2	0,27	0,038	0,16	0,22	0,097	0,83
C80 - PO	Versagen	8	0,71	0,080	0,32	0,86	0,163	1,21
	Durchläufer	0	0,71	–	–	–	–	–
C120 - BE	Versagen	4	0,27	0,042	0,21	0,32	0,161	1,19
	Durchläufer	5	0,27	0,044	0,19	0,24	0,101	0,90
C120 - PO	Versagen	1	0,96	0,101	0,37	1,40	0,166	1,46
	Durchläufer	0	0,96	–	–	–	–	–

Ergänzend zu Tabelle 3.7 sind die mittleren Schlupf-Lastzyklen-Verläufe in Bild 3.23 rechts sowie in Anlage 6.2 für alle Konfigurationen dargestellt. Betrachtet man zunächst die versagten BE-Proben, ergaben sich mit steigender Druckfestigkeit geringere Schlupfwerte. Im Vergleich der drei Betone ist mit zunehmender Festigkeit tendenziell ein späterer Versagensbeginn und damit spröderes Verhalten zu beobachten. Während für den C40 der Übergang in Phase III bei ca. 85 % der Bruchlastwechselzahl stattfindet, geschieht dies für die beiden hochfesten Betone erst bei 90 bis 95 %. Analog zum statischen Verbundverhalten weisen die Verläufe von PO-Versuchen größere ertragbare Schlupfwerte als die der BE-Versuche auf. Beachtlich dabei ist, dass bereits der Anfangsschlupf $s_{0,1}$ bei den PO-Versuchen in etwa das Doppelte jener der BE-Versuche beträgt.

Bild 3.23 rechts zeigt die relative Schlupfzunahme gegenüber dem Anfangsschlupf $s_{0,1}$. Im Vergleich zu den BE-Versuchen zeigen die Verläufe der PO-Tests einen anfänglich geringeren, aber konstanten bzw. zunehmenden Schlupfzuwachs. Der Übergang zur Phase III tritt für die Konfiguration C120 - BE bei etwa $8 \cdot s_{0,1}$ und für alle anderen Konfiguration bei ca. 12 bis $15 \cdot s_{0,1}$ ein. Serienübergreifend wurde zudem festgestellt, dass der durchschnittliche Schlupfwert $s_{0,\mathrm{Ref}}$ der jeweiligen statischen Referenzversuche bei Versagensbeginn

(≈ $s_{0,80\%}$) im Mittel um ca. 50 % überschritten war. Demzufolge ist unter Zugschwellbeanspruchung eine größere Verformung erforderlich, um ein Versagen zu erreichen, als dies unter statischer Belastung der Fall ist. Dies steht im Gegensatz zu den Erkenntnissen von [Bal91].

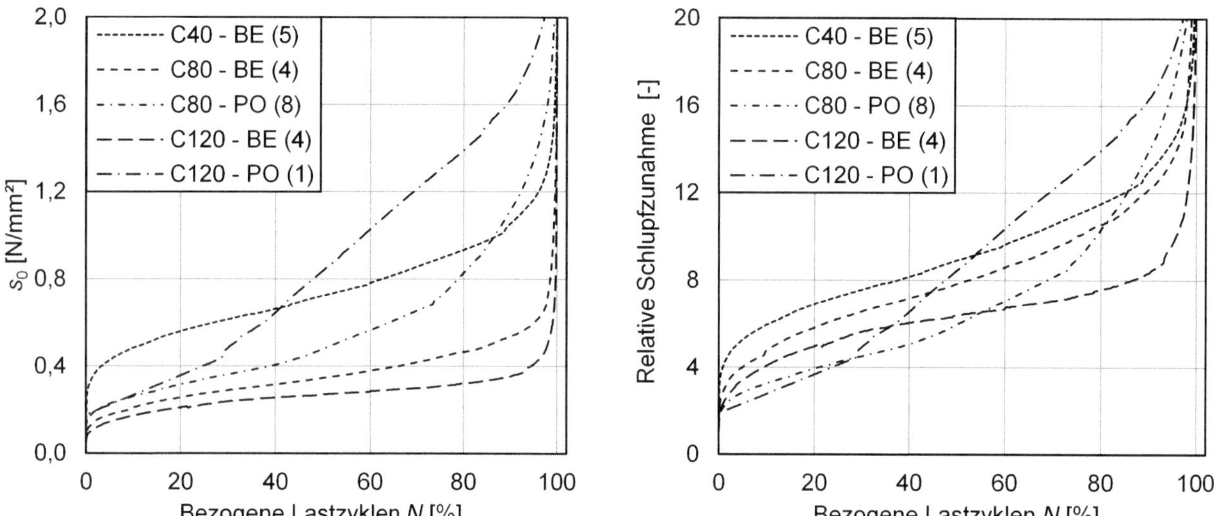

Bild 3.23: Mittelwertverläufe für Schlupfentwicklung (links) und relative Schlupfzunahme (rechts) in Abhängigkeit zu bezogenen Lastzyklen für verschiedene Konfigurationen – Versuchsanzahl in Klammern

Für die versagten Proben ergibt sich für alle Konfigurationen ein Schlupfexponent von $b_{20\text{-}80\%}$ ≈ 0,165. Der exponentielle Schlupfzuwachs unterscheidet sich damit deutlich gegenüber dem der Durchläufer, welcher im Mittel bei $b_{20\text{-}80\%}$ = 0,108 liegt und damit sehr gut mit der Empfehlung von b = 0,107 aus [fib12] übereinstimmt.

3.7 Untersuchungen zu Belastungsfrequenz und -geschwindigkeit

Für den Beton C80 wurden neben der Belastungsfrequenz von 5 Hz jeweils sechs BE-Proben mit einer Frequenz von 10 und 20 Hz geprüft. Entsprechend wurde der Verbund mit der doppelten bzw. vierfachen Belastungsgeschwindigkeit beansprucht. Eine Probe mit der Prüffrequenz 10 Hz wurde mit einer zu hohen Mittellast beaufschlagt, wodurch ein frühzeitiges Versagen eintrat und der Versuch nicht in die Auswertung einbezogen werden konnte. Die Versuchsergebnisse sind in Anhang 6.2 aufgelistet. In sind die erreichten Lastwechselzahlen für die untersuchten Belastungsfrequenzen dargestellt.

Unter Verwendung der serienbezogenen Referenzfestigkeit weisen die Ergebnisse mit Belastungsfrequenzen von 10 und 20 Hz auf eine erhöhte Ermüdungsfestigkeit hin (siehe Bild 3.24 links). Für diese beiden Frequenzen wurden bei S_{max} = 76 und 78 % zum Teil bis zu 10^7 Lastwechsel ohne Versagen aufgebracht, wohingegen dies bei den Versuchen mit 5 Hz nur bis S_{max} = 75 % gelang. Bei Bezug auf S_{max}* verstärkt sich der Effekt für die Durchläufer. Für die versagten Proben ist ein Einfluss der Belastungsfrequenz mit S_{max}* nicht auszumachen.

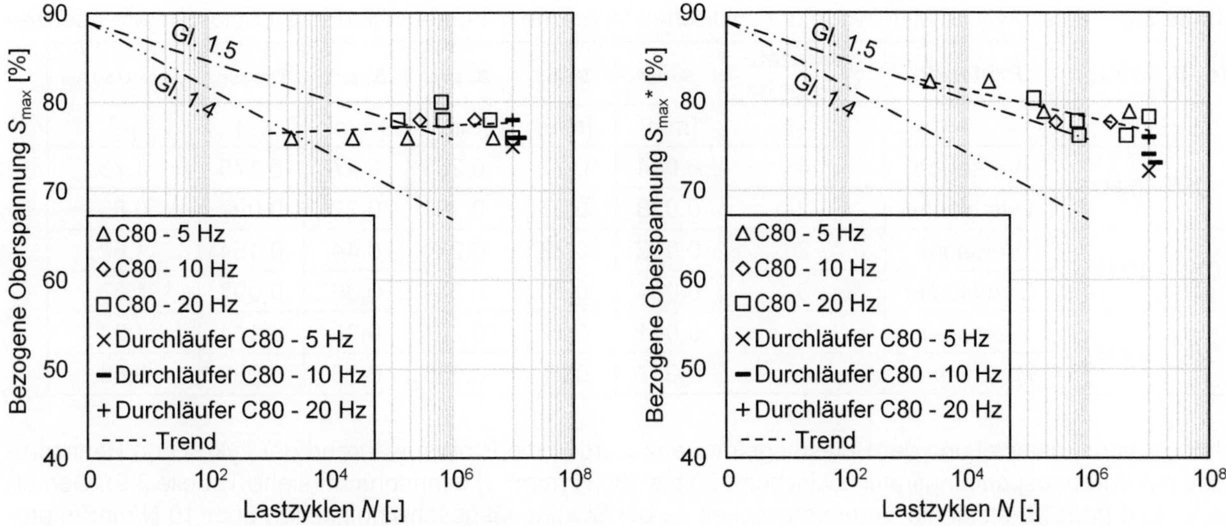

Bild 3.24: Verhältnis der bezogenen Oberspannung S_{max} (links) und S_{max}* (rechts) zur aufgebrachten Anzahl an Lastzyklen *N* für Balkenendversuche mit unterschiedlichen Belastungsfrequenzen

Im Vergleich der Schlupf-Lastzyklen-Verläufe von versagten Proben (siehe Bild 3.25 links) ist mit zunehmender Prüffrequenz ein steiferes und spröderes Verhalten zu beobachten. Deutlich wird dies auch an dem abfallenden Trend des Schlupfexponenten $b_{20\text{-}80\%}$ sowie dem Verhältnis $s_{0,80\%}/s_{0,Ref}$ (siehe Tabelle 3.8). Ursächlich für dieses Verhalten könnte die Verkürzung der Versuchslaufzeit und der damit einhergehenden Reduktion von zeitabhängigen Effekten wie Kriechen und Homogenisierung des Gefüges sein. Der Versagensbeginn liegt bei einer relativen Schlupfzunahme von 9 bis 11 · $s_{0,1}$, wobei die Versuche mit 20 Hz einen geringeren relativen Zuwachs ergaben als jene mit den beiden anderen Prüffrequenzen (Bild 3.25 rechts).

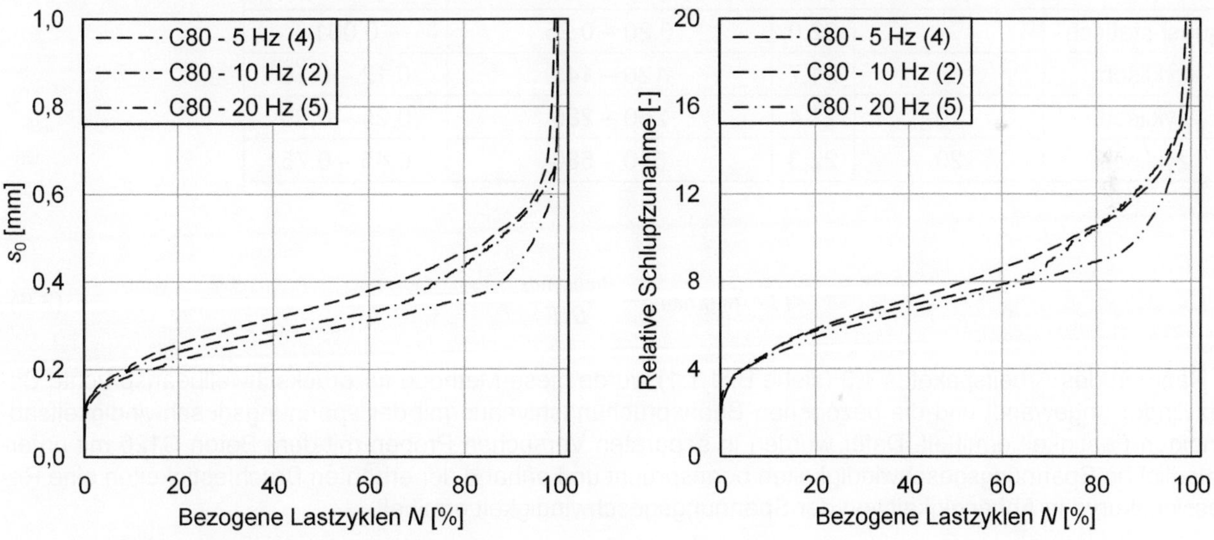

Bild 3.25: Mittelwertverläufe für Schlupfentwicklung (links) und relative Schlupfzunahme (rechts) in Abhängigkeit zu bezogenen Lastzyklen für verschiedene Prüffrequenzen – Versuchsanzahl in Klammern

Tabelle 3.8: Ausgewählte Mittelwerte der zyklischen Versuche mit unterschiedlichen Belastungsfrequenzen

Konfiguration	Prüfende	gewertete Versuche	$s_{0,Ref}$	$s_{0,Ref}$	$s_{0,20\%}$	$s_{0,80\%}$	$b_{20\text{-}80\%}$	$s_{0,80\%}/s_{0,Ref}$
		[–]	[mm]	[mm]	[mm]	[mm]	[–]	[–]
C80 - 5 Hz	Versagen	4	0,044	0,27	0,26	0,47	0,175	1,73
	Durchläufer	2	0,038	0,27	0,16	0,22	0,097	0,83
C80 - 10 Hz	Versagen	2	0,042	0,27	0,24	0,44	0,154	1,62
	Durchläufer	3	0,084	0,27	0,24	0,36	0,097	1,33
C80 - 20 Hz	Versagen	5	0,041	0,27	0,22	0,36	0,144	1,34
	Durchläufer	1	0,037	0,27	0,14	0,18	0,089	0,66

Abhängig vom Lastspiel und der Belastungsfrequenz wurden die Proben während der zyklischen Beanspruchung mit Verbundspannungsraten zwischen 120 bis 580 N/(mm²·s) beansprucht (siehe Tabelle 3.9). Gemäß [Hjo76] und [Mác18] steigt die Verbundfestigkeit τ_{ult} bei Spannungsgeschwindigkeiten über 10 N/mm²·s progressiv an. Der dynamische Steigerungsfaktor (dynamic increase factor, DIF) liegt für die untersuchten Verbundspannungsraten bei etwa 1,10 bis 1,40. Dies bedeutet, dass die Verbundfestigkeit einer Probe durchschnittlich um ca. 10 bis 40 % steigt, wenn sie mit einer Belastungsgeschwindigkeit im Bereich von 10 bis 600 N/mm²·s beansprucht wird. Setzt man diese erhöhte Verbundfestigkeit als Referenzfestigkeit an, so ergeben sich effektive verbundspannungsratenabhängige Belastungsniveaus. Die bezogenen Unterspannungs- und Oberspannungsniveaus verringern sich dann zu effektiven Werten mit dem Faktor 1/DIF gemäß Gleichung (3.6).

Tabelle 3.9: Durchschnittliches Lastspiel ΔF und Belastungsraten in Abhängigkeit von der Prüffrequenz

Belastungsart	Prüffrequenz	ΔF	Verbundspannungsrate	Schlupfrate
[–]	[Hz]	[kN]	[N/mm²·s]	[mm/s]
quasi-statisch	–	22,0	0,20 – 0,25	0,001
zyklisch	5	21,7	120 – 145	0,12 – 0,18
zyklisch	10	21,4	250 – 280	0,25 – 0,35
zyklisch	20	22,3	540 – 580	0,45 – 0,75

$$eff.\ S_{min/max} = \frac{S_{min/max}}{DIF} \tag{3.6}$$

Im Rahmen des Arbeitspaketes 1.3 (siehe Bild 1.1) wurde diese Methode für druckschwellbeanspruchte Betonzylinder angewandt und die bezogenen Beanspruchungsniveaus mit der spannungsgeschwindigkeitsabhängigen Festigkeit ermittelt. Dafür wurden in separaten Versuchen Proben mit dem Beton C120 mit unterschiedlichen Spannungsgeschwindigkeiten beansprucht und anhand der erhöhten Bruchfestigkeiten eine Regressionskurve in Abhängigkeit von der Spannungsgeschwindigkeit ermittelt.

Wendet man diese Methodik auf die durchgeführten Verbundversuche an und wählt beispielhaft Steigerungsfaktoren von 1,05 für f = 10 Hz und 1,10 für f = 20 Hz, führt dies zu einer vertikalen Verschiebung der entsprechenden Messwerte (siehe Bild 3.26). Folglich kommt es zur Anstiegsänderung der Trendlinie.

Allerdings zeigten die Untersuchungen von Máca et al. [Mác18], dass der sogenannte Dehnrateneffekt für den Verbund weniger stark ausgeprägt ist als für Beton unter Druck. Folglich ist der DIF, wie andere Betoneigenschaften auch, von dem Probetyp bzw. der Struktur abhängig. DIF-Werte können also nicht einfach eins zu eins vom einaxialen Druck auf das Verbundverhalten bei schneller Belastung übertragen werden. Ein möglicher Ansatz ist die Anwendung der Gl. (1.2) für erhöhte Druckfestigkeiten infolge des Dehnrateneffektes. Die Steigerung der Verbundfestigkeit entspräche dann 45 % der Druckfestigkeitssteigerung.

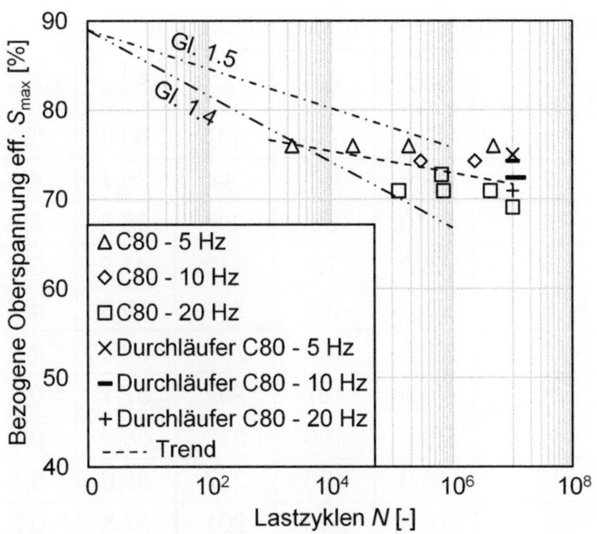

Bild 3.26: Verhältnis der effektiven bezogenen Oberspannung S_{max} zur aufgebrachten Anzahl an Lastzyklen N für Versuche mit unterschiedlichen Belastungsfrequenzen für beispielhaft gewählte DIFs

Des Weiteren ist anzumerken, dass der DIF die Erhöhung der Bruchfestigkeit infolge hoher Spannungsgeschwindigkeiten beschreibt. Bei den zyklischen Versuchen wurden die Probekörper aber nur bis zu einem Oberspannungsniveau von S_{max} = 80 % beansprucht. Inwieweit der Dehnrateneffekt auch für bezogene Spannungsniveaus übertragen werden kann, ist nicht bekannt.

3.8 Restfestigkeit nach zyklischer Belastung

In den Arbeitspaketen 2.2 und 2.3 wurden in Summe 52 Probekörper einer zyklischen Zugschwellbeanspruchung ausgesetzt. 15 Proben wurden mit 10^7 oder mehr Lastzyklen beansprucht. Zudem wurden zwei PO-Versuche mit dem Beton C120 zum Schutz der Lasteinleitung vorzeitig abgebrochen. Für die genannten 17 Proben wurde die statische Resttragfähigkeit des Verbundes bestimmt. Dazu wurden die Probekörper analog zum statischen Prüfverfahren weggesteuert belastet (siehe Abschn. 3.3). Im Zuge der Auswertung der Schlupfentwicklung unter zyklischer Belastung wurde bei zwei Versuchen ein kurz bevorstehendes Ermüdungsversagen festgestellt. Zudem lag die Resttragfähigkeit dieser Proben ca. 15 % unter der zugehörigen Referenzfestigkeit. Entsprechend wurden diese beiden Proben nicht in die nachfolgende Auswertung einbezogen.

In Tabelle 3.10 sind die 15 als Durchläufer gewerteten Probekörper, die statische Referenzfestigkeit F_{Ref}, die Kenndaten der zyklischen Beanspruchung, das jeweilige Prüfkörperalter bei Bestimmung der Referenzfestigkeit T_{Ref} und der Restfestigkeit T_{Rest} sowie die erreichte Auszugskraft nach zyklischer Belastung F_{Rest} aufgeführt. Zudem ist der vom Betonalter abhängige rechnerische Verbundwiderstand F_{Alter} sowie die prozentuale Festigkeitssteigerung ΔF_{Alter} gegenüber F_{Ref} angegeben.

Im Mittel wurden nach der zyklischen Beanspruchung um 5,3 % höhere Verbundfestigkeiten erreicht als in den statischen Referenzversuchen. Bei zwei Proben lag die Restfestigkeit geringfügig unter der Referenzgröße. Bei den 13 anderen Proben wurde eine erhöhte Verbundfestigkeit von teilweise über 10 % ermittelt. Die Unterschiede zwischen F_{Ref} und F_{Rest} können an mehreren Ursachen bzw. einer Summation von Effekten liegen. Die Streuung der Verbundfestigkeit τ_{ult} bei Erstbelastung beträgt je nach Beton ±3 bis 10 %. Allein dieser Umstand deckt die erreichte Steigerung des Verbundwiderstands quasi vollständig ab und ist eine Erklärung für die große Anzahl an Durchläufern (vgl. Abschn. 3.6.2). Die Streuung des Ermüdungswiderstandes des Verbundes kann somit zum Teil mit der Streuung der Referenzfestigkeit, analog zum Verhalten von Beton unter Druckschwellbeanspruchung [Sch21], begründet werden.

Tabelle 3.10: Resttragfähigkeit nach zyklischer Prüfung mit S_{min} = 40,0 %

Prüfkörper	F_{Ref}	Prüf-frequenz	S_{max}	T_{Ref}	T_{Rest}	F_{Alter}	ΔF_{Alter}	$N \cdot 10^6$	F_{Rest}	ΔF_{Rest}
	[kN]	[Hz]	[%]	[d]	[d]	[kN]	[%]	[–]	[kN]	[%]
BE01_3_040	34,1	5	76,0	60	94	*35,7*	*4,6*	10,0	35,4	3,7
BE01_4_040	34,1	5	76,0	60	88	*35,5*	*3,9*	10,0	36,0	5,4
BE02_4_040	40,6	5	78,0	78	112	*41,9*	*3,1*	10,0	42,6	5,0
BE12_3_080	56,9	5	75,0	103	209	*59,3*	*4,3*	10,0	60,8	6,9
BE12_4_080	56,9	5	75,0	103	209	*59,3*	*4,3*	10,0	63,5	11,6
BE13_4_080	56,9	10	76,0	187	202	*57,1*	*0,5*	12,8	59,8	5,2
BE15_3_080	57,6	10	78,0	196	217	*58,0*	*0,6*	10,0	59,5	3,2
BE15_4_080	57,6	10	76,0	196	217	*58,0*	*0,6*	10,0	56,1	-2,6
BE18_3_080	57,5	20	78,0	193	201	*57,6*	*0,2*	10,0	64,4	12,0
BE06_3_120	69,9	5	77,5	35	92	*73,3*	*4,8*	20,5	71,8	2,6
BE09_3_120	69,9	5	76,0	60	87	*71,2*	*1,9*	10,0	72,6	3,8
BE11_3_120	70,5	5	76,0	113	139	*71,2*	*1,0*	10,0	68,9	-2,2
BE11_4_120	70,5	5	76,0	113	139	*71,2*	*1,0*	10,0	78,7	11,7
PO14_3_120	91,2	5	77,0	214	232	*91,5*	*0,3*	5,6	97,4	6,8
PO14_4_120	91,2	5	77,0	214	232	*91,5*	*0,3*	2,9	96,8	6,1
MW										5,3

Ein weiterer Einflussfaktor ist die Entwicklung der Druckfestigkeit mit steigendem Betonalter. Auf Grundlage der mittleren Festigkeitssteigerung des jeweiligen Betons (siehe Bild 3.8) wurde mittels Gl. (1.2) der altersabhängige Verbundwiderstand F_{Alter} zum jeweiligen Zeitpunkt T_{Rest} rechnerisch gemäß Gl. (3.7) bestimmt. Der Faktor a_c ist dabei der Anstieg der logarithmischen Trendlinie für die Festigkeitsentwicklung des jeweils untersuchten Betons und A_M die Verbundfläche zwischen Bewehrungsstab und Beton.

$$F_{Alter} = a_C \cdot \left(\ln(T_{Rest}) - \ln(T_{Ref}\right) \cdot 0{,}45 \cdot A_M + F_{Ref} \tag{3.7}$$

Sofern das Probekörperalter T_{Ref} > 100 Tage war und die Restfestigkeit etwa 4 Wochen später bestimmt wurde, ist der Einfluss der rechnerischen Festigkeitssteigerung infolge Alterung mit $\Delta F_{Alter} \leq 1$ % sehr gering. Wurden die Referenzproben bereits nach etwa 56 Tagen geprüft, liegt die rechnerische Steigerung des Verbundwiderstandes bei 3 bis 5 %. Bei Serie 12 lagen zwischen T_{Ref} und T_{Rest} 106 Tage, was einen vergleichbaren Anstieg mit sich führt.

Neben den materialabhängigen Ursachen einer erhöhten Restfestigkeit gibt es zudem die These, dass das Betongefüge durch eine zyklische Belastung homogenisiert wird [Meh62]. Dabei wird angenommen, dass durch das während der Schwellversuche auftretende Kriechen lokale Spannungsspitzen abgebaut werden. Dadurch entsteht eine gleichmäßigere Spannungsverteilung, welche höhere ertragbare Lasten ermöglicht.

Wie stark welcher Effekt zu den gemessenen Restfestigkeiten beigetragen hat, kann anhand der untersuchten Proben nicht abgeleitet werden

3.9 Kritische Betrachtung und Interpretation der Versuchsergebnisse

Die große Streuung der Ergebnisse zum zyklischen Verhalten ist auf mehrere Gründe zurückzuführen. Bereits bei einer Verbundlänge von lediglich dem Zweifachen des Stabdurchmessers wurden für beide hochfesten Betone statische Auszugskräfte erreicht, welche 60 bis 90 % der charakteristischen Zugtragfähigkeit des Bewehrungsstabes entsprechen. Die Ermüdungsfestigkeit eines Bewehrungsstabes Ø16 beträgt für $N = 10^7$ aber nur in etwa ein Drittel der statischen Zugfestigkeit. Entsprechend war die bezogene Schwingbreite auf maximal 40 % der statischen Referenzverbundfestigkeit zu begrenzen. Anhand bestehender Ansätze für Wöhlerlinien des Verbundes wurde abgeleitet, dass bei der gewählten Schwingbreite erst ab einem Unterspannungsniveau von 40 % mit Verbundermüdungsversagen zu rechnen ist. Hohe Unterspannungsniveaus haben bei Beton ein Abflachen der Wöhlerlinie und eine hohe Sensitivität des Oberspannungsniveaus auf den Ermüdungswiderstand zur Folge. Änderungen des Oberspannungsniveaus von ±2 % führten so teils zur Veränderung der ertragbaren Lastwechselzahl um den Faktor 100 bis 1.000. Der untersuchte Korridor der Oberspannungsniveaus liegt allerdings im Streubereich der statischen Verbundfestigkeit. Schwankungen dieser Bezugsgröße hatten dementsprechend großen Einfluss auf die Versuchsergebnisse. Versuche mit sehr kurzen Verbundlängen sind zudem anfällig bzgl. lokaler Fehlstellen, was die Streuung der Ergebnisse begünstigt. Weitere Effekte wie die alters- und geschwindigkeitsabhängige Festigkeitssteigerung des Betons mindern die Aussagefähigkeit der Versuchsergebnisse. Die genannten Einflüsse führen dazu, dass das spezifische Beanspruchungsniveau eines Versuchskörpers nicht sicher beziffert werden kann bzw. in einem relativ breiten Korridor liegt. In Kombination mit der hohen Sensitivität bezüglich des Oberspannungsniveaus erklärt sich dadurch die große Streuung der erreichten Lastwechselzahlen. Für weiterführende Untersuchungen wird empfohlen, möglichst viele Probekörper je Betonage herzustellen, um die statische Bezugsgröße je Serie statistisch gut abzusichern.

Als Ergebnis der durchgeführten Untersuchungen ist festzustellen, dass ein Ermüdungsversagen des Verbundes unter Zugschwellbeanspruchung für hochfeste Betone ($f_{cm} \geq 90$ N/mm²) unter baupraktischer Sicht quasi ausgeschlossen werden kann. Bereits bei einer Verbundlänge von 2 d_s kam es in den Versuchen vereinzelt zum Ermüdungsversagen des Bewehrungsstabes. Im Hinblick auf die normative Mindestverankerungslänge von 10 d_s ist davon auszugehen, dass bereits die statische Verbundtragfähigkeit von hochfesten Betonen die Zugtragfähigkeit des Bewehrungsstabes um ein Vielfaches überschreitet. Demzufolge ist der Bewehrungsstab unter zyklischer Belastung einem höheren relativen Beanspruchungsniveau als der Verbund ausgesetzt und versagt bei einer geringeren Lastwechselzahl. Für normalfeste Betone ist ein Versagen auf Verbundermüdung bei Zugbeanspruchung unter Einhaltung normativer Verankerungslängen als unwahrscheinlich einzustufen. Eine gesonderte Betrachtung wird im Fall von Querzug empfohlen, da dadurch der Verbundwiderstand unter statischer und zyklischer Belastung vermindert wird.

4 Zusammenfassung

Im Verbundwerkstoff Stahlbeton kommt dem Verbund zwischen der Betonstahlbewehrung und dem Beton eine maßgebende Bedeutung zu. In vorgespannten Bauteilen, wie den Türmen von Windenergieanlagen, die für einen Teil der Betriebsbeanspruchung überdrückt sind, ist zur Erhöhung der Tragfähigkeit und Robustheit eine Bewehrung anzuordnen. Aufgrund wechselnder Beanspruchung bei Änderungen der Windgeschwindigkeit und -richtung befindet sich die Bewehrung abwechselnd im Druck- und Zugbereich. Es ist daher sicherzustellen, dass Bewehrung und Verbund auch unter zyklischer Belastung ihre Funktion zuverlässig erfüllen. Die aktuellen Regelungen wurden allerdings nicht für den Very-High-Cycle-Fatigue-Bereich der Belastung entwickelt und schränken daher den Einsatz der Stahlbetonbauweise bei Tragstrukturen mit hohen Lastwechselzahlen ein. Um die Anwendung von Stahlbeton im Bereich der hochzyklisch belasteten Bauwerke zu ermöglichen, waren Untersuchungen des Verbunds zwischen Betonstahl und Beton unter zyklischer Beanspruchung erforderlich. Ziel dieses Forschungsvorhabens war es, die vorhandenen Bemessungsregeln für das Verbundermüdungsverhalten zu beurteilen und Bemessungsvorschläge zu entwickeln, die einen ausreichenden Verbund zwischen Betonstahl und Beton auch bei hohen Lastwechselzahlen sicherstellen.

Im ersten Teil der Forschungsarbeit zum **Verbundverhalten unter Druckschwellbeanspruchung** wurde am Institut für Massivbau der RWTH Aachen University ein modifizierter Beam-End-Test mit Push-in-Belastung zur Prüfung des Verbundverhaltens zwischen Betonstahl und Beton unter Druckschwellbelastung für sehr hohe Lastwechselzahlen entwickelt. Neben den umfangreichen Verbundversuchen mit freiem Stabende wurden auch Versuche an Probekörpern mit einbetoniertem Stabende (Spitzendruckversuche) durchgeführt, um den Beitrag der Betondeckung unter Druck zur maximalen Tragfähigkeit der Verbundzone zu untersuchen. Die Auswirkung eines Spaltrisses entlang des Bewehrungsstabs auf das Ermüdungsverhalten des Verbunds wurde ausführlich ausgewertet. Die untersuchten Parameter im Testprogramm waren die Betonklasse (C40, C80, C120), der Stabdurchmesser d_s (16 mm, 25 mm) sowie die Verbundlänge l_b (2,5 d_s, 5 d_s) in Kombination mit vier Belastungsszenarien. Mit der systematischen Untersuchung dieser verschiedenen Parameter ergab sich eine umfassende Sammlung von Erkenntnissen über das Verhalten des Verbundes im Low- und Very-High-Cycle-Fatigue-Bereich. Es wurden mehrere Versagensarten beobachtet. Bei den Beam-End-Versuchen mit freiem Ende wurden sowohl reines Push-through-Versagen als auch kombiniertes Push-through-Spalt-Versagen beobachtet, und bei den Spitzendruckversuchen zeigte sich ein Betonversagen mit zwei breiten Rissen unterhalb des einbetonierten Betonstabendes.

Die Auswertung der bei der Belastung entstehenden Spaltrisse zeigte, dass der Einfluss der Spaltrissbreite auf die Ermüdungslebensdauer des Verbundes trotz einer Stabilisierung der Spaltrisse durch Querbewehrung sehr groß ist. Die ermittelten Lebensdauern wurden mit den in der Literatur verfügbaren Wöhlerlinien des Verbundes verglichen. Außerdem wurden die erhaltenen Ermüdungskriechkurven, die den Verlauf des Schlupfes über die Ermüdungslebensdauer abbilden, mit der im *fib* Model Code 2010 vorgeschlagenen Approximation verglichen. Die Untersuchungsergebnisse zeigen, dass diese Approximation der Ermüdungskriechkurven des Verbundes die beschleunigte Entwicklung des Schlupfes vor dem Ermüdungsversagen nicht richtig erfasst.

Modellbildung: Die Charakterisierung des Ermüdungsverhaltens des Verbundes in Stahlbetonbauwerken benötigt eine große Anzahl aufwendiger Versuche, sodass eine vollständige Abdeckung aller relevanten Belastungskombinationen unmöglich ist. Daher ist eine Strategie, die experimentelle und theoretische Methoden kombiniert, eine wesentliche Voraussetzung für einen wirtschaftlichen und sicheren Nachweis von Stahlbetonbauwerken unter Ermüdungsbelastung. Um eine tiefere Interpretation der experimentellen Ergebnisse zu ermöglichen, wurde ein thermodynamisch konsistentes Materialmodell des Verbundverhaltens unter Ermüdungsbeanspruchung entwickelt und implementiert. Das Modell führt ein kumulatives Maß des plastischen Schlupfes als den grundlegenden Schädigungsmechanismus bei subkritischen zyklischen Belastungen ein. Das Modell wurde anhand der eigenen experimentellen Ergebnisse und der Ergebnisse von Pull-out-Versuchen aus der Literatur kalibriert und validiert. Darüber hinaus wurden mehrere numerische Studien mit dem entwickelten Modell durchgeführt. Diese Ergebnisse verdeutlichen, dass das entwickelte Modell den Einfluss von Spaltrissen auf das Verbundermüdungsverhalten abbilden und somit für realistische und effiziente 2D und 3D FE-Simulationen des Pull-out- und Push-in-Verhaltens verwendet werden kann.

Die durchgeführten experimentellen und numerischen Untersuchungen zum Verbundverhalten unter monotoner und zyklischer Belastung bieten eine gute Grundlage für eine realistische Charakterisierung des Verbundverhaltens unter Druckbeanspruchung und ermöglichen die Trennung von Ermüdungseffekten, die unter

Druck und Zug in Stahlbetonbauteilen auftreten. Darüber hinaus lässt sich das entwickelte Verbundermüdungsmodell für eine realistische Simulation des Verbundermüdungsverhaltens unter weiteren Designparametern nutzen.

Im Rahmen des Teilprojektes „**Verbund unter Zugschwellbeanspruchung**" wurden am Institut für Massivbau der TU Dresden im Arbeitspaket 2.2 der Verbund unter sehr hohen Lastwechselzahlen und im Arbeitspaket 2.3 der Einfluss der Belastungsfrequenz bzw. der Belastungsgeschwindigkeit experimentell untersucht. Während der Projektlaufzeit wurden 16 Tastversuche, 55 statische Referenzversuche und 52 Versuche mit zyklischer Belastung an Ausziehkörpern (PO) und Balkenendkörpern (BE) mit Bewehrungsstäben Ø16 aus B500B durchgeführt.

Zur Versuchsdurchführung wurde ein Verbundprüfstand entwickelt und im Otto-Mohr-Laboratorium der Technischen Universität Dresden aufgebaut. Mithilfe von Tastversuchen an Balkenendkörpern wurden der Versuchsstand sowie die konstruktive Durchbildung der Prüfkörper erprobt und optimiert. Für die Hauptversuche der Arbeitspakete 2.2 und 2.3 wurde eine einheitliche Verbundlänge von 32 mm bzw. dem Zweifachen des Stabdurchmessers d_s und für die BE-Körper eine Betondeckung von 2 d_s sowie zwei Bügel Ø 6 als Querbewehrung in der Verbundzone gewählt.

Für die statischen Versuche zur Bestimmung der Referenzfestigkeit wurde die Belastung weggesteuert bis zu einem Schlupf am unbelasteten Ende von 10 mm aufgebracht. Für den hochfesten Beton C120 wurde bei PO-Versuchen im Mittel eine maximale Auszugskraft F_{ult} von ca. 92 kN gemessen, was einer verteilten Verbundspannung τ_{ult} von ca. 57 N/mm² entspricht. Die Verbundtragfähigkeit für diese Konfiguration überstreitet damit den Bemessungswert des Bewehrungstabes Ø16 (F_{yd} = 87,4 kN) um etwa 5 %. Für die Balkenendkörper wurden bei dem C120 Verbundfestigkeiten von durchschnittlich 44,2 N/mm² ermittelt. Die geringere Verbundfestigkeit gegenüber dem Ausziehkörper wurden ebenso für den C80 festgestellt und ist mit der kleineren Betondeckung und den damit einhergehenden Spaltrissen zu begründen. Im Vergleich der mittleren Verbundspannungs-Schlupf-Verläufe zeigen sich zwischen den beiden Probetypen bis zu einem Schlupf $s_0 \approx 0{,}1$ mm quasi keine Unterschiede. Erst danach tritt bei den Balkenendkörpern eine Schädigung des umliegenden Betons ein, welche mit Entstehung von Längs- und Querrissen einen raschen Abfall des Verbundwiderstandes mit sich führt. Die maximale Auszugskraft F_{ult} wurde für die beiden hochfesten Betone bei BE-Versuchen bei einem mittleren Schlupf von 0,27 mm und bei PO-Versuchen bei etwa dem Dreifachen dieses Wertes erreicht. Das Verbundverhalten des Normalbeton C40 wurde ausschließlich an Balkenendkörpern untersucht. In den statischen Versuchen wurde eine durchschnittliche Verbundfestigkeit von $\tau_{ult} \approx 24{,}5$ N/mm² erreicht, wobei auf den Oberflächen der Probekörper keinerlei Risse festgestellt wurden (Ausziehversagen).

Bei Gegenüberstellung der einaxialen Betondruckfestigkeit f_{cm} mit der erreichten Verbundfestigkeit τ_{ult} zeigt sich ein linearer Zusammenhang zwischen beiden Größen und eine gute Übereinstimmung mit einem Ansatz aus der Literatur. Dagegen wird durch den Ansatz gemäß *fib* Model Code 2010 die Verbundfestigkeit besonders für hochfeste Betone deutlich unterschätzt (für $f_{cm} \geq 120$ N/mm² um ca. 50 %).

Die Verbundversuche unter Zugschwellbelastung wurden mit einem einheitlichen Unterspannungsniveau von 40 % und je Versuch unterschiedlichen Oberspannungsniveaus von 75 bis 80 % der serienbezogenen statischen Referenzfestigkeit durchgeführt. Im Arbeitspaket 2.2 wurde die zyklische Belastung mit einer Frequenz von 5 Hz aufgebracht. Bei 31 der 52 zyklischen untersuchten Probekörper trat das Versagen durch Ermüdung des Verbundes bei Lastwechselzahlen N zwischen $2 \cdot 10^3$ und 10^7 ein. Aufgrund dieses großen Streubereichs und der geringen Differenzen des Oberspannungsniveaus verläuft die Wöhlerlinie für alle Versuchsergebnisse nahezu horizontal. Im Vergleich der drei Betone weist der C80 einen etwas geringeren Ermüdungswiderstand als die Betone C40 und C120 auf, mit denen jeweils vergleichbare Werte erzielt wurden. Zwischen PO-Versuchen und BE-Versuchen wurden anhand der erreichten Lastwechselzahlen keine Unterschiede im Ermüdungsverhalten festgestellt.

Um die Schlupfentwicklung von verschiedenen Versuchen miteinander vergleichen zu können, wurden die Lastzyklen mit der jeweils erreichten Bruchlastzyklenzahl N_{max} zu 100 % normiert. Die bezogene Zyklenzahl spiegelt so den Schädigungsfortschritt wider. Analog zum statischen Verbundverhalten, weisen die Verläufe von PO-Versuchen und mit dem Beton C40 ein größeres ertragbares Schlupfwachstum als die aller anderen Konfigurationen auf. Im Mittel wurden bei diesen beiden Versuchsserien nach 80 % N_{max} Schlupfwerte von ca. 0,9 mm erreicht, wohingegen bei den restlichen BE-Versuchen ein Schlupf im Bereich von 0,3 bis 0,4 mm bei diesem Schädigungsgrad gemessen wurde. Im Vergleich der drei Betone ist mit zunehmender Festigkeit tendenziell ein späterer Versagensbeginn und damit ein spröderes Verhalten zu beobachten. Serienübergreifend wurde zudem festgestellt, dass der durchschnittliche Schlupfwert $s_{0,ult}$ der jeweiligen statischen Referenzversuche bei Versagensbeginn im Mittel um ca. 50 % überschritten war. Demzufolge ist unter Zugschwellbeanspruchung eine größere Verformung erforderlich, um das Versagen zu erreichen, als dies unter statischer Belastung der Fall ist. Bei Durchläufern erreichte das Schlupfwachstum im Mittel den zugehörigen statischen Referenzwert.

Im Rahmen des Arbeitspakets 2.3 wurden die **Einflüsse Belastungsfrequenz und -geschwindigkeit** auf das Ermüdungsverhalten des Verbundes mit den Prüffrequenzen 10 und 20 Hz an je sechs Balkenendkörpern mit dem Beton C80 untersucht. Im Vergleich der Schlupf-Lastzyklen-Verläufe ist mit zunehmender Prüffrequenz ein steiferes bzw. spröderes Verhalten anzutreffen. Ursachen dafür könnten in der Verkürzung der Versuchslaufzeit und der damit einhergehenden Reduktion von zeitabhängigen Effekten wie Kriechen und Homogenisierung des Gefüges liegen. Anhand der erreichten Bruchlastzyklenzahlen deuten die Versuchsergebnisse darauf hin, dass der Ermüdungswiderstand mit steigender Belastungsfrequenz zunimmt. Es ist anzunehmen, dass der dynamische Steigerungsfaktor DIF Teil der Ursache ist. Durch die geschwindigkeitsabhängige Steigerung der Bezugsfestigkeit verringert sich das effektive Beanspruchungsniveau, wodurch höhere Lastwechselzahlen begünstigt werden.

Von beiden Arbeitspaketen wurden in Summe 19 zyklische Versuche ohne Verbundversagen beendet, da 10^7 bzw. mehr Lastzyklen aufgebracht wurden oder der Bewehrungsstab bzw. die Lasteinleitung auf Ermüdung versagte bzw. ein Versagen dieser kurz bevorstand. Für 15 Durchläufer wurde die **Restfestigkeit nach zyklischer Prüfung** ermittelt. Im Durchschnitt lag die Restfestigkeit des Verbundes über alle Betone ca. 5 % über der jeweils angesetzten Referenzfestigkeit. Ursachen für die scheinbare Festigkeitssteigerung können die Streuung der statischen Verbundfestigkeit, die altersabhängige Festigkeitsentwicklung des Betons sowie eine Homogenisierung des Betongefüges infolge der zyklischen Belastung sein.

Als Ergebnis der durchgeführten Untersuchungen ist festzustellen, dass ein Ermüdungsversagen des Verbundes unter Zugschwellbeanspruchung für hochfeste Betone ($f_{cm} \geq 90$ N/mm²) unter baupraktischer Sicht quasi ausgeschlossen werden kann. Für normalfeste Betone ist ein Versagen auf Verbundermüdung bei Zugbeanspruchung unter Einhaltung normativer Verankerungslängen als unwahrscheinlich einzustufen. Eine gesonderte Betrachtung wird im Fall von Querzug empfohlen, da dadurch der Verbundwiderstand unter statischer und zyklischer Belastung vermindert wird.

5 Literaturverzeichnis

[ANC21] Ancon GmbH: MBT-Kupplung – https://www.anconbp.de/produkte/betonstahl-kupplungssysteme/mbt-kupplung, 30.08.2021

[AST15] ASTM international: ASTM A944-10 – Standard test method for comparing bond strength of steel reinforceing bars to concrete using beam-end specimens. West Conshohocken, 2015

[Bak18a] Baktheer, A.; Chudoba, R.: Modeling of bond fatigue in reinforced concrete based on cumulative measure of slip, in: Meschke, G.; Pichler, B.; Rots, J. G. (Hrsg.): Computational Modelling of Concrete Structures, CRC Press, 2018, S. 767–776.

[Bak18b] Baktheer, A.; Chudoba, R.: Pressure-sensitive bond fatigue model with damage evolution driven by cumulative slip: Thermodynamic formulation and applications to steel- and FRP-concrete bond, in: International Journal of Fatigue 113, 2018, S. 277–289.

[Bak21] Baktheer, A.; Chudoba, R.: Experimental and theoretical evidence for the load sequence effect in the compressive fatigue behavior of concrete, in: Materials and Structures 54 (2), 2021.

[Bal91] Balázs, G. L.: Fatigue of Bond. ACI Material Journal 88 (6), 1991, S. 620–629.

[Bal98] Balazs, G. L.: Bond under Repeated Loading, in: ACI Symposium Publication 180, 1998.

[Ban17] Bandelt, M. J.; Frank, T. E.; Lepech, M. D.; Billington, S. L.: Bond behavior and interface modeling of reinforced high-performance fiber-reinforced cementitious composites, in: Cement and Concrete Composites 83, 2017, S. 188–201.

[Bas10] Basquin, O.: The exponential law of endurance tests, in: Proc Am Soc Test Mater 10, 1910, S. 625–630.

[BMW11] Bundesministerium für Wirtschaft und Technologie: Forschung für eine umweltschonende, zuverlässige und bezahlbare Energieversorgung – Das 6. Energieforschungsprogramm der Bundesregierung, Berlin, Juli 2011.

[Bod19] Bode, M.; Marx, S.; Vogel, A.; Völker, C.: Dissipationsenergie bei Ermüdungsversuchen an Betonprobekörpern, in: Beton- und Stahlbetonbau 114 (8), 2019, S. 548–556.

[Brü13] Brückner, A.; Wellner, S.; Ortlepp, R.; Scheerer, S.; Curbach, M.: Plattenbalken mit Querkraftverstärkung aus Textilbeton unter nicht vorwiegend ruhender Belastung. Beton- und Stahlbetonbau 108 (3), 2013, S. 169–178.

[Cai03] Cairns J.; Plizzari, G.A.: Towards a harmonised European bond test. Materials and Structures Vol. 36, 2003, S. 498–506.

[Can13] Caner, F. C.; Bažant, Z. P.: Microplane Model M7 for Plain Concrete. I: Formulation, in: Journal of Engineering Mechanics 139 (12), 2013, S. 1714–1723.

[Car15] Carrara, P.; Lorenzis, L. de: A coupled damage-plasticity model for the cyclic behavior of shear-loaded interfaces, in: Journal of the Mechanics and Physics of Solids 85, 2015, S. 33–53.

[Cur12] Curbach, M.; Brückner, R.; Ortlepp, R.; Wellner, S.; Scheerer, S.: Untersuchungen zur Querkraftverstärkung mit Textilbeton unter nicht vorwiegend ruhender Beanspruchung. Abschlussbericht zum DAfStb-Vorhaben V 472. Institut für Massivbau, TU Dresden, 2012.

[Cur87] Curbach, M.: Festigkeitssteigerung von Beton bei hohen Belastungsgeschwindigkeiten. Universität Karlsruhe (TH), Dissertation, 1987.

[Deu19] Deutscher, M.; Tran, N. L.; Scheerer, S.: Experimental Investigations on Temperature Increase of Ultra-High Performance Concrete under Fatigue Loading. In: Applied Sciences 9(19), 2019, 4087, doi:10.3390/app9194087

[DIN09] DIN EN 12390-2:2009-08, Prüfung von Festbeton - Teil 2: Herstellung und Lagerung von Probekörpern für Festigkeitsprüfungen; Deutsche Fassung EN 12390-2:2009, Beuth Verlag GmbH, Berlin, August 2009.

[DIN10] Deutsches Institut für Normung e.V.: DIN EN 1993-1-9 – Eurocode 3: Bemessung und Konstruktion von Stahlbauten – Teil 1-9: Ermüdung, Berlin, Dezember 2010.

[DIN13] Deutsches Institut für Normung e.V.: DIN EN 1992-1-1/NA – Nationaler Anhang – National festgelegte Parameter – Eurocode 2: Bemessung und Konstruktion von Stahlbeton- und Spannbetontragwerken – Teil 1-1: Allgemeine Bemessungsregeln und Regeln für den Hochbau, Berlin, April 2013.

[DIN09a] DIN 488-2:2009-08, Betonstahl - Betonstabstahl, Beuth Verlag GmbH, Berlin, August 2009.

[Eck00] Eckfeldt, L.; Curbach, M.: Bond behaviour of high performance concrete (HPC) and reinforcing steel under fatigue loading. In: Proceedings of the 3rd International PhD-Symposium in Civil Engineering. Vienna, 2000.

[Eck05] Eckfeldt, L.: Möglichkeiten und Grenzen der Berechnung von Rissbreiten in veränderlichen Verbundsituationen. Technische Universität Dresden, Dissertation, 2005.

[Eli83] Eligehausen, R.; Popov, E. P.; Bertero, V. V.: Local bond stress-slip relationships of deformed bars under generalized excitations. Earthquake Engineering Center, University of California, Berkeley, 1983.

[Far20] Farooq, U.; Nakamura, H.; Miura, T.; Yamamoto, Y.: Proposal of bond behavior simulation model by using discretized voronoi mesh for concrete and beam element for reinforcement, in: Cement and Concrete Composites 110, 2020.

[fib12] *fib* Bulletin 65: Model Code 2010 – Final draft, Volume 1. Federation international du béton (fib), Lausanne, Switzerland, 2012.

[Gam00] Gambarova, P. G.; Plizzari, G. A.; Rosati, G.; Russo, G.: Bond mechanics including pull-out and splitting failures. *fib* Bulletin 10: Bond of reinforcement in concrete - State-of-the-art report. Federation international du béton (fib), Lausanne, Switzerland, 2000.

[Gan07] Gangolu, A. R.; Pandurangan, K.; Sultana, F.; Eligehausen, R.: Studies on the pull-out strength of ribbed bars in high-strength concrete, in: Proc. of FraMCoS-6, 2007, S. 295–301.

[Grü06] Grünberg, J.; Göhlmann, J.: Schädigungsberechnung an einem Spannbetonschaft für eine Windenergieanlage unter mehrstufiger Ermüdung. In: Beton- und Stahlbetonbau 101(8), 2006.

[Har10] Harper, P. W.; Hallett, S. R.: A fatigue degradation law for cohesive interface elements – Development and application to composite materials, in: International Journal of Fatigue 32 (11), 2010, S. 1774–1787.

[Häu12] Häußler-Combe, U.; Kühn, T.: Modeling of Strain Rate Effects for Concrete with Viscoelasticity and Retarded Damage. Int. Journal of Impact Engineering 50, 2012, S. 17–28.

[Häu13] Häußler-Combe, U.; Kühn, T.: A Novel Strain Rate Model for Concrete and its Influence upon Crack Energy. In: Jirasek, M.; Allix, O.; Moes, N.; Oliver, J. (Hrsg.): Computational Modeling of Fracture and Failure of Materials and Structures. Prague, 2013, S. 112.

[Hjo76] Hjorth, O.: Ein Beitrag zur Frage der Festigkeiten und des Verbundverhaltens von Stahl und Beton bei hohen Beanspruchungsgeschwindigkeiten. Technische Universität Braunschweig, Dissertation, 1976.

[Hua19] Huang, B.-T.; Li, Q.-H.; Xu, S.-L.: Fatigue Deformation Model of Plain and Fiber-Reinforced Concrete Based on Weibull Function, in: Journal of Structural Engineering 145 (1), 2019.

[Hua96] Huang, Z.; Engström, B.; Magnusson, J.: Experimental and analytical studies of the bond behaviour of deformed bars in high strength concrete, in: Proceedings of 4th International Symposium on the Utilization of High Strength/High Performance Concrete, Paris, 1996, S. 1115–1124.

[Hüc83] Hück, M.: Ein verbessertes Verfahren für die Auswertung von Treppenstufenversuchen. In: Zeitschrift für Werkstofftechnik 14 (12), 1983, S. 406–417.

[Kir15] Kirane, K.; Bažant, Z. P.: Microplane damage model for fatigue of quasibrittle materials: Sub-critical crack growth, lifetime and residual strength, in: International Journal of Fatigue 70, 2015, S. 93–105.

[Koc93] Koch, R., Balazs, G.: Slip increase under cyclic and long term loads, in: Otto Graf Journal 4 (1), 1993, S. 160–191.

[Koc97] Koch, R.; Balázs, G. L.: Verbund unter nicht ruhender Beanspruchung. In: Deutsche Forschungsgemeinschaft Abschlusskolloquium zum Schwerpunktprogramm: Bewehrte Betonbauteile unter Betriebsbedingungen. Universität Stuttgart, 1997.

[Koc98] Koch, R.; Balázs, G. L.: Verbund unter nicht ruhender Beanspruchung. In: Beton- und Stahlbetonbau 93 (8), 1998, S. 220–223.

[Kos18] Koschemann, M.; Kühn, T.; Speck, K.; Curbach, M.: Bond behaviour of reinforced concrete under high cycle fatigue pull-out loading, in: Foster, F.; Gilbert, R.; Mendis, P.; Al-Mahaidi, R.; Millar, D. (Hrsg.), Proceedings of 5th International fib Congress, Melbourne, Australia, 2018.

[Kön94] König, G.; Danielewicz, I.: Ermüdungsfestigkeit von Stahl- und Spannbetonbauteilen mit Erläuterungen zu den Nachweisen gemäß CEB-FIP Model Code 1990. In: DAfStb (Hrsg.), Heft 439, 1994.

[La 92] La Borderie, C.; Pijaudier-Cabot, G.: Influence of the state of the stress in concrete on the behaviour of steel concrete interface, in: Proceedings of the First International Conference on Fracture Mechanics of Concrete Structures (FraMCoSI), Breckenridge, Colorado, USA, 1992.

[Le16] Le Huang; Chi, Y.; Xu, L.; Chen, P.; Zhang, A.: Local bond performance of rebar embedded in steel-polypropylene hybrid fiber reinforced concrete under monotonic and cyclic loading, in: Construction and Building Materials 103, 2016, S. 77–92.

[Le19a] Le Huang; Chi, Y.; Xu, L.; Deng, F.: A thermodynamics-based damage-plasticity model for bond stress-slip relationship of steel reinforcement embedded in fiber reinforced concrete, in: Engineering Structures 180, 2019, S. 762–778.

[Le19] Le Huang; Ye, H.; Chu, S.; Xu, L.; Chi, Y.: Stochastic damage model for bond stress-slip relationship of reinforcing bar embedded in concrete, in: Engineering Structures 194, 2019, S. 11–25.

[Lem05] Lemaitre, J.; Desmorat, R.: Engineering damage mechanics: Ductile, creep, fatigue and brittle failures, Springer, Berlin, New York, 2005.

[Lem09] Lemnitzer, L.; Schröder, S.; Lindorf, A.; Curbach, M.: Bond behaviour between reinforcing steel and concrete under multiaxial loading conditions in concrete containments, in: 20th International Conference on Structural Mechanics in Reactor Technology (SMiRT 20), Espoo, Finland, 9-14 August 2009.

[Lem12] Lemaitre, J.: A course on damage mechanics, Springer Science & Business Media, 2012.

[Leo86] Leonhardt, F.: Vorlesungen über Massivbau – Teil 2: Sonderfälle der Bemessung im Stahlbetonbau. 3. Aufl., Berlin: Springer, 1986.

[Lin09] Lindorf, A.; Lemnitzer, L.; Curbach, M.: Experimental investigations on bond behaviour of reinforced concrete under transverse tension and repeated loading, in: Engineering Structures 31 (7), 2009, S. 1469–1476.

[Lin10] Lindorf, A.; Curbach, M.: S–N curves for fatigue of bond in reinforced concrete structures under transverse tension, in: Engineering Structures 32 (10), 2010, S. 3068–3074.

[Lin11] Lindorf, A.; Curbach, M.: Slip behaviour at cyclic pullout tests under transverse tension, in: Construction and Building Materials 25 (8), 2011, S. 3617–3624.

[Lin11a] Lindorf, A.: Ermüdung des Verbundes von Stahlbeton unter Querzug, Technische Universität Dresden, Dissertation, 2011.

[Mác18] Máca, P.; Panteki, E.; Curbach, M.; Häußler-Combe, U.: Verbund zwischen Beton und Bewehrungsstahl bei hohen Belastungsgeschwindigkeiten (GRS 1501486). Institut für Massivbau, Technische Universität Dresden, 2018, Forschungsbericht.

[Mar17] Marx, S.; Grünberg, J.; Hansen, M.; Schneider, S.: Sachstandbericht – Grenzzustände der Ermüdung von dynamisch hoch beanspruchten Tragwerken aus Beton. In: DAfStb (Hrsg.), Heft 618, 2017.

[Mar81] Martin, H.; Noakowski, P.: Verbundverhalten von Betonstählen: Untersuchung auf der Grundlage von Ausziehversuchen. In: DAfStb (Hrsg.), Heft 319, 1981.

[Meh62] Mehmel, A.; Kern, E.: Elastische und plastische Stauchungen von Beton infolge Druckschwell- und Standbelastung. In: DAfStb (Hrsg.), Heft 153, 1962.

[Men13] Mendes, L. A.; Castro, L. M.: A new RC bond model suitable for three-dimensional cyclic analyses, in: Computers & Structures 120, 2013, S. 47–64.

[Met14] Metelli, G.; Plizzari, G. A.: Influence of the relative rib area on bond behaviour, in: Magazine of Concrete Research 66 (6), 2014, S. 277–294.

[Mic17] Michal, M.: Verbund von Beton und Bewehrung unter hochdynamischen Beanspruchungen. Universität der Bundeswehr München, Dissertation, 2017.

[Min45] Miner, M.: Cumultative damage in fatigue. Journal of Applied Mechanics 12, 1945, S. A159–A164

[Mor11] Morris, K. A.: What is Hysteresis?, in: Applied Mechanics Reviews 64 (5), 2011.

[Mu05] Mu, B.; Shah, S. P.: Fatigue behavior of concrete subjected to biaxial loading in the compression region, in: Materials and Structures 38 (3), 2005, S. 289–298.

[Nag92] Nagatomo, K.; Kaku, T. (Hrsg.): Bond behaviour of deformed bars under lateral compressive and tensile stress, in: Proc. Int. Conf. Bond in Concrete: from Research to Practice, Riga, Latvia, 1992.

[Nog93] Noghabai, K.; Olofsson, T.; Ohlsson, U.: Bond Properties of high strength concrete, in: Proceedings of 3rd International Symposium on the Utilization of High Strength - Volume 2, Lillehammer, 1993, S. 1169–1176.

[Ogu08] Ogura, N.; Bolander, J. E.; Ichinose, T.: Analysis of bond splitting failure of deformed bars within structural concrete, in: Engineering Structures 30 (2), 2008, S. 428–435.

[Oso13] Osorio, E.; Bairán, J. M.; Marí, A. R.: Lateral behavior of concrete under uniaxial compressive cyclic loading, in: Materials and Structures 46 (5), 2013, S. 709–724.

[Pal24] Palmgren, A.: Die Lebensdauer von Kugellagern. Zeitschrift des Vereins deutscher Ingenieure 68 (2), 1924, S. 339–341.

[Pas74] Paschen, H.; Steinert, J.; Hjorth, O.: Untersuchung über das Verbundverhalten von Betonstählen unter Kurzeitbeanspruchung. Stuttgart: Fraunhofer IRB (Bauforschung T 457), 1974.

[Rag06] Ragueneau, F.; Dominguez, N.; Ibrahimbegovic, A.: Thermodynamic-based interface model for cohesive brittle materials: Application to bond slip in RC structures, in: Computer Methods in Applied Mechanics and Engineering 195 (52), 2006, S. 7249–7263.

[Rap23] Rappl, S.; Osterminski, K., Gehlen, C.: Ermüdungsverhalten von Betonstahl im Langzeitfestigkeitsbereich, bei Variation der Prüfmethodik sowie unter kombinierter Einwirkung von Korrosion. In: DAfStb (Hrsg.), Heft 652, 2023

[Reh75a] Rehm, G.; Eligehausen, R.: Verbundverhalten gerippter Betonstähle mit kurzer Einbettungslänge bei nicht ruhender Belastung. Universität Stuttgart, Lehrstuhl für Werkstoffe im Bauwesen, 1975 (Untersuchungsbericht 75/17).

[Reh75b] Rehm, G.; Eligehausen, R.: Verbundverhalten von Rippenstäben mit langer Einbettungslänge bei nicht ruhender Belastung. Universität Stuttgart, Lehrstuhl für Werkstoffe im Bauwesen, 1975 (Untersuchungsbericht 75/2).

[Reh77] Rehm, G.; Eligehausen, R.: Einfluss einer nicht ruhenden Belastung auf das Verbundverhalten von Rippenstählen. In: Betonwerk + Fertigteil-Technik 43 (6), 1977, S. 295–299.

[Reh79] Rehm, G.; Eligehausen, R.: Bond of Ribbed Bars Under High Cycle Repeated Loads, in: ACI Journal 76, 1979, S. 297–309.

[RIL70a] RILEM: Essais portant sur l'adhérence des armatures du béton: 1. Essai par flexion / Bond test for reinforcing steel: 1. Beam Test. In: Matériaux et Constructions 3 (3), 1970, S. 169–174.

[RIL70b] RILEM: Essais portant sur l'adhérence des armatures du béton: 2. Essai par traction / Bond test for reinforcing steel: 2. Pull-Out Test. In: Matériaux et Constructions 3 (3), 1970, S. 175–178.

[RIL94] RILEM: Technical Recommendations for the Testing and Use of Construction Materials. London: E & FN Spon (Chapman & Hall), 1994.

[Rit14] Ritter, L.: Der Einfluss von Querzug auf den Verbund zwischen Beton und Betonstahl. Technische Universität Dresden, Dissertation, 2014.

[Rob05] Robinson, P.; Galvanetto, U.; Tumino, D.; Bellucci, G.; Violeau, D.: Numerical simulation of fatigue-driven delamination using interface elements, in: International Journal for Numerical Methods in Engineering 63 (13), 2005, S. 1824–1848.

[Ros87] Rostásy, F. S.; Schermann, J.: Verbundverhalten einbetonierten Betonrippenstahls bei extrem tiefer Temperatur. In: DAfStb (Hrsg.), Heft 380, 1987.

[Saa05] Saadeghvaziri; M. and Hadidi; R.: Transverse Cracking of Concrete Bridge Decks: Effects of Design Factors, in: Journal of Bridge Engineering 10 (5), 2005, S. 511–519.

[Sch15] Schoening, J.; Hegger, J.: Concrete elements reinforced with large diameters – bond behaviour and lapped joints, in: The fib Symposium, Copenhagen, Denmark, 2015.

[Sch18] Schoening, J.: Verankerungen und Übergreifungen in Stahlbetonbauteilen unter statischer Belastung. Dissertation. RWTH Aachen University, 2018.

[Sch21] Schmidt, B.; Marx, S.; Schneider, S.; Betz, T.: Einfluss der Druckfestigkeitsstreuung auf den Ermüdungswiderstand von druckschwellbeanspruchtem Beton. Beton- und Stahlbetonbau 116 (8), 2021, S. 575–588.

[Sch93] Schütz, W.: Zur Geschichte der Schwingfestigkeit. In: Materialwissenschaft und Werkstofftechnik 24, 1993, S. 203-232.

[Sim07] Simons, I. N.: Verbundverhalten von eingemörtelten Bewehrungsstäben unter zyklischer Beanspruchung. Dissertation. Universität Stuttgart, Stuttgart, Germany, 2007.

[Sol13] Soleymani Ashtiani, M.; Dhakal, R. P.; Scott, A. N.; Bull, D. K.: Cyclic beam bending test for assessment of bond-slip behaviour. Engineering Structures 56, 2013, S. 1684–1697.

[Tep75] Tepfers, R.: A theory of bondapplied to overlapped tensile reinforcement splices for deformed bars. Chalmers University of Technology Göteborg, Dissertation, 1973.

[Tor13] Torre-Casanova, A.; Jason, L.; Davenne, L.; Pinelli, X.: Confinement effects on the steel–concrete bond strength and pull-out failure, in: Engineering Fracture Mechanics 97, 2013, S. 92–104.

[Tur06] Turon, A.; Costa, J.; Camanho, P. P.; Dávila, C. G.: Simulation of Delamination Propagation in Composites Under High-Cycle Fatigue by Means of Cohesive-Zone Models, 2006.

[Van92] Vandevalle, L.: Theoretical prediction of the ultimate bond strength between a reinforcement bar and concrete, in: Proc. Int. Conf. Bond in Concrete: from Research to Practice, Riga, Latvia, 1992, S. 1/1–1/8.

[Vos82] Vos, E.; Reinhardt, H. W.: Influence of loading rate on bond behaviour of reinforcing steel and prestressing strands. In: Matériaux et Constructions 15 (15), 1982, S. 3–10.

[Wil13] Wildermuth, A.: Untersuchungen zum Verbundverhalten von Bewehrungsstäben mittels vereinfachter Versuchskörper. In: DAfStb (Hg.), Heft 609, 2013.

[Xu12] Xu, F.; Wu, Z.; Zheng, J.; Hu, Y.; Li, Q.: Experimental Study on the Bond Behavior of Reinforcing Bars Embedded in Concrete Subjected to Lateral Pressure, in: Journal of Materials in Civil Engineering 24 (1), 2012, S. 125–133.

[Ye00] Ye, J. Q.; Wu, Z. J.: Micro-mechanical analysis of splitting failure in concrete reinforced with fiber reinforced plastic rods, in: Cement and Concrete Composites 22 (4), 2000, S. 243–251.

[Zan18] Zanuy, C.; Díaz, I. M.: Stress distribution and resistance of lap splices under fatigue loading, in: Engineering Structures 175, 2018, S. 700–710.

[Zhi92] Zhiming, T, Zhiman, Y.: Bond behavior of deformed bars in high strength concrete, in: Proc. Int. Conf. Bond in Concrete: from Research to Practice, Riga, Latvia, 1992, S. 4/11–4/18.

[Zob13] Zobel, R.: Modellierung des Verbundverhaltens von Betonstahl unter Querzug. In: Beiträge zur 1. DAfStb-Jahrestagung mit 54. Forschungskolloquium, 2013, S. 371–376.

[Zob15] Zobel, R.; Curbach, M.: Bond modelling of reinforcing steel under transverse tension (long paper). In: Concrete – Innovation and Design – fib Symposium Proceedings. 18 to 20 May 2015 in Tivoli Congress Center Copenhagen, 2015.

[Zuo00] Zuo, J.; Darwin, D.: Bond slip of high relative rib area bars under cyclic loading. ACI Struct. Journal 97, 2010, S. 331–334.

6 Anhang

6.1 Ergebnisse der statischen Referenzversuche unter Zugbeanspruchung

$f_{c,cube100}$ - Druckfestigkeit am Würfel (100 mm)
rech. $f_{c,cyl}$ - rechnerische Druckfestigkeit am Normzylinder
$f_{ct,sp,cube100}$ - Spaltzugfestigkeit am Würfel (100 mm)
$\tau_{0,01}$ - Verbundspannung bei Schlupf 0,01 mm
$\tau_{0,05}$ - Verbundspannung bei Schlupf 0,05 mm
$\tau_{0,10}$ - Verbundspannung bei Schlupf 0,10 mm
τ_{ult} - maximale Verbundspannung (Verbundfestigkeit)
F_{ult} - maximale Auszugskraft
$s_{0,ult}$ - Schlupf bei maximaler Verbundspannung

Tabelle 6.1: Ergebnisse der statischen Referenzversuche der Konfiguration C40 - BE

Prüfkörper	$f_{c,cube100}$	rech. $f_{c,cyl}$	$f_{ct,sp,cube100}$	$\tau_{0,01}$	$\tau_{0,05}$	$\tau_{0,10}$	τ_{ult}	F_{ult}	$s_{0,ult}$
	[N/mm²]	[N/mm²]	[N/mm²]	[N/mm²]	[N/mm²]	[N/mm²]	[N/mm²]	[kN]	[mm]
BE01_1_040	49,18	42,77	3,80	7,69	14,39	17,93	22,54	36,25	0,41
BE01_2_040	49,18	42,77	3,80	5,73	10,75	13,68	19,90	32,01	0,65
BE02_1_040	57,18	49,72	4,31	7,11	15,38	18,89	24,71	39,75	0,37
BE02_2_040	57,18	49,72	4,31	8,47	16,98	20,46	25,80	41,50	0,39
BE03_1_040	56,16	48,83	4,02	7,76	15,08	19,25	27,53	44,28	0,41
BE03_2_040	56,16	48,83	4,02	7,90	15,46	18,75	25,64	41,24	0,55
BE04_1_040	53,74	46,73	3,39	7,47	14,77	18,36	24,89	40,03	0,61
BE04_2_040	53,74	46,73	3,39	9,29	16,88	20,63	27,77	44,66	0,63
MW	54,07	47,01	3,88	7,68	14,96	18,49	24,85	39,97	0,50
σ	3,30	2,87	0,36	1,03	1,94	2,16	2,59	4,17	0,12
v	6,1 %	6,1 %	9,3 %	13,4 %	13,0 %	11,7 %	10,4 %	10,4 %	23,7 %

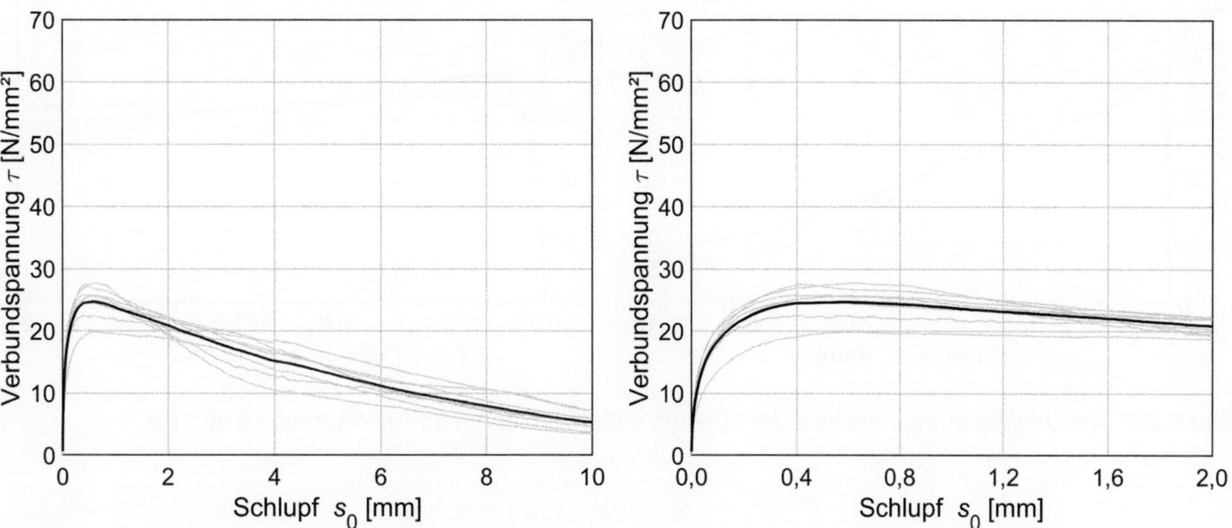

Bild 6.1: Verbundspannungs-Schlupf-Verläufe mit Mittelwertkurven für Konfiguration C40 - BE

Tabelle 6.2: Ergebnisse der statischen Referenzversuche der Konfiguration C80 - BE

Prüfkörper	$f_{c,cube100}$	rech. $f_{c,cyl}$	$f_{ct,sp,cube100}$	$\tau_{0,01}$	$\tau_{0,05}$	$\tau_{0,10}$	τ_{ult}	F_{ult}	$s_{0,ult}$
	[N/mm²]	[N/mm²]	[N/mm²]	[N/mm²]	[N/mm²]	[N/mm²]	[N/mm²]	[kN]	[mm]
BE10_1_080	107,93	92,25	4,24	9,95	24,61	32,29	39,94	64,25	0,48
BE10_2_080	107,93	92,25	4,24	11,30	26,93	34,31	39,62	63,74	0,24
BE11_1_080	114,91	98,21	4,42	10,15	25,73	33,56	38,25	61,52	0,33
BE11_2_080	114,91	98,21	4,42	12,56	27,34	34,56	37,97	61,07	0,31
BE12_1_080	119,91	102,49	3,90	11,19	24,15	30,13	36,23	58,27	0,31
BE12_2_080	119,91	102,49	3,90	12,09	24,46	30,25	34,45	55,42	0,33
BE13_1_080	119,31	101,97	6,19	11,17	23,30	29,73	33,87	54,48	0,21
BE13_2_080	119,31	101,97	6,19	9,39	23,95	32,23	38,82	62,44	0,21
BE14_1_080	108,62	92,84	6,41	11,04	27,56	33,90	38,03	61,17	0,32
BE14_2_080	108,62	92,84	6,41	12,45	27,28	32,87	35,16	56,55	0,25
BE15_1_080	107,67	92,03	6,37	12,33	27,38	34,54	38,67	62,20	0,23
BE15_2_080	107,67	92,03	6,37	4,56	16,92	25,07	32,94	52,98	0,36
BE16_1_080	102,54	87,64	6,06	10,58	25,58	33,39	36,63	58,91	0,17
BE16_2_080	102,54	87,64	6,06	12,95	25,09	31,46	35,12	56,49	0,26
BE17_1_080	104,35	89,19	6,28	12,36	28,35	36,09	37,79	60,79	0,15
BE17_2_080	104,35	89,19	6,28	10,22	26,12	33,13	37,90	60,97	0,23
BE18_1_080	107,67	92,03	6,33	12,84	27,51	34,16	35,25	56,70	0,21
BE18_2_080	107,67	92,03	6,33	12,88	25,48	32,05	36,20	58,23	0,23
MW	110,32	94,29	5,58	11,11	25,43	32,43	36,82	59,23	0,27
σ	6,07	5,18	1,03	1,98	2,59	2,50	2,03	3,27	0,08
v	5,5 %	5,5 %	18,4 %	17,8 %	10,2 %	7,7 %	5,5 %	5,5 %	29,5 %

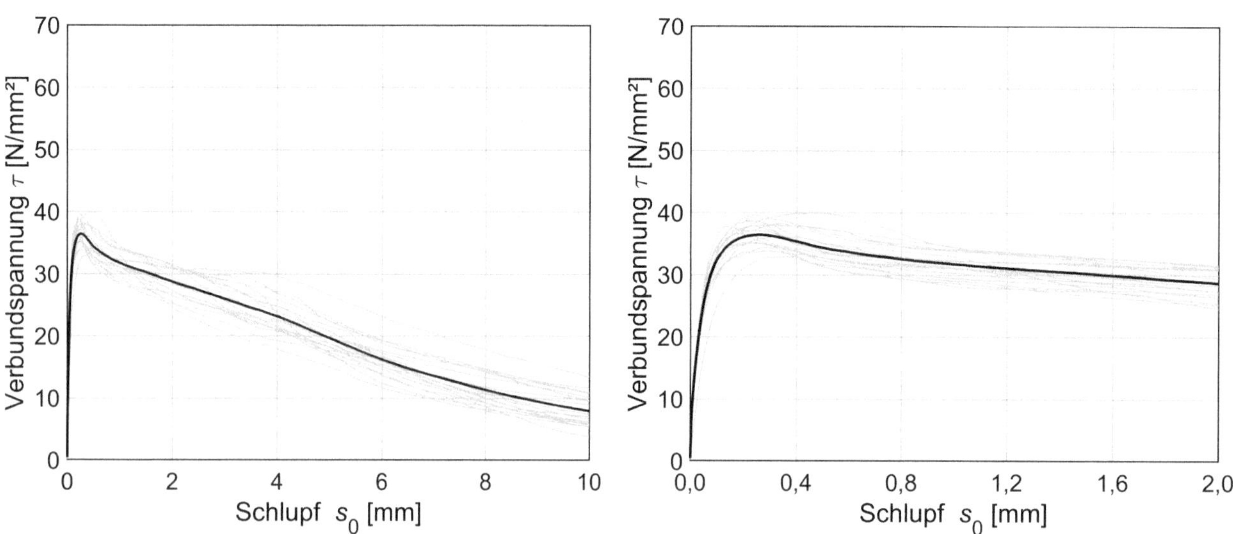

Bild 6.2: Verbundspannungs-Schlupf-Verläufe mit Mittelwertkurven für Konfiguration C80 - BE

Tabelle 6.3: Ergebnisse der statischen Referenzversuche der Konfiguration C80 - PO

Prüfkörper	$f_{c,cube100}$	rech. $f_{c,cyl}$	$f_{ct,sp,cube100}$	$\tau_{0,01}$	$\tau_{0,05}$	$\tau_{0,10}$	τ_{ult}	F_{ult}	$s_{0,ult}$
	[N/mm²]	[N/mm²]	[N/mm²]	[N/mm²]	[N/mm²]	[N/mm²]	[N/mm²]	[kN]	[mm]
PO01_1_080	110,03	94,04	5,11	14,13	24,33	31,30	45,33	72,91	0,52
PO01_2_080	110,03	94,04	5,11	9,21	23,97	32,40	40,46	65,08	0,41
PO01_3_080	110,03	94,04	5,11	13,99	25,95	32,86	40,57	65,26	0,36
PO01_4_080	110,03	94,04	5,11	11,43	25,39	33,04	40,85	65,70	1,68
PO02_1_080	114,61	97,96	5,23	9,05	23,95	30,66	37,63	60,52	1,18
PO02_2_080	114,61	97,96	5,23	7,69	19,14	26,07	38,57	62,05	0,48
PO03_1_080	115,08	98,36	5,45	10,16	22,55	30,45	39,77	63,98	1,37
PO03_2_080	115,08	98,36	5,45	11,08	25,26	33,99	43,45	69,88	0,81
PO04_1_080	112,68	96,31	5,70	13,16	24,81	31,42	41,02	65,98	0,54
PO04_2_080	112,68	96,31	5,70	13,97	27,38	34,08	43,23	69,54	0,35
PO05_1_080	113,43	96,95	5,57	9,06	23,44	33,13	45,02	72,41	0,53
PO05_2_080	113,43	96,95	5,57	11,45	25,32	33,64	45,12	72,58	0,32
MW	112,64	96,28	5,36	11,20	24,29	31,92	41,75	67,16	0,71
σ	2,09	1,79	0,24	2,23	2,05	2,22	2,62	4,21	0,45
v	1,9 %	1,9 %	4,4 %	19,9 %	8,4 %	7,0 %	6,3 %	6,3 %	63,5 %

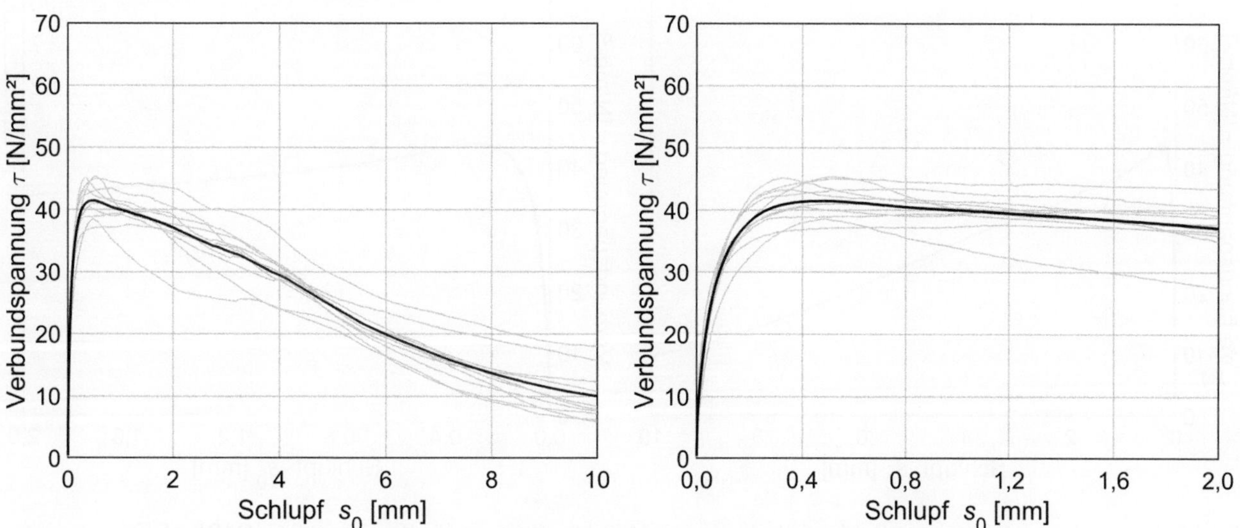

Bild 6.3: Verbundspannungs-Schlupf-Verläufe mit Mittelwertkurven für Konfiguration C80 - PO

Tabelle 6.4: Ergebnisse der statischen Referenzversuche der Konfiguration C120 - BE

Prüfkörper	$f_{c,cube100}$	rech. $f_{c,cyl}$	$f_{ct,sp,cube100}$	$\tau_{0,01}$	$\tau_{0,05}$	$\tau_{0,10}$	τ_{ult}	F_{ult}	$s_{0,ult}$
	[N/mm²]	[N/mm²]	[N/mm²]	[N/mm²]	[N/mm²]	[N/mm²]	[N/mm²]	[kN]	[mm]
BE05_1_120	132,37	115,11	9,15	15,23	31,91	37,45	43,57	70,08	0,31
BE05_2_120	132,37	115,11	9,15	13,18	30,05	36,48	42,08	67,68	0,30
BE06_1_120	130,86	113,79	7,11	14,27	27,83	35,58	44,23	71,15	0,34
BE08_1_120	131,35	114,22	6,40	12,39	36,27	42,26	42,96	69,10	0,13
BE08_2_120	131,35	114,22	6,40	12,18	31,68	41,16	46,53	74,84	0,23
BE09_1_120	147,56	128,31	6,57	10,75	26,97	34,39	43,49	69,95	0,37
BE09_2_120	147,56	128,31	6,57	13,25	29,33	37,49	43,41	69,83	0,31
BE10_1_120	138,53	120,46	7,18	14,81	31,55	37,50	44,18	71,07	0,36
BE10_2_120	138,53	120,46	7,18	12,22	29,79	39,36	44,20	71,10	0,22
BE11_1_120	144,27	125,45	6,66	11,25	28,43	37,19	43,70	70,29	0,25
BE11_2_120	144,27	125,45	6,66	14,20	33,46	43,37	47,54	76,47	0,19
MW	138,09	120,08	7,18	13,07	30,66	38,38	44,17	71,05	0,27
σ	6,82	5,93	1,01	1,45	2,69	2,83	1,56	2,51	0,08
v	4,9 %	4,9 %	14,1 %	11,1 %	8,8 %	7,4 %	3,5 %	3,5 %	27,7 %

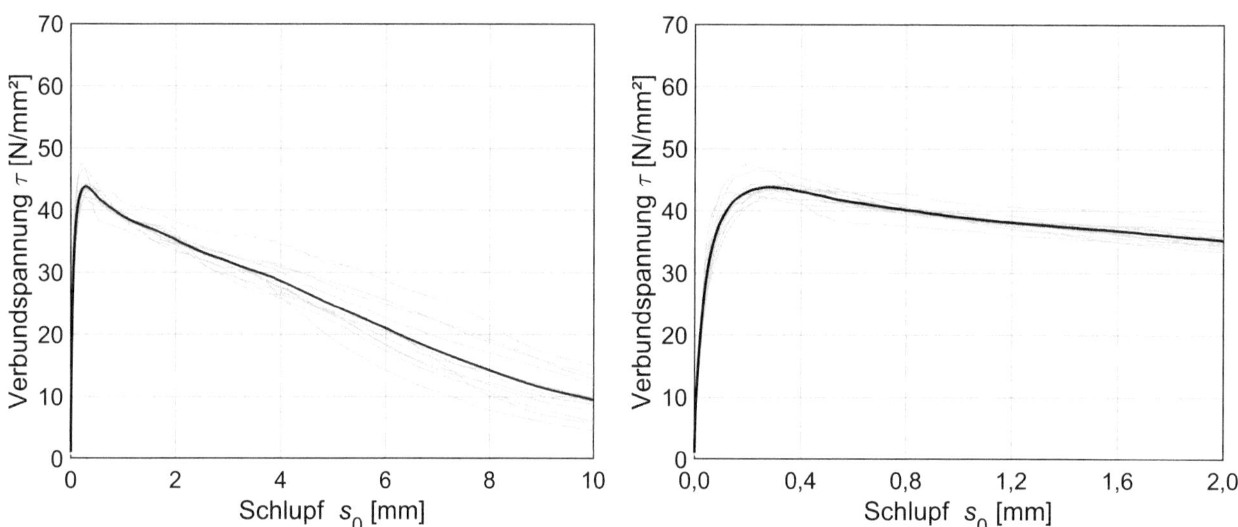

Bild 6.4: Verbundspannungs-Schlupf-Verläufe mit Mittelwertkurven für Konfiguration C120 - BE

Tabelle 6.5: Ergebnisse der statischen Referenzversuche der Konfiguration C120 - PO

Prüfkörper	$f_{c,cube100}$	rech. $f_{c,cyl}$	$f_{ct,sp,cube100}$	$\tau_{0,01}$	$\tau_{0,05}$	$\tau_{0,10}$	τ_{ult}	F_{ult}	$s_{0,ult}$
	[N/mm²]	[N/mm²]	[N/mm²]	[N/mm²]	[N/mm²]	[N/mm²]	[N/mm²]	[kN]	[mm]
PO12_1_120	151,68	131,90	6,59	12,50	33,97	44,67	59,87	96,30	1,71
PO12_2_120	151,68	131,90	6,59	15,06	36,84	46,49	59,60	95,86	1,25
PO13_1_120	153,00	133,04	7,27	12,48	32,38	43,06	55,63	89,49	0,57
PO13_2_120	153,00	133,04	7,27	14,43	33,46	42,19	54,82	88,17	0,51
PO14_1_120	147,90	128,61	6,14	14,15	34,47	44,36	55,64	89,50	1,10
PO14_2_120	147,90	128,61	6,14	11,91	32,35	43,27	57,78	92,95	0,64
MW	150,86	131,18	6,67	13,42	33,91	44,01	57,22	92,05	0,96
σ	2,37	2,06	0,51	1,28	1,67	1,51	2,18	3,51	0,47
v	1,6 %	1,6 %	7,6 %	9,6 %	4,9 %	3,4 %	3,8 %	3,8 %	49,2 %

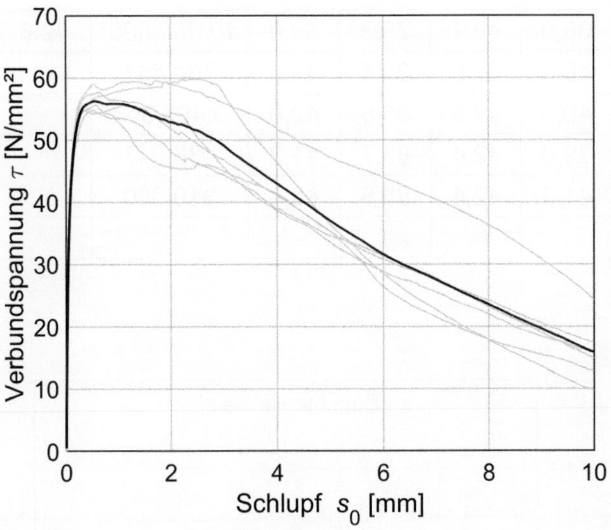

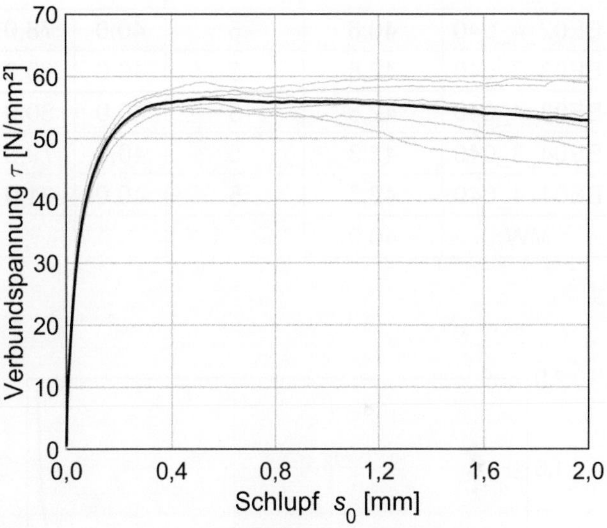

Bild 6.5: Verbundspannungs-Schlupf-Verläufe mit Mittelwertkurven für Konfiguration C120 - PO

6.2 Ergebnisse der Versuche unter Zugschwellbeanspruchung

F_{Ref} - serienbezogene statische Referenzkraft
S_{min} - serienbezogenes Unterspannungsniveau
S_{max} - serienbezogenes Oberspannungsniveau
ΔS - serienbezogene Schwingbreite
N - aufgebrachte Lastwechselzahl
SB - Stabbruch am Probekörper
$s_{0,Ref}$ - Mittlerer Schlupf $s_{0,ult}$ der Referenzversuche
F_{Rest} - Resttragfähigkeit nach zyklischer Belastung
S_{min}* - mittelwertbezogenes Unterspannungsniveau
S_{max}* - mittelwertbezogenes Oberspannungsniveau
ΔS* - serienbezogene Schwingbreite
* - Durchläufer
ÜL - Überlastung infolge Fehler Hydrauliksteuerung

Tabelle 6.6: Ergebnisse von zyklischen Versuchen der Konfiguration C40 - BE

Prüfkörper	F_{Ref}	Frequenz	S_{min}	S_{max}	ΔS	S_{min} *	S_{max} *	ΔS*	N	F_{Rest}
	[kN]	[Hz]	[%]	[%]	[%]	[%]	[%]	[%]	[-]	[kN]
BE01_3_040	34,1	5	40,0	76,0	36,0	34,2	64,9	30,7	*10.000.000**	35,4
BE01_4_040	34,1	5	40,0	76,0	36,0	34,2	64,9	30,7	*10.000.000**	36,0
BE02_3_040	40,6	5	40,0	78,0	38,0	40,7	79,3	38,6	5.231.991	-
BE02_4_040	40,6	5	40,0	78,0	38,0	40,7	79,3	38,6	*10.000.000**	42,6
BE03_3_040	42,8	5	40,0	80,0	40,0	42,8	85,6	42,8	764.447	-
BE03_4_040	42,8	5	40,0	80,0	40,0	42,8	85,6	42,8	3.492.963	-
BE04_3_040	42,3	5	40,0	79,0	39,0	42,4	83,7	41,3	136.047	-
BE04_4_040	42,3	5	40,0	81,0	41,0	42,4	85,8	43,4	310.060	-
MW	40,0									

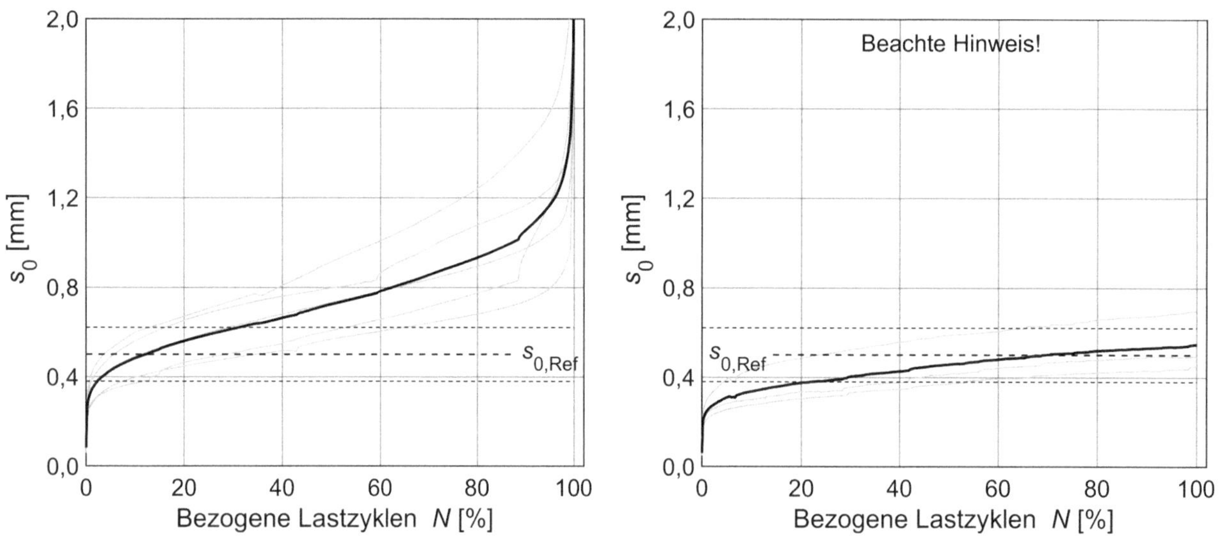

Bild 6.6: Schlupf-Lastzyklen-Verläufe in bezogener Darstellung mit Mittelwertkurven für versagte Proben (links) und Durchläufer (rechts) für Konfiguration C40 - BE

Hinweis: Die bezogenen Lastzyklen spiegeln den Schädigungsgrad wider und 100 % entsprechen für versagte Proben der jeweiligen Bruchlastwechselzahl. Bei Durchläufern wurden die aufgebrachten Lastwechsel als Bezugsgröße verwendet. Die zugehörigen Diagramme dienen zur Veranschaulichung der Schlupfzunahme im Vergleich zu versagten Proben und dem Wert $s_{0,Ref}$. Eine Aussage über den Schädigungsgrad ist bei Durchläufern anhand der bezogenen Lastzyklen nicht möglich.

Tabelle 6.7: Ergebnisse von zyklischen Versuchen der Konfiguration C80 - BE

Prüfkörper	F_{Ref}	**Frequenz**	S_{min}	S_{max}	ΔS	S_{min} *	S_{max} *	ΔS*	N	F_{Rest}
	[kN]	[Hz]	[%]	[%]	[%]	[%]	[%]	[%]	[-]	[kN]
BE10_3_080	64,0	5	40,0	76,0	36,0	43,3	82,3	39,0	23.081	-
BE10_4_080	64,0	5	40,0	76,0	36,0	43,3	82,3	39,0	2.320	-
BE11_3_080	61,3	5	40,0	76,0	36,0	41,5	78,9	37,4	4.764.852	-
BE11_4_080	61,3	5	40,0	76,0	36,0	41,5	78,9	37,4	185.389	-
BE12_3_080	56,9	5	40,0	75,0	35,0	38,5	72,2	33,7	*10.000.000**	60,8
BE12_4_080	56,9	5	40,0	75,0	35,0	38,5	72,2	33,7	*10.000.000**	63,5
BE13_3_080	56,9	10	40,0	76,0	36,0	38,5	73,2	34,7	-	-
BE13_4_080	56,9	10	40,0	76,0	36,0	38,5	73,2	34,7	*12.808.805**	59,8
BE14_3_080	58,9	10	40,0	78,0	38,0	39,9	77,7	37,9	291.714	-
BE14_4_080	58,9	10	40,0	78,0	38,0	39,9	77,7	37,9	2.338.709	-
BE15_3_080	57,6	10	40,0	78,0	38,0	39,0	76,1	37,1	*10.000.000**	59,5
BE15_4_080	57,6	10	40,0	76,0	36,0	39,0	74,1	35,1	*10.000.000**	56,1
BE16_3_080	57,7	20	40,0	78,0	38,0	39,1	76,2	37,1	712.626	-
BE16_4_080	57,7	20	40,0	78,0	38,0	39,1	76,2	37,1	4.223.415	-
BE17_3_080	60,9	20	40,0	78,0	38,0	41,2	80,4	39,2	127.585	-
BE17_4_080	60,9	20	40,0	76,0	36,0	41,2	78,3	37,1	10.000.000	53,2
BE18_3_080	57,5	20	40,0	78,0	38,0	38,9	75,9	37,0	*10.000.000**	64,4
BE18_4_080	57,5	20	40,0	80,0	40,0	38,9	77,9	38,9	663.029	-
MW	59,1									

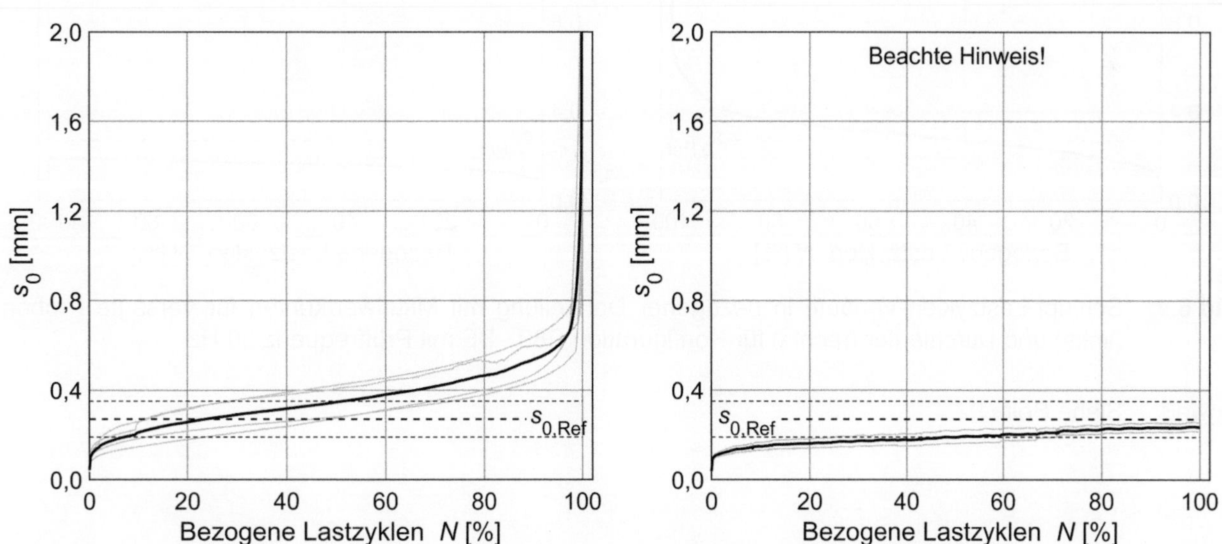

Bild 6.7: Schlupf-Lastzyklen-Verläufe in bezogener Darstellung mit Mittelwertkurven für versagte Proben (links) und Durchläufer (rechts) für Konfiguration C80 - BE mit Prüffrequenz 5 Hz

Hinweis: Siehe Seite 92.

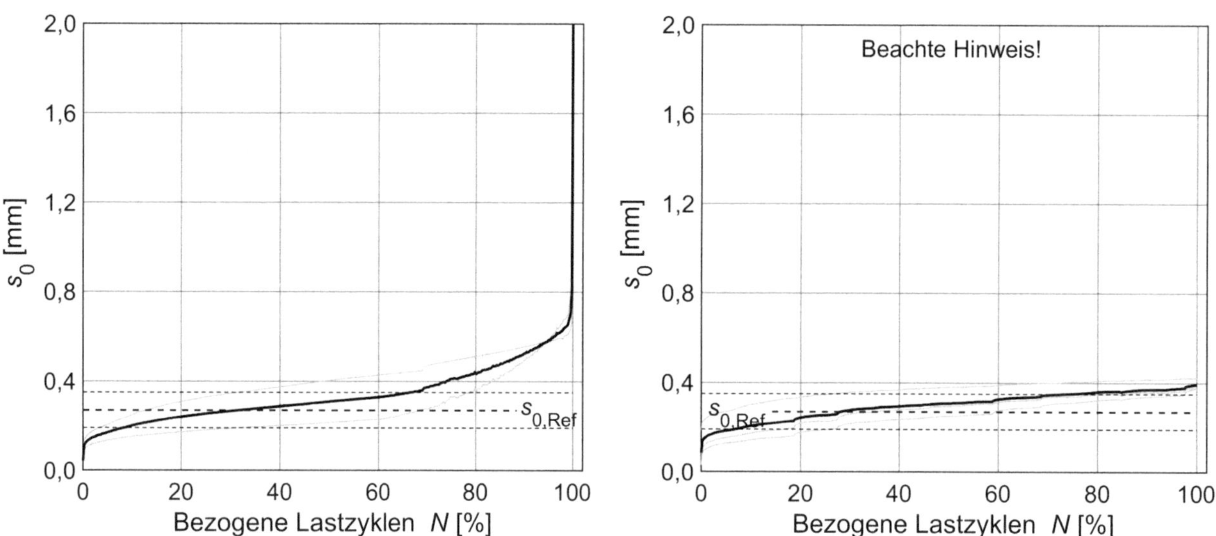

Bild 6.8: Schlupf-Lastzyklen-Verläufe in bezogener Darstellung mit Mittelwertkurven für versagte Proben (links) und Durchläufer (rechts) für Konfiguration C80 - BE mit Prüffrequenz 10 Hz

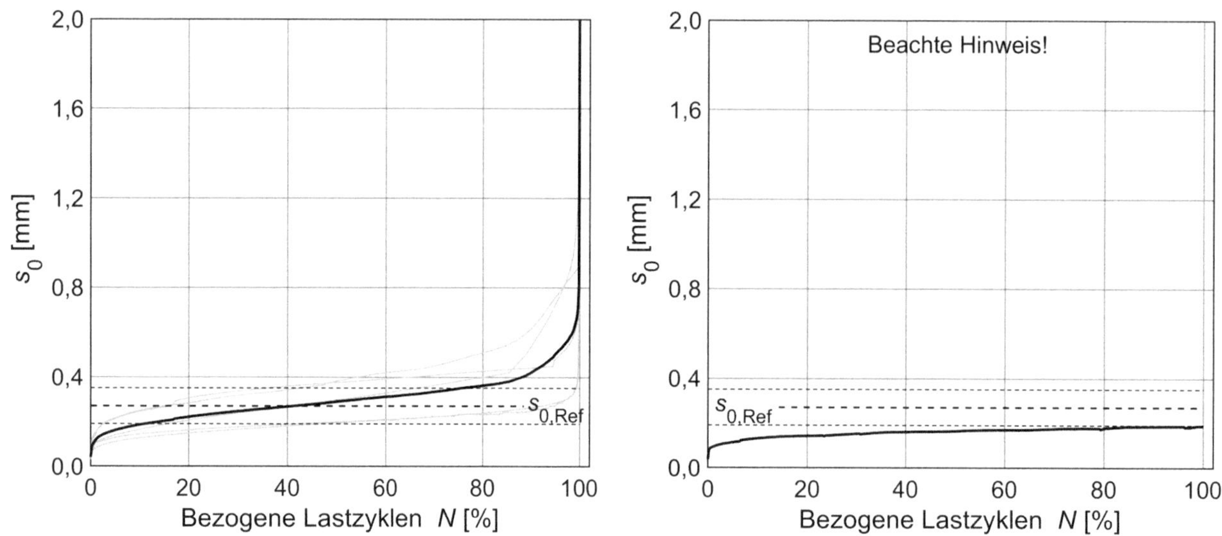

Bild 6.9: Schlupf-Lastzyklen-Verläufe in bezogener Darstellung mit Mittelwertkurven für versagte Proben (links) und Durchläufer (rechts) für Konfiguration C80 - BE mit Prüffrequenz 20 Hz

Hinweis: Siehe Seite 92.

Tabelle 6.8: Ergebnisse von zyklischen Versuchen der Konfiguration C80 - PO

Prüfkörper	F_{Ref}	Frequenz	S_{min}	S_{max}	ΔS	S_{min}*	S_{max}*	ΔS*	N	F_{Rest}
	[kN]	[Hz]	[%]	[%]	[%]	[%]	[%]	[%]	[-]	[kN]
PO2_3_080	61,3	5	40,0	78,0	38,0	36,6	71,4	34,8	190.392	-
PO2_4_080	61,3	5	40,0	78,0	38,0	36,6	71,4	34,8	14.000.000	51,7
PO3_3_080	66,8	5	40,0	80,0	40,0	39,9	79,8	39,9	8.730	-
PO3_4_080	66,8	5	40,0	80,0	40,0	39,9	79,8	39,9	2.444	-
PO4_3_080	67,4	5	40,0	78,0	38,0	40,2	78,4	38,2	16.349	-
PO4_4_080	67,4	5	40,0	78,0	38,0	40,2	78,4	38,2	34.171	-
PO5_3_080	72,5	5	40,0	76,0	36,0	43,3	82,3	39,0	2.289	-
PO5_4_080	72,5	5	40,0	76,0	36,0	43,3	82,3	39,0	5.357.174	-
MW	66,98									

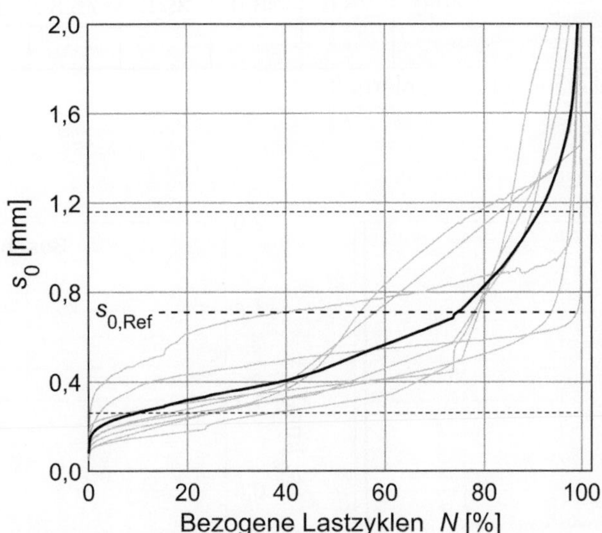

Bild 6.10: Schlupf-Lastzyklen-Verläufe in bezogener Darstellung mit Mittelwertkurve für versagte Proben für Konfiguration C80 - BE

Tabelle 6.9: Ergebnisse von zyklischen Versuchen der Konfiguration C120 - BE

Prüfkörper	F_{Ref}	Frequenz	S_{min}	S_{max}	ΔS	S_{min} *	S_{max} *	ΔS*	N	F_{Rest}
	[kN]	[Hz]	[%]	[%]	[%]	[%]	[%]	[%]	[-]	[kN]
BE05_3_120	69,3	5	40,0	80,0	40,0	39,2	78,5	39,2	651.741	-
BE06_2_120	71,3	5	40,0	80,0	40,0	40,4	80,8	40,4	38.801[a]	-
BE06_3_120	69,9	5	40,0	77,5	37,5	39,6	76,7	37,1	*20.475.868**	71,8
BE06_4_120	69,9	5	40,0	75,0	35,0	39,6	74,3	34,7	*17.377.753**	ÜL
BE08_3_120	72,0	5	40,0	78,0	38,0	40,8	79,5	38,7	2.005.162	-
BE08_4_120	72,0	5	40,0	78,0	38,0	40,8	79,5	38,7	211.025	-
BE09_3_120	69,9	5	40,0	76,0	36,0	39,6	75,2	35,6	*10.014.330**	72,6
BE09_4_120	69,9	5	40,0	76,0	36,0	39,6	75,2	35,6	*5.056.169**	SB
BE10_3_120	71,2	5	40,0	77,0	37,0	40,3	77,6	37,3	740.062	-
BE10_4_120	71,2	5	40,0	77,0	37,0	40,3	77,6	37,3	4.054.813[a]	-
BE11_3_120	70,5	5	40,0	76,0	36,0	39,9	75,8	35,9	*10.000.140**	68,9
BE11_4_120	70,5	5	40,0	76,0	36,0	39,9	75,8	35,9	*10.000.156**	78,7
MW	70,6									

[a] Messwerte für Schlupf unvollständig bzw. fehlerhaft.

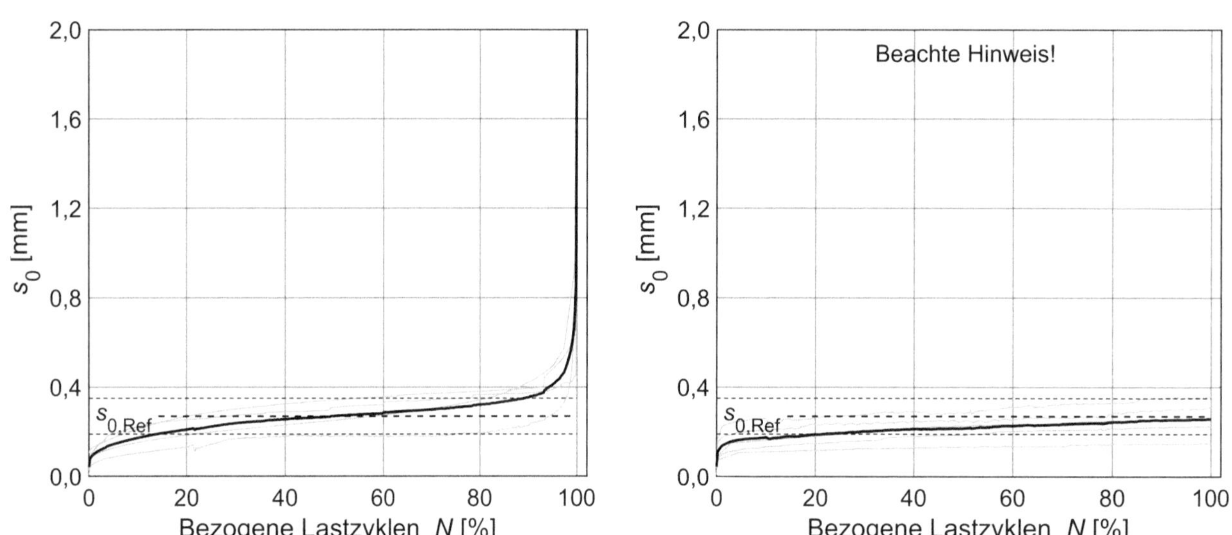

Bild 6.11: Schlupf-Lastzyklen-Verläufe in bezogener Darstellung mit Mittelwertkurven für versagte Proben (links) und Durchläufer (rechts) für Konfiguration C120 - BE

Hinweis: Siehe Seite 92.

Tabelle 6.10: Ergebnisse von zyklischen Versuchen der Konfiguration C120 - BE

Prüfkörper	F_{Ref}	Frequenz	S_{min}	S_{max}	ΔS	S_{min} *	S_{max} *	ΔS*	N	F_{Rest}
	[kN]	[Hz]	[%]	[%]	[%]	[%]	[%]	[%]	[-]	[kN]
PO12_3_120	96,8	5	40,0	80,0	40,0	42,3	84,7	42,3	149.074[a]	-
PO12_4_120	96,8	5	40,0	80,0	40,0	42,3	84,7	42,3	-	-
PO13_3_120	89,0	5	40,0	78,0	38,0	38,9	75,9	37,0	148.431[a]	-
PO13_4_120	89,0	5	40,0	78,0	38,0	38,9	75,9	37,0	529.807[a]	-
PO14_3_120	91,2	5	40,0	77,0	37,0	39,9	76,8	36,9	*5.647.257**	97,4
PO14_4_120	91,2	5	40,0	77,0	37,0	39,9	76,8	36,9	*2.892.699**	96,8
MW	91,5									

[a] Messwerte für Schlupf unvollständig bzw. fehlerhaft.

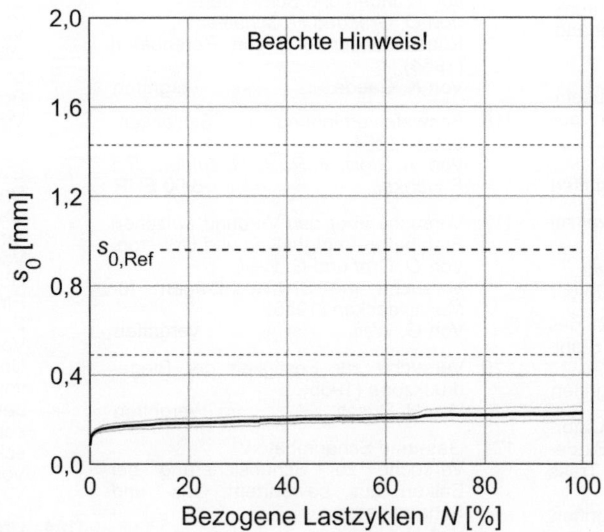

Bild 6.12: Schlupf-Lastzyklen-Verläufe in bezogener Darstellung mit Mittelwertkurve für Durchläufer für Konfiguration C120 - PO

Hinweis: Siehe Seite 92.

Verzeichnis der in der Schriftenreihe des Deutschen Ausschusses für Stahlbeton – DAfStb – seit 1945 erschienenen Hefte

Heft

100: Versuche an Stahlbetonbalken zur Bestimmung der Bewehrungsgrenze.
Von *W. Gehler, H. Amos* und *E. Friedrich.*
Die Ergebnisse der Versuche und das Dresdener Rechenverfahren für den plastischen Betonbereich (1949).
Von *W. Gehler.* 9,70 EUR

101: Versuche zur Ermittlung der Rissbildung und der Widerstandsfähigkeit von Stahlbetonplatten mit verschiedenen Bewehrungsstählen bei stufenweise gesteigerter Last.
Von *O. Graf* und *K. Walz.*
Versuche über die Schwellzugfestigkeit von verdrillten Bewehrungsstählen.
Von *O. Graf* und *G. Weil.*
Versuche über das Verhalten von kalt verformten Baustählen beim Zurückbiegen nach verschiedener Behandlung der Proben.
Von *O. Graf* und *G. Weil.*
Versuche zur Ermittlung des Zusammenwirkens von Fertigbauteilen aus Stahlbeton für Decken (1948).
Von *H. Amos* und *W. Bochmann.* vergriffen

102: Beton und Zement im Seewasser (1950).
Von *A. Eckhardt* und *W. Kronsbein.* vergriffen

103: Die *n*-freien Berechnungsweisen des einfach bewehrten, rechteckigen Stahlbetonbalkens (1951).
Von *K. B. Haberstock.* vergriffen

104: Bindemittel für Massenbeton, Untersuchungen über hydraulische Bindemittel aus Zement, Kalk und Trass (1951).
Von *K. Walz.* vergriffen

105: Die Versuchsberichte des Deutschen Ausschusses für Stahlbeton (1951).
Von *O. Graf.* vergriffen

106: Berechnungstafeln für rechtwinklige Fahrbahnplatten von Straßenbrücken (1952). 7. neubearbeitete Auflage (1981).
Von *H. Rüsch.* vergriffen

107: Die Kugelschlagprüfung von Beton.
Von *K. Gaede.* vergriffen

108: Verdichten von Leichtbeton durch Rütteln (1952).
Von *K. Walz.* vergriffen

109: SO_3-Gehalt der Zuschlagstoffe (1952).
Von *K. Gaede.* 3,30 EUR

110: Ziegelsplittbeton (1952).
Von *K. Charisius, W. Drechsel* und *A. Hummel.* vergriffen

111: Modellversuche über den Einfluss der Torsionssteifigkeit bei einer Plattenbalkenbrücke (1952).
Von *G. Marten.* vergriffen

112: Eisenbahnbrücken aus Spannbeton (1953). 2. erweiterte Auflage (1961).
Von *R. Bührer.* 7,80 EUR

113: Knickversuche mit Stahlbetonsäulen.
Von *W. Gehler* und *A. Hütter.*
Festigkeit und Elastizität von Beton mit hoher Festigkeit (1954).
Von *O. Graf.* 9,10 EUR

114: Schüttbeton aus verschiedenen Zuschlagstoffen.
Von *A. Hummel* und *K. Wesche.*
Die Ermittlung der Kornfestigkeit von Ziegelsplitt und anderen Leichtbeton-Zuschlagstoffen (1954).
Von *A. Hummel.* vergriffen

115: Die Versuche der Bundesbahn an Spannbetonträgern in Kornwestheim (1954).
Von *U. Giehrach* und *C. Sättele.* 5,40 EUR

116: Verdichten von Beton mit Innenrüttlern und Rütteltischen, Güteprüfung von Deckensteinen (1954).
Von *K. Walz.* vergriffen

117: Gas- und Schaumbeton: Tragfähigkeit von Wänden und Schwinden.
Von *O. Graf* und *H. Schäffler.*
Kugelschlagprüfung von Porenbeton (1954).
Von *K. Gaede.* vergriffen

118: Schwefelverbindung in Schlackenbeton (1954).
Von *A. Stois, F. Rost, H. Zinnert* und *F. Henkel.* 6,90 EUR

119: Versuche über den Verbund zwischen Stahlbeton-Fertigbalken und Ortbeton.
Von *O. Graf* und *G. Weil.*
Versuche mit Stahlleichtträgern für Massivdecken (1955).
Von *G. Weil.* vergriffen

120: Versuche zur Festigkeit der Biegedruckzone (1955).
Von *H. Rüsch.* vergriffen

121: Gas- und Schaumbeton:
Versuche zur Schubsicherung bei Balken aus bewehrtem Gas- und Schaumbeton.
Von *H. Rüsch.*
Ausgleichsfeuchtigkeit von dampfgehärtetem Gas- und Schaumbeton.
Von *H. Schäffler.*
Versuche zur Prüfung der Größe des Schwindens und Quellens von Gas und Schaumbeton (1956).
Von *O. Graf* und *H. Schäffle.* vergriffen

122: Gestaltfestigkeit von Betonkörpern.
Von *K. Walz.*
Warmzerreißversuche mit Spannstählen.
Von *J. Dannenberg, H. Deutschmann* und *Melchior.*
Konzentrierte Lasteintragung in Beton (1957).
Von *W. Pohle.* 7,60 EUR

123: Luftporenbildende Betonzusatzmittel (1956).
Von *K. Walz.* vergriffen

124: Beton im Seewasser (Ergänzung zu Heft 102) (1956).
Von *A. Hummel* und *K. Wesche.* 2,70 EUR

125: Untersuchungen über Federgelenke (1957).
Von *K. Kammüller* und *O. Jeske.* vergriffen

126: SO_3-Gehalt der Zuschlagstoffe – Langzeitversuche (Ergänzung zu Heft 109). Eindringtiefe von Beton in Holzwolle-Leichtbauplatten (1957).
Von *K. Gaede.* 5,40 EUR

127: Witterungsbeständigkeit von Beton (1957)
Von *K. Walz.* 4,80 EUR

128: Kugelschlagprüfung von Beton (Einfluss des Betonalters) (1957).
Von *K. Gaede.* vergriffen

129: Stahlbetonsäulen unter Kurz- und Langzeitbelastung (1958).
Von *K. Gaede.* 12,90 EUR

130: Bruchsicherheit bei Vorspannung ohne Verbund (1959).
Von *H. Rüsch, K. Kordina* und *C. Zelger.* 5,40 EUR

131: Das Kriechen unbewehrten Betons (1958).
Von *O. Wagner.* vergriffen

132: Brandversuche mit starkbewehrten Stahlbetonsäulen.
Von *H. Seekamp.*
Widerstandsfähigkeit von Stahlbetonbauteilen und Stahlsteindecken bei Bränden (1959).
Von *M. Hannemann* und *H. Thoms.* vergriffen

133: Gas- und Schaumbeton:
Druckfestigkeit von dampfgehärtetem Gasbeton nach verschiedener Lagerung.
Von *H. Schäffler.*
Über die Tragfähigkeit von bewehrten Platten aus dampfgehärtetem Gas- und Schaumbeton.
Von *H. Schäffler.*
Untersuchung des Zusammenwirkens von Porenbeton mit Schwerbeton bei bewehrten Schwerbetonbalken mit seitlich angeordneten Porenbetonschalen (1959).
Von *H. Rüsch* und *E. Lassas.* 4,80 EUR

134: Über das Verhalten von Beton in chemisch angreifenden Wässern (1959).
Von *K. Seidel.* vergriffen

135: Versuche über die beim Betonieren an den Schalungen entstehenden Belastungen.
Von *O. Graf* und *K. Kaufmann.*
Druckfestigkeit von Beton in der oberen Zone nach dem Verdichten durch Innenrüttler.
Von *K. Walz* und *H. Schäffler.*
Versuche über die Verdichtung von Beton auf einem Rütteltisch in lose aufgesetzter und in aufgespannter Form (1960).
Von *J. Strey.* vergriffen

136: Gas- und Schaumbeton:
Versuche über die Verankerung der Bewehrung in Gasbeton.
Über das Kriechen von bewehrten Platten aus dampfgehärtetem Gas- und Schaumbeton (1960).
Von *H. Schäffler.* 11,20 EUR

137: Schubversuche an Spannbetonbalken ohne Schubbewehrung.
Von *H. Rüsch* und *G. Vigerust.*
Die Schubfestigkeit von Spannbetonbalken ohne Schubbewehrung (1960).
Von *G. Vigerust.* vergriffen

138: Über die Grundlagen des Verbundes zwischen Stahl und Beton (1961).
Von *G. Rehm.* vergriffen

139: Theoretische Auswertung von Heft 120 – Festigkeit der Biegedruckzone (1961).
Von *G. Scholz.* 5,80 EUR

Heft

140: Versuche mit Betonformstählen (1963). Von *H. Rüsch* und *G. Rehm*. 16,00 EUR

141: Das spiegeloptische Verfahren (1962). Von *H. Weidemann* und *W. Koepcke*. 9,90 EUR

142: Einpressmörtel für Spannbeton (1960). Von *W. Albrecht* und *H. Schmidt*. 7,30 EUR

143: Gas- und Schaumbeton: Rostschutz der Bewehrung. Von *W. Albrecht* und *H. Schäffler*. Festigkeit der Biegedruckzone (1961). Von *H. Rüsch* und *R. Sell*. 15,00 EUR

144: Versuche über die Festigkeit und die Verformung von Beton bei Druck-Schwellbeanspruchung. Über den Einfluss der Größe der Proben auf die Würfeldruckfestigkeit von Beton (1962). Von *K. Gaede*. 14,50 EUR

145: Schubversuche an Stahlbeton-Rechteckbalken mit gleichmäßig verteilter Belastung. Von *H. Rüsch*, *F. R. Haugli* und *H. Mayer*. Stahlbetonbalken bei gleichzeitiger Einwirkung von Querkraft und Moment (1962). Von *F. R. Haugli*. 15,50 EUR

146: Der Einfluss der Zementart, des Wasser-Zement-Verhältnisses und des Belastungsalters auf das Kriechen von Beton. Von *A. Hummel*, *K. Wesche* und *W. Brand*. Der Einfluss des mineralogischen Charakters der Zuschläge auf das Kriechen von Beton (1962). Von *H. Rüsch*, *K. Kordina* und *H. Hilsdorf*. 31,20 EUR

147: Versuche zur Bestimmung der Übertragungslänge von Spannstählen. Von *H. Rüsch* und *G. Rehm*. Ermittlung der Eigenspannungen und der Eintragungslänge bei Spannbetonfertigteilen (1963). Von *K. Gaede*. 12,20 EUR

148: Der Einfluss von Bügeln und Druckstäben auf das Verhalten der Biegedruckzone von Stahlbetonbalken (1963). Von *H. Rüsch* und *S. Stöckl*. 14,80 EUR

149: Über den Zusammenhang zwischen Qualität und Sicherheit im Betonbau (1962). Von *H. Blaut*. 10,00 EUR

150: Das Verhalten von Betongelenken bei oftmals wiederholter Druck- und Biegebeanspruchung (1962). Von *J. Dix*. 8,40 EUR

151: Versuche an einfeldrigen Stahlbetonbalken mit und ohne Schubbewehrung (1962). Von *F. Leonhardt* und *R. Walther*. 10,70 EUR

152: Versuche an Plattenbalken mit hoher Schubbeanspruchung (1962). Von *F. Leonhardt* und *R. Walther*. 14,80 EUR

153: Elastische und plastische Stauchungen von Beton infolge Druckschwell- und Standbelastung (1962). Von *A. Mehmel* und *E. Kern*. 13,40 EUR

Heft

154: Spannungs-Dehnungs-Linien des Betons und Spannungsverteilung in der Biegedruckzone bei konstanter Dehngeschwindigkeit (1962). Von *C. Rasch*. 14,10 EUR

155: Einfluss des Zementleimgehaltes und der Versuchsmethode auf die Kenngrößen der Biegedruckzone von Stahlbetonbalken. Von *H. Rüsch* und *S. Stöckl*. Einfluss der Zwischenlagen auf Streuung und Größe der Spaltzugfestigkeit von Beton (1963). Von *R. Sell*. 10,60 EUR

156: Schubversuche an Plattenbalken mit unterschiedlicher Schubbewehrung (1963). Von *F. Leonhardt* und *R. Walther*. 15,90 EUR

157: Verformungsverhalten von Beton bei zweiachsiger Beanspruchung (1963). Von *H. Weigler* und *G. Becker*. 11,10 EUR

158: Rückprallprüfung von Beton mit dichtem Gefüge. Von *K. Gaede* und *E. Schmidt*. Konsistenzmessung von Beton (1964). Von *W. Albrecht* und *H. Schäffler*. 11,00 EUR

159: Die Beanspruchung des Verbundes zwischen Spannglied und Beton (1964). Von *H. Kupfer*. 6,60 EUR

160: Versuche mit Betonformstählen; Teil II. (1963). Von *H. Rüsch* und *G. Rehm*. 11,70 EUR

161: Modellstatische Untersuchung punktförmig gestützter schiefwinkliger Platten unter besonderer Berücksichtigung der elastischen Auflagernachgiebigkeit (1964). Von *A. Mehmel* und *H. Weise*. vergriffen

162: Verhalten von Stahlbeton und Spannbeton beim Brand (1964). Von *H. Seekamp*, *W. Becker*, *W. Struck*, *K. Kordina* und *H.-J. Wierig*. vergriffen

163: Schubversuche an Durchlaufträgern (1964). Von *F. Leonhardt* und *R. Walther*. 20,70 EUR

164: Verhalten von Beton bei hohen Temperaturen (1964). Von *H. Weigler*, *R. Fischer* und *H. Dettling*. 13,20 EUR

165: Versuche mit Betonformstählen Teil III. (1964). Von *H. Rüsch* und *G. Rehm*. 12,20 EUR

166: Berechnungstafeln für schiefwinklige Fahrbahnplatten von Straßenbrücken (1967). Von *H. Rüsch*, *A. Hergenröder* und *I. Mungan*. vergriffen

167: Frostwiderstand und Porengefüge des Betons, Beziehungen und Prüfverfahren. Von *A. Schäfer*. Der Einfluss von mehlfeinen Zuschlagstoffen auf die Eigenschaften von Einpressmörteln für Spannkanäle, Einpressversuche an langen Spannkanälen (1965). Von *W. Albrecht*. 14,80 EUR

Heft

168: Versuche mit Ausfallkörnungen. Von *W. Albrecht* und *H. Schäffler*. Der Einfluss der Zementsteinporen auf die Widerstandsfähigkeit von Beton im Seewasser. Von *K. Wesche*. Das Verhalten von jungem Beton gegen Frost. Von *F. Henkel*. Zur Frage der Verwendung von Bolzensetzgeräten zur Ermittlung der Druckfestigkeit von Beton (1965). Von *K. Gaede*. 13,10 EUR

169: Versuche zum Studium des Einflusses der Rissbreite auf die Rostbildung an der Bewehrung von Stahlbetonbauteilen. Von *G. Rehm* und *H. Moll*. Über die Korrosion von Stahl im Beton (1965). Von *H. L. Moll*. vergriffen

170: Beobachtungen an alten Stahlbetonbauteilen hinsichtlich Carbonatisierung des Betons und Rostbildung an der Bewehrung. Von *G. Rehm* und *H. L. Moll*. Untersuchung über das Fortschreiten der Carbonatisierung an Betonbauwerken, durchgeführt im Auftrage der Abteilung Wasserstraßen des Bundesverkehrsministeriums, zusammengestellt von *H.-J. Kleinschmidt*. Tiefe der carbonatisierten Schicht alter Betonbauten, Untersuchungen an Betonproben, durchgeführt vom Forschungsinstitut für Hochofenschlacke, Rheinhausen, und vom Laboratorium der westfälischen Zementindustrie, Beckum, zusammengestellt im Forschungsinstitut der Zementindustrie des Vereins Deutscher Zementwerke e.V. Düsseldorf (1965). 15,70 EUR

171: Knickversuche mit Zweigelenkrahmen aus Stahlbeton (1965). Von *W. Hochmann* und *S. Röbert*. 10,30 EUR

172: Untersuchungen über den Stoßverlauf beim Aufprall von Kraftfahrzeugen auf Stützen und Rahmenstiele aus Stahlbeton (1965). Von *C. Popp*. 10,70 EUR

173: Die Bestimmung der zweiachsigen Festigkeit des Betons (1965). Zusammenfassung und Kritik früherer Versuche und Vorschlag für eine neue Prüfmethode. Von *H. Hilsdorf*. 8,40 EUR

174: Untersuchungen über die Tragfähigkeit netzbewehrter Betonsäulen (1965). Von *H. Weigler* und *J. Henzel*. 8,40 EUR

175: Betongelenke. Versuchsbericht, Vorschläge zur Bemessung und konstruktiven Ausbildung. Von *F. Leonhardt* und *H. Reimann*. Kritische Spannungszustände des Betons bei mehrachsiger ruhender Kurzzeitbelastung (1965). Von *H. Reimann*. vergriffen

176: Zur Frage der Dauerfestigkeit von Spannbetonbauteilen (1966). Von *M. Mayer*. 9,60 EUR

177: Umlagerung der Schnittkräfte in Stahlbetonkonstruktionen. Grundlagen der Berechnung bei statisch unbestimmten Tragwerken unter Berücksichtigung der plastischen Verformungen (1966). Von *P. S. Rao*. 12,00 EUR

Heft

178: Wandartige Träger (1966).
Von *F. Leonhardt und R. Walther.* vergriffen

179: Veränderlichkeit der Biege- und Schubsteifigkeit bei Stahlbetontragwerken und ihr Einfluss auf Schnittkraftverteilung und Traglast bei statisch unbestimmter Lagerung (1966).
Von *W. Dilger.* 13,10 EUR

180: Knicken von Stahlbetonstäben mit Rechteckquerschnitt unter Kurzzeitbelastung – Berechnung mit Hilfe von automatischen Digitalrechenanlagen (1966).
Von *A. Blaser.* 8,40 EUR

181: Brandverhalten von Stahlbetonplatten – Einflüsse von Schutzschichten.
Von *K. Kordina* und *P. Bornemann.*
Grundlagen für die Bemessung der Feuerwiderstandsdauer von Stahlbetonplatten (1966).
Von *P. Bornemann.* 10,70 EUR

182: Karbonatisierung von Schwerbeton.
Von *A. Meyer, H.-J. Wierig* und *K. Husmann.*
Einfluss von Luftkohlensäure und Feuchtigkeit auf die Beschaffenheit des Betons als Korrosionsschutz für Stahleinlagen (1967).
Von *F. Schröder, H.-G. Smolczyk, K. Grade, R. Vinkeloe* und *R. Roth.* 12,90 EUR

183: Das Kriechen des Zementsteins im Beton und seine Beeinflussung durch gleichzeitiges Schwinden (1966).
Von *W. Ruetz.* 8,40 EUR

184: Untersuchungen über den Einfluss einer Nachverdichtung und eines Anstriches auf Festigkeit, Kriechen und Schwinden von Beton (1966).
Von *H. Hilsdorf* und *K. Finsterwalder* 8,40 EUR

185: Das unterschiedliche Verformungsverhalten der Rand- und Kernzonen von Beton (1966).
Von *S. Stöckl.* 9,60 EUR

186: Betone aus Sulfathüttenzement in höherem Alter (1966).
Von *K. Wesche* und *W. Manns.* 8,40 EUR

187: Zur Frage des Einflusses der Ausbildung der Auflager auf die Querkrafttragfähigkeit von Stahlbetonbalken.
Von *K. Gaede.*
Schwingungsmessungen an Massivbrücken (1966).
Von *B. Brückmann.* 9,60 EUR

188: Verformungsversuche an Stahlbetonbalken mit hochfestem Bewehrungsstahl (1967).
Von *G. Franz* und *H. Brenker.* 12,00 EUR

189: Die Tragfähigkeit von Decken aus Glasstahlbeton (1967).
Von *C. Zelger.* 10,70 EUR

190: Festigkeit der Biegedruckzone – Vergleich von Prismen- und Balkenversuchen (1967).
Von *H. Rüsch, K. Kordina* und *S. Stöckl.* 8,40 EUR

191: Experimentelle Bestimmung der Spannungsverteilung in der Biegedruckzone.
Von *C. Rasch.*
Stützmomente kreuzweise bewehrter durchlaufender Rechteckbetonplatten (1967).
Von *H. Schwarz.* 9,60 EUR

192: Die mitwirkende Breite der Gurte von Plattenbalken (1967).
Von *W. Koepcke* und *G. Denecke.* vergriffen

193: Bauschäden als Folge der Durchbiegung von Stahlbeton-Bauteilen (1967).
Von *H. Mayer* und *H. Rüsch.* 13,10 EUR

194: Die Berechnung der Durchbiegung von Stahlbeton-Bauteilen (1967).
Von *H. Mayer.* vergriffen

195: 5 Versuche zum Studium der Verformungen im Querkraftbereich eines Stahlbetonbalkens (1967).
Von *H. Rüsch* und *H. Mayer.* 12,00 EUR

196: Tastversuche über den Einfluss von vorangegangenen Dauerlasten auf die Kurzzeitfestigkeit des Betons.
Von *S. Stöckl.*
Kennzahlen für das Verhalten einer rechteckigen Biegedruckzone von Stahlbetonbalken unter kurzzeitiger Belastung (1967).
Von *H. Rüsch* und *S. Stöckl.* 13,60 EUR

197: Brandverhalten durchlaufender Stahlbetonrippendecken.
Von *H. Seekamp* und *W. Becker.*
Brandverhalten kreuzweise bewehrter Stahlbetonrippendecken.
Von *J. Stanke.*
Vergrößerung der Betondeckung als Feuerschutz von Stahlbetonplatten, 1. und 2. Teil (1967).
Von *H. Seekamp* und *W. Becker.* 14,10 EUR

198: Festigkeit und Verformung von unbewehrtem Beton unter konstanter Dauerlast (1968).
Von *H. Rüsch, R. Sell, C. Rasch, E. Grasser, A. Hummel, K. Wesche* und *H. Flatten.* 13,30 EUR

199: Die Berechnung ebener Kontinua mittels der Stabwerkmethode – Anwendung auf Balken mit einer rechteckigen Öffnung (1968).
Von *A. Krebs* und *F. Haas.* 10,70 EUR

200: Dauerschwingfestigkeit von Betonstählen im einbetonierten Zustand.
Von *H. Wascheidt.*
Betongelenke unter wiederholten Gelenkverdrehungen (1968).
Von *G. Franz* und *H.-D. Fein.* 11,70 EUR

201: Schubversuche an indirekt gelagerten, einfeldrigen und durchlaufenden Stahlbetonbalken (1968).
Von *F. Leonhardt, R. Walther* und *W. Dilger.* 9,60 EUR

202: Torsions- und Schubversuche an vorgespannten Hohlkastenträgern.
Von *F. Leonhardt, R. Walther* und *O. Vogler.*
Torsionsversuche an einem Kunstharzmodell eines Hohlkastenträgers (1968).
Von *D. Feder.* 12,00 EUR

203: Festigkeit und Verformung von Beton unter Zugspannungen (1969).
Von *H. G. Heilmann, H. Hilsdorf* und *K. Finsterwalder.* 14,40 EUR

204: Tragverhalten ausmittig beanspruchter Stahlbetondruckglieder (1969).
Von *A. Mehmel, H. Schwarz, K. H. Kasparek* und *J. Makovi.* 12,00 EUR

205: Versuche an wendelbewehrten Stahlbetonsäulen unter kurz- und langzeitig wirkenden zentrischen Lasten (1969).
Von *H. Rüsch* und *S. Stöckl.* 12,00 EUR

206: Statistische Analyse der Betonfestigkeit (1969).
Von *H. Rüsch, R. Sell* und *R. Rackwitz.* 8,40 EUR

207: Versuche zur Dauerfestigkeit von Leichtbeton.
Von *R. Sell* und *C. Zelger.*
Versuche zur Festigkeit der Biegedruckzone. Einflüsse der Querschnittsform (1969).
Von *S. Stöckl* und *H. Rüsch.* 13,10 EUR

208: Zur Frage der Rissbildung durch Eigen- und Zwängspannungen infolge Temperatur in Stahlbetonbauteilen (1969).
Von *H. Falkner.* vergriffen

209: Festigkeit und Verformung von Gasbeton unter zweiaxialer Druck-Zug-Beanspruchung.
Von *R. Sell.*
Versuche über den Verbund bei bewehrtem Gasbeton (1970).
Von *R. Sell* und *C. Zelger.* 12,00 EUR

210: Schubversuche mit indirekter Krafteinleitung. Versuche zum Studium der Verdübelungswirkung der Biegezugbewehrung eines Stahlbetonbalkens (1970).
Von *T. Baumann* und *H. Rüsch.* 14,40 EUR

211: Elektronische Berechnung des in einem Stahlbetonbalken im gerissenen Zustand auftretenden Kräftezustandes unter besonderer Berücksichtigung des Querkraftbereiches (1970).
Von *D. Jungwirth.* 15,80 EUR

212: Einfluss der Krümmung von Spanngliedern auf den Spannweg.
Von *C. Zelger* und *H. Rüsch.*
Über den Erhaltungszustand 20 Jahre alter Spannbetonträger (1970).
Von *K. Kordina* und *N. V. Waubke.* 9,60 EUR

213: Vierseitig gelagerte Stahlbetonhohlplatten. Versuche, Berechnung und Bemessung (1970).
Von *H. Aster.* vergriffen

214: Verlängerung der Feuerwiderstandsdauer von Stahlbetonstützen durch Anwendung von Bekleidungen oder Ummantelungen.
Von *W. Becker* und *J. Stanke.*
Über das Verhalten von Zementmörtel und Beton bei höheren Temperaturen (1970).
Von *R. Fischer.* 15,30 EUR

215: Brandversuche an Stahlbetonfertigstützen, 2. und 3. Teil (1970).
Von *W. Becker* und *J. Stanke.* 15,30 EUR

216: Schnittkrafttafeln für den Entwurf kreiszylindrischer Tonnenkettendächer (1971).
Von *A. Mehmel, W. Kruse, S. Samaan* und *H. Schwarz.* 20,90 EUR

217: Tragwirkung orthogonaler Bewehrungsnetze beliebiger Richtung in Flächentragwerken aus Stahlbeton (1972).
Von *T. Baumann.* vergriffen

Heft

252: Beständigkeit verschiedener Betonarten in Meerwasser und in sulfathaltigem Wasser (1975).
Von *H. T. Schröder, O. Hallauer* und *W. Scholz.* 15,50 EUR

253: Spannbeton-Reaktordruckbehälter-Instrumentierung.
Von *J. Német* und *R. Angeli.*
Versuch zur Weiterentwicklung eines Setzdehnungsmessers (1975).
Von *C. Zelger.* 10,20 EUR

254: Festigkeit und Verformungsverhalten von Beton unter hohen zweiachsigen Dauerbelastungen und Dauerschwellbelastungen. Festigkeit und Verformungsverhalten von Leichtbeton, Gasbeton, Zementstein und Gips unter zweiachsiger Kurzzeitbeanspruchung (1976).
Von *D. Linse* und *A. Stegbauer.* 13,10 EUR

255: Zur Frage der zulässigen Rissbreite und der erforderlichen Betondeckung im Stahlbetonbau unter besonderer Berücksichtigung der Karbonatisierungstiefe des Betons (1976).
Von *P. Schiessl.* vergriffen

256: Wärme- und Feuchtigkeitsleitung in Beton unter Einwirkung eines Temperaturgefälles (1975).
Von *J. Hundt.* 15,80 EUR

257: Bruchsicherheitsberechnung von Spannbeton-Druckbehältern (1976).
Von *K. Schimmelpfennig.* 13,30 EUR

258: Hygrische Transportphänomene in Baustoffen (1976).
Von *K. Gertis, K. Kiesl, H. Werner* und *V. Wolfseher.* 13,10 EUR

259: Entwicklung eines integrierten Spannbetondruckbehälters für wassergekühlte Reaktoren (SBB Typ „Stern" mit Stützkessel) (1976).
Von *G. Jüptner, H. Kumpf, G. Molz, B. Neunert* und *O. Seidl.* 11,50 EUR

260: Studie zum Trag- und Verformungsverhalten von Stahlbeton (1976).
Von *J. Eibl* und *G. Ivànyi.* 26,80 EUR

261: Der Einfluss radioaktiver Strahlung auf die mechanischen Eigenschaften von Beton (1976).
Von *H. Hilsdorf, J. Kropp* und *H.-J. Koch.* 8,40 EUR

262: Experimentelle Bestimmung des räumlichen Spannungszustandes eines Reaktordruckbehältermodells (1976).
Von *R. Stöver.* 13,10 EUR

263: Bruchfestigkeit und Bruchverformung von Beton unter mehraxialer Belastung bei Raumtemperatur (1976).
Von *F. Bremer* und *F. Steinsdörfer.* 7,60 EUR

264 Spannbeton-Reaktordruckbehälter mit heißer Dichthaut für Druckwasserreaktoren (1976).
Von *A. Jungmann, H. Kopp, M. Gangl, J. Német, A. Nesitka, W. Walluschek-Wallfeld* und *J. Mutzl.* 10,70 EUR

265: Traglast von Stahlbetondruckgliedern unter schiefer Biegung (1976).
Von *K. Kordina, K. Rafla* und *O. Hjorth†.* 11,80 EUR

266: Das Trag- und Verformungsverhalten von Stahlbetonbrückenpfeilern mit Rollenlagern (1976).
Von *K. Liermann.* 12,90 EUR

Heft

267: Zur Mindestbewehrung für Zwang von Außenwänden aus Stahlleichtbeton.
Von *F. S. Rostásy, R. Koch* und *F. Leonhardt.*
Versuche zum Tragverhalten von Druckübergreifungsstößen in Stahlbetonwänden (1976).
Von *F. Leonhardt, F. S. Rostásy* und *M. Patzak.* 15,00 EUR

268: Einfluss der Belastungsdauer auf das Verbundverhalten von Stahl in Beton (Verbundkriechen) (1976).
Von *L. Franke.* 8,60 EUR

269: Zugspannung und Dehnung in unbewehrten Betonquerschnitten bei exzentrischer Belastung (1976).
Von *H. G. Heilmann.* 15,50 EUR

270: Eine Formulierung des zweiaxialen Verformungs- und Bruchverhaltens von Beton und deren Anwendung auf die wirklichkeitsnahe Berechnung von Stahlbetonplatten (1976).
Von *J. Link.* 14,40 EUR

271: Untersuchungen an 20 Jahre alten Spannbetonträgern (1976).
Von *R. Bührer, K.-F. Müller, H. Martin* und *J. Ruhnau.* 13,10 EUR

272: Die Dynamische Relaxation und ihre Anwendung auf Spannbeton-Reaktordruckbehälter (1976).
Von *W. Zerna.* 13,70 EUR

273: Schubversuche an Balken mit veränderlicher Trägerhöhe (1977).
Von *F. S. Rostásy, K. Roeder* und *F. Leonhardt.* 9,70 EUR

274: Witterungsbeständigkeit von Beton, 2. Bericht (1977).
Von *K. Walz* und *E. Hartmann.* 8,40 EUR

275: Schubversuche an Balken und Platten bei gleichzeitigem Längszug (1977).
Von *F. Leonhardt, F. S. Rostásy, J. MacGregor* und *M. Patzak.* 11,00 EUR

276: Versuche an zugbeanspruchten Übergreifungsstößen von Rippenstählen (1977).
Von *S. Stöckl, B. Menne* und *H. Kupfer.* 15,50 EUR

277: Versuchsergebnisse zur Festigkeit und Verformung von Beton bei mehraxialer Druckbeanspruchung – Results of Test Concerning Strength and Strain of Concrete Subjected to Multiaxial Compressive Stresses (1977).
Von *G. Schickert* und *H. Winkler.* 17,20 EUR

278: Berechnungen von Temperatur- und Feuchtefeldern in Massivbauten nach der Methode der Finiten Elemente (1977).
Von *J. H. Argyris, E. P. Warnke* und *K. J. Willam.* 10,10 EUR

279: Finite Elementberechnung von Spannbeton-Reaktordruckbehältern.
Von *J. H. Argyris, G. Faust, J. Szimmat, E. P. Warnke* und *K. J. Willam.*
Zur Konvertierung von SMART I (1977).
Von *J. H. Argyris, J. Szimmat* und *K. J. Willam.* 11,50 EUR

Heft

280: Nichtisothermer Feuchtetransport in dickwandigen Betonteilen von Reaktordruckbehältern.
Von *K. Kiessl* und *K. Gertis.*
Zur Wärme- und Feuchtigkeitsleitung in Beton.
Von *J. Hundt.*
Einfluss des Wassergehalts auf die Eigenschaften des erhärteten Betons (1977).
Von *M. J. Setzer.* 14,40 EUR

281: Untersuchungen über das Verhalten von Beton bei schlagartiger Beanspruchung (1977).
Von *C. Popp.* 7,90 EUR

282: Vorausbestimmung der Spannkraftverluste infolge Dehnungsbehinderung (1977).
Von *R. Walther, U. Utescher* und *D. Schreck.* 8,90 EUR

283: Technische Möglichkeiten zur Erhöhung der Zugfestigkeit von Beton (1977).
Von *G. Rehm, P. Diem* und *R. Zimbelmann.* 13,10 EUR

284: Experimentelle und theoretische Untersuchungen zur Lasteintragung in die Bewehrung von Stahlbetondruckgliedern (1977).
Von *F. P. Müller* und *W. Eisenbiegler.* 8,20 EUR

285: Zur Traglast der ausmittig gedrückten Stahlbetonstütze mit Umschnürungsbewehrung (1977).
Von *B. Menne.* 8,60 EUR

286: Versuche über Teilflächenbelastung von Normalbeton (1977).
Von *P. Wurm* und *F. Daschner.* 10,70 EUR

287: Spannbetonbehälter für Siedewasserreaktoren mit einer Leistung von 1600 MWe (1977).
Von *F. Bremer* und *W. Spandick.* 6,80 EUR

288: Tragverhalten von aus Fertigteilen zusammengesetzten Scheiben.
Von *G. Mehlhorn* und *H. Schwing.*
Versuche zur Schubtragfähigkeit verzahnter Fugen (1977).
Von *G. Mehlhorn, H. Schwing* und *K.-R. Berg.* vergriffen

289: Prüfverfahren zur Beurteilung von Rostschutzmitteln für die Bewehrung von Gasbeton.
Von *W. Manns, H. Schneider, R. Schönfelder.*
Frostwiderstand von Beton.
Von *W. Manns* und *E. Hartmann.*
Zum Einfluss von Mineralölen auf die Festigkeit von Beton (1977).
Von *W. Manns* und *E. Hartmann.* 8,60 EUR

290: Studie über den Abbruch von Spannbeton-Reaktordruckbehältern.
Von *K. Kleiser, K. Essig, K. Cerff* und *H. K. Hilsdorf.*
Grundlagen eines Modells zur Beschreibung charakteristischer Eigenschaften des Betons (1977).
Von *F. H. Wittmann.* 14,40 EUR

291: Übergreifungsstöße von Rippenstäben unter schwellender Belastung.
Von *G. Rehm* und *R. Eligehausen.*
Übergreifungsstöße geschweißter Betonstahlmatten (1977).
Von *G. Rehm, R. Tewes* und *R. Eligehausen.* 10,70 EUR

Heft

292: Lösung versuchstechnischer Fragen bei der Ermittlung des Festigkeits- und Verformungsverhaltens von Beton unter dreiachsiger Belastung (1978).
Von *D. Linse.* 8,40 EUR

293: Zur Messtechnik für die Sicherheitsbeurteilung und -überwachung von Spannbeton-Reaktordruckbehältern (1978).
Von *N. Czaika, N. Mayer, C. Amberg, G. Magiera, G. Andreae* und *W. Markowski.* 11,50 EUR

294: Studien zur Auslegung von Spannbetondruckbehältern für wassergekühlte Reaktoren (1978).
Von *K. Schimmelpfennig, G. Bäätjer, U. Eckstein, U. Ick* und *S. Wrage.* 10,70 EUR

295: Kriech- und Relaxationsversuche an sehr altem Beton.
Von *H. Trost, H. Cordes* und *G. Abele.*
Kriechen und Rückkriechen von Beton nach langer Lasteinwirkung.
Von *P. Probst und S. Stöckl.*
Versuche zum Einfluss des Belastungsalters auf das Kriechen von Beton (1978).
Von *K. Wesche, I. Schrage* und *W. vom Berg.* 14,40 EUR

296: Die Bewehrung von Stahlbetonbauteilen bei Zwangsbeanspruchung infolge Temperatur (1978).
Von *P. Noakowski.* vergriffen

297: Einfluss des Feuchtigkeitsgehaltes und des Reifegrades auf die Wärmeleitfähigkeit von Beton.
Von *J. Hundt* und *A. Wagner.*
Sorptionsuntersuchungen am Zementstein, Zementmörtel und Beton (1978).
Von *J. Hundt* und *H. Kantelberg.* 8,60 EUR

298: Erfahrungen bei der Prüfung von temporären Korrosionsschutzmitteln für Spannstähle.
Von *G. Rieche* und *J. Delille.*
Untersuchungen über den Korrosionsschutz von Spannstählen unter Spritzbeton (1978).
Von *G. Rehm, U. Nürnberger* und *R. Zimbelmann.* 8,10 EUR

299: Versuche an dickwandigen, unbewehrten Betonringen mit Innendruckbeanspruchung (1978).
Von *J. Neuner, S. Stöckl* und *E. Grasser.* 8,60 EUR

300: Hinweise zu DIN 1045, Ausgabe Dezember 1978. Bearbeitet von *D. Bertram* und *H. Deutschmann.*
Erläuterung der Bewehrungsrichtlinien (1979).
Von *G. Rehm, R. Eligehausen* und *B. Neubert.* vergriffen

301: Übergreifungsstöße zugbeanspruchter Rippenstäbe mit geraden Stabenden (1979).
Von *R. Eligehausen.* 12,90 EUR

302: Einfluss von Zusatzmitteln auf den Widerstand von jungem Beton gegen Rissbildung bei scharfem Austrocknen.
Von *W. Manns* und *K. Zeus.*
Spannungsoptische Untersuchungen zum Tragverhalten von zugbeanspruchten Übergreifungsstößen (1979).
Von *M. Betzle.* 8,60 EUR

303: Querkraftschlüssige Verbindung von Stahlbetondeckenplatten (1979).
Von *H. Paschen* und *V. C. Zillich.* 10,70 EUR

304: Kunstharzgebundene Glasfaserstäbe als Bewehrung im Betonbau.
Von *G. Rehm* und *L. Franke.*
Zur Frage der Krafteinleitung in kunstharzgebundene Glasfaserstäbe (1979).
Von *G. Rehm, L. Franke* und *M. Patzak.* 9,40 EUR

305: Vorherbestimmung und Kontrolle des thermischen Ausdehnungskoeffizienten von Beton (1979).
Von *S. Ziegeldorf K. Kleiser* und *H. K. Hilsdorf.* 7,30 EUR

306: Dreidimensionale Berechnung eines Spannbetonbehälters mit heißer Dichthaut für einen 1500 MWe Druckwasserreaktor (1979).
Von *E. Ettel, H. Hinterleitner, J. Német, A. Jungmann* und *H. Kopp.* 8,10 EUR

307: Zur Bemessung der Schubbewehrung von Stahlbetonbalken mit möglichst gleichmäßiger Zuverlässigkeit (1979).
Von *W. Moosecker.* 8,10 EUR

308: Tragfähigkeit auf schrägen Druck von Brückenstegen, die durch Hüllrohre geschwächt sind.
Von *R. Koch* und *F. S. Rostásy.*
Spannungszustand aus Vorspannung im Bereich gekrümmter Spannglieder (1979).
Von *V. Cornelius* und *G. Mehlhorn.* 10,10 EUR

309: Kunstharzmörtel und Kunstharzbetone unter Kurzzeit- und Dauerstandbelastung.
Von *G. Rehm, L. Franke* und *K. Zeus.*
Langzeituntersuchungen an epoxidharzverklebten Zementmörtelprismen (1980).
Von *P. Jagfeld.* 10,00 EUR

310: Teilweise Vorspannung – Verbundfestigkeit von Spanngliedern und ihre Bedeutung für Rissbildung und Rissbreitenbeschränkung (1980).
Von *H. Trost, H. Cordes, U. Thormaehlen* und *H. Hagen.* 19,90 EUR

311: Segmentäre Spannbetonträger im Brückenbau (1980).
Von *K. Guckenberger, F. Daschner* und *H. Kupfer.* 18,00 EUR

312: Schwellenwerte beim Betondruckversuch (1980).
Von *G. Schickert.* 18,00 EUR

313: Spannungs-Dehnungs-Linien von Leichtbeton.
Von *H. Herrmann.*
Versuche zum Kriechen und Schwinden von hochfestem Leichtbeton (1980).
Von *P. Probst* und *S. Stöckl.* 14,50 EUR

314: Kurzzeitverhalten von extrem leichten Betonen, Druckfestigkeit und Formänderungen.
Von *K. Bastgen* und *K. Wesche.*
Die Schubtragfähigkeit bewehrter Platten und Balken aus dampfgehärtetem Gasbeton nach Versuchen (1980).
Von *D. Briesemann.* 22,30 EUR

315: Bestimmung der Beulsicherheit von Schalen aus Stahlbeton unter Berücksichtigung der physikalisch-nicht-linearen Materialeigenschaften (1980).
Von *W. Zerna, I. Mungan* und *W. Steffen.* 7,60 EUR

316: Versuche zur Bestimmung der Tragfähigkeit stumpf gestoßener Stahlbetonfertigteilstützen (1980).
Von *H. Paschen* und *V. C. Zillich.* vergriffen

317: Untersuchungen über die Schwingfestigkeit geschweißter Betonstahlverbindungen (1981).
Teil 1: Schwingfestigkeitsversuche.
Von *G. Rehm, W. Harre* und *D. Russwurm.*
Teil 2: Werkstoffkundliche Untersuchungen.
Von *G. Rehm* und *U. Nürnberger.* 17,20 EUR

318: Eigenschaften von feuerverzinkten Überzügen auf kaltumgeformten Betonrippenstählen und Betonstahlmatten aus kaltgewälztem Betonrippenstahl.
Technologische Eigenschaften von kaltgeformten Betonrippenstählen und Betonstahlmatten aus kaltgewalztem Betonrippenstahl nach einer Feuerverzinkung (1981).
Von *U. Nürnberger.* 9,40 EUR

319: Vollstöße durch Übergreifung von zugbeanspruchten Rippenstählen in Normalbeton.
Von *M. Betzle, S. Stöckl* und *H. Kupfer.*
Vollstöße durch Übergreifung von zugbeanspruchten Rippenstählen in Leichtbeton.
Von *S. Stöckl, M. Betzle* und *G. Schmidt-Thrö.*
Verbundverhalten von Betonstählen, Untersuchung auf der Grundlage von Ausziehversuchen.
Von *H. Martin* und *P. Noakowski.*
Ermittlung der Verbundspannungen an gedrückten einbetonierten Betonstählen (1981).
Von *F. P. Müller* und *W. Eisenbiegler.* 25,20 EUR

320: Erläuterungen zu DIN 4227 Spannbeton.
Teil 1: Bauteile aus Normalbeton mit beschränkter oder voller Vorspannung, Ausgabe 07.88
Teil 2: Bauteile mit teilweiser Vorspannung, Ausgabe 05.84
Teil 3: Bauteile in Segmentbauart; Bemessung und Ausführung der Fugen, Ausgabe 12.83
Teil 4: Bauteile aus Spannleichtbeton, Ausgabe 02.86
Teil 5: Einpressen von Zementmörtel in Spannkanäle, Ausgabe 12.79
Teil 6: Bauteile mit Vorspannung ohne Verbund, Ausgabe 05.82 (1989).
Zusammengestellt von *D. Bertram.* 34,30 EUR

321: Leichtzuschlag-Beton mit hohem Gehalt an Mörtelporen (1981).
Von *H. Weigler, S. Karl* und *C. Jaegermann.* 6,20 EUR

322: Biegebemessung von Stahlleichtbeton, Ableitung der Spannungsverteilung in der Biegedruckzone aus Prismenversuchen als Grundlage für DIN 4219.
Von *E. Grasser* und *P. Probst.*
Versuche zur Aufnahme der Umlenkkräfte von gekrümmten Bewehrungsstäben durch Betondeckung und Bügel (1981).
Von *J. Neuner* und *S. Stöckl.* 14,50 EUR

323: Zum Schubtragverhalten stabförmiger Stahlbetonelemente (1981).
Von *R. Mallée.* 10,70 EUR

Heft

324: Wärmeausdehnung, Elastizitätsmodul, Schwinden, Kriechen und Restfestigkeit von Reaktorbeton unter einachsiger Belastung und erhöhten Temperaturen.
Von *H. Aschl* und *S. Stöckl*.
Versuche zum Einfluss der Belastungshöhe auf das Kriechen des Betons (1981).
Von *S. Stöckl*. 15,90 EUR

325: Großmodellversuche zur Spanngliedreibung (1981).
Von *H. Cordes*, *K. Schütt* und *H. Trost*. 10,70 EUR

326: Blockfundamente für Stahlbetonfertigstützen (1981).
Von *H. Dieterle* und *A. Steinle*. vergriffen

327: Versuche zur Knicksicherung von druckbeanspruchten Bewehrungsstäben (1981).
Von *J. Neuner* und *S. Stöckl*. 8,60 EUR

328: Zum Tragfähigkeitsnachweis für Wand-Decken-Knoten im Großtafelbau (1982).
Von *E. Hasse*. 14,50 EUR

329: Sachstandbericht Massenbeton.
Von *Deutscher Beton-Verein e.V.*
Untersuchungen an einem über 20 Jahre alten Spannbetonträger der Pliensaubrücke Esslingen am Neckar (1982).
Von *K. Schäfer* und *H. Scheef*. 8,60 EUR

330: Zusammenstellung und Beurteilung von Messverfahren zur Ermittlung der Beanspruchungen in Stahlbetonbauteilen (1982).
Von *H. Twelmeier* und *J. Schneefuß*. 12,10 EUR

331: Kleben im konstruktiven Betonbau (1982).
Von *G. Rehm* und *L. Franke*. 12,40 EUR

332: Anwendungsgrenzen von vereinfachten Bemessungsverfahren für schlanke, zweiachsig ausmittig beanspruchte Stahlbetondruckglieder.
Von *P. C. Olsen* und *U. Quast*.
Traglast von Druckgliedern mit vereinfachter Bügelbewehrung unter Feuerangriff.
Von *A. Haksever* und *R. Hass*.
Traglast von Druckgliedern mit vereinfachter Bügelbewehrung unter Normaltemperatur und Kurzzeitbeanspruchung (1982).
Von *K. Kordina* und *R. Mester*. 15,00 EUR

333. Festschrift „75 Jahre Deutscher Ausschuß für Stahlbeton" (1982).
Von *D. Bertram*, *E. Bornemann*, *N. Bunke*, *H. Goffin*, *D. Jungwirth*, *K. Kordina*, *H. Kupfer*, *J. Schlaich*, *B. Wedler†* und *W. Zerna*. 22,60 EUR

334: Versuche an Spannbetonbalken unter kombinierter Beanspruchung aus Biegung, Querkraft und Torsion (1982).
Von *M. Teutsch* und *K. Kordina*. 10,20 EUR

335: Versuche zum Tragverhalten von segmentären Spannbetonträgern – Vergleichende Auswertung für Epoxidharz- und Zementmörtelfugen (1982).
Von *H. Kupfer*, *K. Guckenberger* und *F. Daschner*. 10,70 EUR

336: Tragfähigkeit und Verformung von Stahlbetonbalken unter Biegung und gleichzeitigem Zwang infolge Auflagerverschiebung (1982).
Von *K. Kordina*, *F. S. Rostásy* und *B. Svensvik*. 10,70 EUR

337: Verhalten von Beton bei hohen Temperaturen – Behaviour of Concrete at High Temperatures (1982).
Von *U. Schneider*. 15,50 EUR

338: Berechnung des zeitabhängigen Verhaltens von Stahlbetonplatten unter Last- und Zwangsbeanspruchung im ungerissenen und gerissenen Zustand (1982).
Von *G. Schaper*. 13,40 EUR

339: Stützenstöße im Stahlbeton-Fertigteilbau mit unbewehrten Elastomerlagern (1982).
Von *F. Müller*, *H. R. Sasse* und *U. Thormählen*. vergriffen

340: Durchlaufende Deckenkonstruktionen aus Spannbetonfertigteilplatten mit ergänzender Ortbetonschicht – Continuous Skin Stressed Slabs (1982).
Behaviour in Bending (Biegetrageverhalten).
Von *J. Rosenthal* und *E. Bljuger*.
Schubtragverhalten (Behaviour in Shear).
Von *F. Daschner* und *H. Kupfer*. 11,60 EUR

341: Zum Ansatz der Betonzugfestigkeit bei den Nachweisen zur Trag- und Gebrauchsfähigkeit von unbewehrten und bewehrten Betonbauteilen (1983).
Von *M. Jahn*. 8,60 EUR

342: Dynamische Probleme im Stahlbetonbau –
Teil I: Der Baustoff Stahlbeton unter dynamischer Beanspruchung (1983).
Von *F. P. Müller†*, *E. Keintzel* und *H. Charlier*. 18,80 EUR

343: Versuche zum Kriechen und Schwinden von hochfestem Leichtbeton. Versuche zum Rückkriechen von hochfestem Leichtbeton (1983).
Von *P. Hofmann* und *S. Stöckl*. 8,10 EUR

344: Versuche zur Teilflächenbelastung von Leichtbeton für tragende Konstruktionen.
Von *H. G. Heilmann*.
Teilflächenbelastung von Normalbeton – Versuche an bewehrten Scheiben (1983).
Von *P. Wurm* und *F. Daschner*. 12,60 EUR

345: Experimentelle Ermittlung der Steifigkeiten von Stahlbetonplatten (1983).
Von *H. Schäfer*, *K. Schneider* und *H. G. Schäfer*. 11,60 EUR

346: Tragfähigkeit geschweißter Verbindungen im Betonfertigteilbau.
Von *E. Cziesielski* und *M. Friedmann*.
Versuche zur Ermittlung der Tragfähigkeit in Beton eingespannter Rundstahldollen aus nichtrostendem austenitischem Stahl.
Von *G. Utescher* und *H. Herrmann*.
Untersuchungen über in Beton eingelassene Scherbolzen aus Betonstahl (1983).
Von *H. Paschen* und *T. Schönhoff*. vergriffen

347: Wirkung der Endhaken bei Vollstößen durch Übergreifung von zugbeanspruchten Rippenstählen.
Von *G. Schmidt-Thrö*, *S. Stöckl* und *M. Betzle*
Übergreifungs-Halbstoß mit kurzem Längsversatz ($l_v = 0{,}5\ l_{ü}$) bei zugbeanspruchten Rippenstählen in Leichtbeton.
Von *M. Betzle*, *S. Stöckl* und *H. Kupfer*.
Rissflächen im Beton im Bereich von Übergreifungsstößen zugbeanspruchter Rippenstähle (1983).
Von *M. Betzle*, *S. Stöckl* und *H. Kupfer*. 17,40 EUR

348: Tragfähigkeit querkraftschlüssiger Fugen zwischen Stahlbeton-Fertigteildeckenelementen (1983).
Von *H. Paschen* und *V. C. Zillich*. vergriffen

349: Bestimmung des Wasserzementwertes von Frischbeton (1984).
Von *H. K. Hilsdorf*. 10,70 EUR

350: Spannbetonbauteile in Segmentbauart unter kombinierter Beanspruchung aus Torsion, Biegung und Querkraft.
Von *K. Kordina*, *M. Teutsch* und *V. Weber*.
Rissbildung von Segmentbauteilen in Abhängigkeit von Querschnittsausbildung und Spannstahlverbundeigenschaften.
Von *K. Kordina* und *V. Weber*.
Einfluss der Ausbildung unbewehrter Pressfugen auf die Tragfähigkeit von schrägen Druckstreben in den Stegen von Segmentbauteilen (1984).
Von *K. Kordina* und *V. Weber*. 16,70 EUR

351: Belastungs- und Korrosionsversuche an teilweise vorgespannten Balken.
Von *Günter Schelling* und *Ferdinand S. Rostásy*.
Teilweise Vorspannung – Plattenversuche (1984).
Von *Kassian Janovic* und *Herbert Kupfer*. 23,90 EUR

352: Empfehlungen für brandschutztechnisch richtiges Konstruieren von Betonbauwerken.
Von *K. Kordina* und *L. Krampf*.
Möglichkeiten, nachträglich die in einem Betonbauteil während eines Schadenfeuers aufgetretenen Temperaturen abzuschätzen.
Von *A. Haksever* und *L. Krampf*.
Brandverhalten von Decken aus Glasstahlbeton nach DIN 1045 (Ausg. 12.78), Abschn. 20.3.
Von *C. Meyer-Ottens*.
Eindringen von Chlorid-Ionen aus PVC-Abbrand in Stahlbetonbauteile – Literaturauswertung (1984).
Von *K. Wesche*, *G. Neroth* und *J. W. Weber*. vergriffen

353: Einpressmörtel mit langer Verarbeitungszeit.
Von *W. Manns* und *R. Zimbelmann*.
Auswirkung von Fehlstellen im Einpressmörtel auf die Korrosion des Spannstahls.
Von *G. Rehm*, *R. Frey* und *D. Funk*.
Korrosionsverhalten verzinkter Spannstähle in gerissenem Beton (1984).
Von *U. Nürnberger*. 30,60 EUR

354: Bewehrungsführung in Ecken und Rahmenendknoten.
Von *Karl Kordina*.
Vorschläge zur Bemessung rechteckiger und kranzförmiger Konsolen insbesondere unter exzentrischer Belastung aufgrund neuer Versuche (1984).
Von *Heinrich Paschen* und *Hermann Malonn*. vergriffen

Heft

355: Untersuchungen zur Vorspannung ohne Verbund.
Von *Heinrich Trost, Heiner Cordes* und *Bernhard Weller.*
Anwendung der Vorspannung ohne Verbund.
Von *Karl Kordina, Josef Hegger* und *Manfred Teutsch.*
Ermittlung der wirtschaftlichen Bewehrung von Flachdecken mit Vorspannung ohne Verbund (1984).
Von *Karl Kordina, Manfred Teutsch* und *Josef Hegger.* 20,90 EUR

356: Korrosionsschutz von Bauwerken, die im Gleitschalungsbau errichtet wurden (1984).
Von *Karl Kordina* und *Siegfried Droese.* 16,70 EUR

357: Konstruktion, Bemessung und Sicherheit gegen Durchstanzen von balkenlosen Stahlbetondecken im Bereich der Innenstützen (1984).
Von *Udo Schaefers.* vergriffen

358: Kriechen von Beton unter hoher zentrischer und exzentrischer Druckbeanspruchung (1985).
Von *Emil Grasser* und *Udo Kraemer.* 15,30 EUR

359: Versuche zur Ermüdungsbeanspruchung der Schubbewehrung von Stahlbetonträgern.
Von *Klaus Guckenberger, Herbert Kupfer* und *Ferdinand Daschner.*
Vorgespannte Schubbewehrung (1985).
Von *Jürgen Ruhnau* und *Herbert Kupfer.* 25,20 EUR

360: Festigkeitsverhalten und Strukturveränderungen von Beton bei Temperaturbeanspruchung bis 250 °C (1985).
Von *Jürgen Seeberger, Jörg Kropp* und *Hubert K. Hilsdorf.* 18,80 EUR

361: Beitrag zur Bemessung von schlanken Stahlbetonstützen für schiefe Biegung mit Achsdruck unter Kurzzeit- und Dauerbelastung – Contribution to the Design of Slender Reinforced Concrete Columns Subjected to Biaxial Bending and Axial Compression Considering Short and Long Term Loadings (1985).
Von *Nelson Szilard Galgoul.* 21,50 EUR

362: Versuche an Konstruktionsleichtbetonbauteilen unter kombinierter Beanspruchung aus Torsion, Biegung und Querkraft (1985).
Von *Karl Kordina* und *Manfred Teutsch.* 13,40 EUR

363: Versuche zur Mitwirkung des Betons in der Zugzone von Stahlbetonröhren (1985).
Von *Jörg Schlaich* und *Hans Schober.* 14,50 EUR

364: Empirische Zusammenhänge zur Ermittlung der Schubtragfähigkeit stabförmiger Stahlbetonelemente (1985).
Von *Karl Kordina* und *Franz Blume.* 11,80 EUR

365: Experimentelle Untersuchungen bewehrter und hohler Prüfkörper aus Normalbeton mittels eines zwängungsarmen Krafteinleitungssystems (1985).
Von *Manfred Specht, Rita Schmidt* und *Hartmut Kappes.* 16,10 EUR

366: Grundsätzliche Untersuchungen zum Geräteeinfluss bei der mehraxialen Druckprüfung von Beton (1985).
Von *Helmut Winkler.* 29,00 EUR

Heft

367: Verbundverhalten von Bewehrungsstählen unter Dauerbelastung in Normal- und Leichtbeton.
Von *Kassian Janovic.*
Übergreifungsstöße geschweißter Betonstahlmatten.
Von *Gallus Rehm* und *Rüdiger Tewes.*
Übergreifungsstöße geschweißter Betonstahlmatten in Stahlleichtbeton (1986).
Von *Gallus Rehm* und *Rüdiger Tewes.* 14,50 EUR

368: Fugen und Aussteifungen in Stahlbetonskelettbauten (1986).
Von *Bernd Hock, Kurt Schäfer* und *Jörg Schlaich.* vergriffen

369: Versuche zum Verhalten unterschiedlicher Stahlsorten in stoßbeanspruchten Platten (1986).
Von *Josef Eibl* und *Klaus Kreuser.* 13,40 EUR

370: Einfluss von Rissen auf die Dauerhaftigkeit von Stahlbeton- und Spannbetonbauteilen.
Von *Peter Schießl.*
Dauerhaftigkeit von Spanngliedern unter zyklischen Beanspruchungen.
Von *Heiner Cordes.*
Beurteilung der Betriebsfestigkeit von Spannbetonbrücken im Koppelfugenbereich unter besonderer Berücksichtigung einer möglichen Rissbildung.
Von *Gert König* und *Hans-Christian Gerhardt.*
Nachweis zur Beschränkung der Rissbreite in den Normen des Deutschen Ausschusses für Stahlbeton (1986).
Von *Eilhard Wölfel.* vergriffen

371: Tragfähigkeit durchstanzgefährdeter Stahlbetonplatten-Entwicklung von Bemessungsvorschlägen (1986).
Von *Karl Kordina* und *Diedrich Nölting.* vergriffen

372: Literaturstudie zur Schubsicherung bei nachträglich ergänzten Querschnitten.
Von *Ferdinand Daschner* und *Herbert Kupfer.*
Versuche zur notwendigen Schubbewehrung zwischen Betonfertigteilen und Ortbeton.
Von *Ferdinand Daschner.*
Verminderte Schubdeckung in Stahlbeton- und Spannbetonträgern mit Fugen parallel zur Tragrichtung unter Berücksichtigung nicht vorwiegend ruhender Lasten.
Von *Ingo Nissen, Ferdinand Daschner* und *Herbert Kupfer.*
Literaturstudie über Versuche mit sehr hohen Schubspannungen (1986).
Von *Herbert Kupfer* und *Ferdinand Daschner.* vergriffen

373: Empfehlungen für die Bewehrungsführung in Rahmenecken und -knoten.
Von *Karl Kordina, Ehrenfried Schaaff* und *Thomas Westphal.*
Das Übertragungs- und Weggrößenverfahren für ebene Stahlbetonstabtragwerke unter Verwendung von Tangentensteifigkeiten (1986).
Von *Poul Colberg Olsen.* vergriffen

374: Schwingfestigkeitsverhalten von Betonstählen unter wirklichkeitsnahen Beanspruchungs- und Umgebungsbedingungen (1986).
Von *Gallus Rehm, Wolfgang Harre* und *Willibald Beul.* 14,50 EUR

Heft

375: Grundlagen und Verfahren für den Knicksicherheitsnachweis von Druckgliedern aus Konstruktionsleichtbeton.
Von *Roland Molzahn.*
Einfluss des Kriechens auf Ausbiegung und Tragfähigkeit schlanker Stützen aus Konstruktionsleichtbeton (1986).
Von *Roland Molzahn.* 13,40 EUR

376: Trag- und Verformungsfähigkeit von Stützen bei großen Zwangsverschiebungen der Decken.
Von *Peter Steidle* und *Kurt Schäfer.*
Versuche an Stützen mit Normalkraft und Zwangsverschiebungen (1986).
Von *Rolf Wohlfahrt* und *Rainer Koch.* 22,60 EUR

377: Versuche zur Schubtragwirkung von profilierten Stahlbeton- und Spannbetonträgern mit überdrückten Gurtplatten (1986).
Von *Herbert Kupfer* und *Klaus Guckenberger.* 14,00 EUR

378: Versuche über das Verbundverhalten von Rippenstählen bei Anwendung des Gleitbauverfahrens.
Teilbericht I:
Ausziehversuche, Proben in Utting hergestellt.
Von *Gerfried Schmidt-Thrö* und *Siegfried Stöckl.*
Teilbericht II:
Versuche zur Bestimmung charakteristischer Betoneigenschaften bei Anwendung des Gleitbauverfahrens.
Von *Gerfried Schmidt-Thrö, Siegfried Stöckl* und *Herbert Kupfer.*
Teilbericht III:
Ausziehversuche und Versuche an Übergreifungsstößen, Proben in Berlin bzw. Köln hergestellt.
Von *Klaus Kluge, Gerfried Schmidt-Thrö, Siegfried Stöckl* und *Herbert Kupfer.*
Einfluss der Probekörperform und der Messpunktanordnung auf die Ergebnisse von Ausziehversuchen (1986).
Von *Gerfried Schmidt-Thrö, Siegfried Stöckl* und *Herbert Kupfer.* 27,40 EUR

379: Experimentelle und analytische Untersuchungen zur wirklichkeitsnahen Bestimmung der Bruchschnittgrößen unbewehrter Betonbauteile unter Zugbeanspruchung, (1987).
Von *Dietmar Scheidler.* 16,70 EUR

380: Eigenspannungszustand in Stahl- und Spannbetonkörpern infolge unterschiedlichen thermischen Dehnverhaltens von Beton und Stahl bei tiefen Temperaturen.
Von *Ferdinand S. Rostásy* und *Jochen Scheuermann.*
Verbundverhalten einbetonierten Betonrippenstahls bei extrem tiefer Temperatur.
Von *Ferdinand S. Rostásy* und *Jochen Scheuermann.*
Versuche zur Biegetragfähigkeit von Stahlbetonplattenstreifen bei extrem tiefer Temperatur (1987).
Von *Günter Wiedemann, Jochen Scheuermann, Karl Kordina* und *Ferdinand S. Rostásy.* 19,90 EUR

381: Schubtragverhalten von Spannbetonbauteilen mit Vorspannung ohne Verbund.
Von *Karl Kordina* und *Josef Hegger.*
Systematische Auswertung von Schubversuchen an Spannbetonbalken (1987).
Von *Karl Kordina* und *Josef Hegger.* 21,50 EUR

Heft

382: Berechnen und Bemessen von Verbundprofilstäben bei Raumtemperatur und unter Brandeinwirkung (1987).
Von *Otto Jungbluth* und *Werner Gradwohl.* 16,70 EUR

383: Unbewehrter und bewehrter Beton unter Wechselbeanspruchung (1987).
Von *Helmut Weigler* und *Karl-Heinz-Rings.* 12,10 EUR

384: Einwirkung von Streusalzen auf Betone unter gezielt praxisnahen Bedingungen (1987).
Von *Reinhard Frey.* 7,80 EUR

385: Das Schubtragverhalten schlanker Stahlbetonbalken – Theoretische und experimentelle Untersuchungen für Leicht- und Normalbeton.
Von *Helmut Kirmair.*
Rissverhalten im Schubbereich von Stahlleichtbetonträgern (1987).
Von *Kassian Janovic.* 18,80 EUR

386: Das Tragverhalten von Beton– Einfluss der Festigkeit und der Erhärtungsbedingungen (1987).
Von *Helmut Weigler* und *Eike Bielak.* 13,40 EUR

387: Tragverhalten quadratischer Einzelfundamente aus Stahlbeton.
Von *Hannes Dieterle* und *Ferdinand S. Rostásy.*
Zur Bemessung quadratischer Stützenfundamente aus Stahlbeton unter zentrischer Belastung mit Hilfe von Bemessungsdiagrammen (1987).
Von *Hannes Dieterle.* 23,10 EUR

388: Wandartige Träger mit Auflagerverstärkungen und vertikalen Arbeitsfugen (1987).
Von *Jens Götsche* und *Heinrich Twelmeier†.* 17,80 EUR

389: Verankerung der Bewehrung am Endauflager bei einachsiger Querpressung.
Von *Gerfried Schmidt-Thrö, Siegfried Stöckl* und *Herbert Kupfer.*
Einfluss einer einachsigen Querpressung und der Verankerungslänge auf das Verbundverhalten von Rippenstählen im Beton.
Von *Gerfried Schmidt-Thrö, Siegfried Stöckl* und *Herbert Kupfer.*
Rissflächen im Beton im Bereich einer auf Zug beanspruchten Stabverankerung (1988).
Von *Gerfried Schmidt-Thrö.* 27,90 EUR

390: Einfluss von Betongüte, Wasserhaushalt und Zeit auf das Eindringen von Chloriden in Beton.
Von *Gallus Rehm, Ulf Nürnberger; Bernd Neubert* und *Frank Nenninger.*
Chloridkorrosion von Stahl in gerissenem Beton.
A – Bisheriger Kenntnisstand.
B – Untersuchungen an der 30 Jahre alten Westmole in Helgoland.
C – Auslagerung gerissener, mit unverzinkten und feuerverzinkten Stählen bewehrten Stahlbetonbalken auf Helgoland (1988).
Von *Gallus Rehm, Ulf Nürnberger* und *Bernd Neubert.* vergriffen

391: Biegetragverhalten und Bemessung von Trägern mit Vorspannung ohne Verbund.
Von *Josef Zimmermann.*
Experimentelle Untersuchung zum Biegetragverhalten von Durchlaufträgern mit Vorspannung ohne Verbund (1988).
Von *Bernhard Weller.* 25,70 EUR

Heft

392: Dynamische Probleme im Stahlbetonbau – Teil II: Stahlbetonbauteile und -bauwerke unter dynamischer Beanspruchung (1988).
Von *Josef Eibl, Einar Keintzel* und *Hermann Charlier.* vergriffen

393: Querschnittsbericht zur Rissbildung in Stahl- und Spannbetonkonstruktionen.
Von *Rolf Eligehausen* und *Helmut Kreller.*
Korrosion von Stahl in Beton – einschließlich Spannbeton (1988).
Von *Ulf Nürnberger, Klaus Menzel Armin Löhr* und *Reinhard Frey.* vergriffen

394: Nachweisverfahren für Verankerung, Verformung, Zwangbeanspruchung und Rissbreite. Kontinuierliche Theorie der Mitwirkung des Betons auf Zug. Rechenhilfen für die Praxis (1988).
Von *Piotr Noakowski.* vergriffen

395: Berechnung von Temperatur-, Feuchte- und Verschiebungsfeldern in erhärtenden Betonbauteilen nach der Methode der finiten Elemente (1988).
Von *Holger Hamfler.* 30,00 EUR

396: Rissbreitenbeschränkung und Mindestbewehrung bei Eigenspannungen und Zwang (1988).
Von *Manfred Puche.* 31,20 EUR

397: Spezielle Fragen beim Schweißen von Betonstählen.
Gleichmaßdehnung von Betonstählen (1989).
Von *Dieter Rußwurm.* 16,10 EUR

398: Zur Faltwerkwirkung der Stahlbetontreppen (1989).
Von *Hans-Heinrich Osteroth.* vergriffen

399: Das Bewehren von Stahlbetonbauteilen – Erläuterungen zu verschiedenen gebräuchlichen Bauteilen (1993).
Von *Rolf Eligehausen* und *Roland Gerster.* 25,70 EUR

400: Erläuterungen zu DIN 1045, Beton und Stahlbeton, Ausgabe 07.88.
Zusammengestellt von *Dieter Bertram* und *Norbert Bunke.*
Hinweise für die Verwendung von Zement zu Beton.
Von *Justus Bonzel* und *Karsten Rendchen.*
Grundlagen der Neuregelung zur Beschränkung der Rissbreite.
Von *Peter Schießl.*
Erläuterungen zur Richtlinie für Beton mit Fließmitteln und für Fließbeton.
Von *Justus Bonzel* und *Eberhard Siebel.*
Erläuterungen zur Richtlinie Alkali-Reaktion im Beton (1989). 4. Auflage 1994 (3. berichtigter Nachdruck).
Von *Justus Bonzel, Jürgen Dahms* und *Jürgen Krell.* 38,60 EUR

401: Anleitung zur Bestimmung des Chloridgehaltes von Beton.
Arbeitskreis: Prüfverfahren – Chlorideindringtiefe.
Leitung: *Rupert Springenschmid.*
Schnellbestimmung des Chloridgehaltes von Beton.
Von *Horst Dorner, Günter Kleiner.*
Bestimmung des Chloridgehaltes von Beton durch Direktpotentiometrie. (1989).
Von *Horst Dorner.* vergriffen

Heft

402: Kunststoffbeschichtete Betonstähle (1989).
Von *Gallus Rehm, Rainer Blum, Elke Fielker, Reinhard Frey, Dieter Junginger, Bernhard Kipp, Peter Langer Klaus Menzel* und *Ferdinand Nagel.* 29,00 EUR

403: Wassergehalt von Beton bei Temperaturen von 100 °C bis 500 °C im Bereich des Wasserdampfpartialdruckes von 0 bis 5,0 MPa.
Von *Wilhelm Manns* und *Bernd Neubert.*
Permeabilität und Porosität von Beton bei hohen Temperaturen (1989).
Von *Ulrich Schneider* und *Hans Joachim Herbst.* 14,00 EUR

404: Verhalten von Beton bei mäßig erhöhten Betriebstemperaturen (1989).
Von *Harald Budelmann.* 24,70 EUR

405: Korrosion und Korrosionsschutz der Bewehrung im Massivbau
– neuere Forschungsergebnisse
– Folgerungen für die Praxis
– Hinweise für das Regelwerk (1990).

Von *Ulf Nürnberger.* vergriffen

406: Die Berechnung von ebenen, in ihrer Ebene belasteten Stahlbetonbauteilen mit der Methode der Finiten Elemente (1990).
Von *Günter Borg.* vergriffen

407: Zwang und Rissbildung in Wänden auf Fundamenten (1990).
Von *Ferdinand S. Rostásy* und *Wolfgang Henning.* 25,70 EUR

408: Druck und Querzug in bewehrten Betonelementen.
Von *Kurt Schäfer, Günther Schelling* und *Thomas Kuchler.*
Altersabhängige Beziehung zwischen der Druck- und Zugfestigkeit von Beton im Bauwerk – Bauwerkszugfestigkeit – (1990).
Von *Ferdinand S. Rostásy* und *Ernst-Holger Ranisch.* 25,70 EUR

409: Zum nichtlinearen Trag- und Verformungsverhalten von Stahlbetonstabtragwerken unter Last- und Zwangeinwirkung (1990).
Von *Helmut Kreller.* 21,50 EUR

410: Kunststoffbeschichtungen auf ständig durchfeuchtetem Beton – Adhäsionseigenschaften, Eignungsprüfkriterien, Beschichtungsgrundsätze (1990).
Von *Michael Fiebrich.* 20,40 EUR

411: Untersuchungen über das Tragverhalten von Köcherfundamenten (1990).
Von *Georg-Wilhelm Mainka* und *Heinrich Paschen.* 22,60 EUR

412: Mindestbewehrung zwangbeanspruchter dicker Stahlbetonbauteile (1990).
Von *Manfred Helmus.* 24,70 EUR

413: Experimentelle Untersuchungen zur Bestimmung der Druckfestigkeit des gerissenen Stahlbetons bei einer Querzugbeanspruchung (1990).
Von *Johann Kollegger* und *Gerhard Mehlhorn.* 27,90 EUR

414: Versuche zur Ermittlung von Schalungsdruck und Schalungsreibung im Gleitbau (1990).
Von *Karl Kordina* und *Siegfried Droese.* 19,30 EUR

Heft

415: Programmgesteuerte Berechnung beliebiger Massivbauquerschnitte unter zweiachsiger Biegung mit Längskraft (Programm MASQUE) (1990).
Von *Dirk Busjaeger* und *Ulrich Quast.* 31,20 EUR

416: Betonbau beim Umgang mit wassergefährdenden Stoffen – Sachstandsbericht (1991).
Von *Thomas Fehlhaber, Gert König, Siegfried Mängel, Hermann Poll, Hans-Wolf Reinhardt, Carola Reuter, Peter Schießl, Bernd Schnütgen, Gerhard Spanka Friedhelm Stangenberg, Gerd Thielen* und *Johann-Dietrich Wörner.* 37,60 EUR

417: Stahlbeton- und Spannbetonbauteile bei extrem tiefer Temperatur– Versuche und Berechnungsansätze für Lasten und Zwang (1991).
Von *Uwe Pusch* und *Ferdinand S. Rostásy.* 22,60 EUR

418: Warmbehandlung von Beton durch Mikrowellen (1991).
Von *Ulrich Schneider* und *Frank Dumat.* 30,00 EUR

419: Bruchmechanisches Verhalten von Beton unter monotoner und zyklischer Zugbeanspruchung (1991).
Von *Herbert Duda.* 17,20 EUR

420: Versuche zum Kriechen und zur Restfestigkeit von Beton bei mehrachsiger Beanspruchung.
Von *Norbert Lanig, Siegfried Stöckl* und *Herbert Kupfer.*
Kriechen von Beton nach langer Lasteinwirkung.
Von *Norbert Lanig* und *Siegfried Stöckl.*
Frühe Kriechverformungen des Betons (1991).
Von *Heinrich Trost* und *Hans Paschmann.* 24,70 EUR

421: Entwicklung radiographischer Untersuchungsmethoden des Verbundverhaltens von Stahl und Beton (1991).
Von *Andrea Steinwedel.* 22,60 EUR

422: Prüfung von Beton-Empfehlungen und Hinweise als Ergänzung zu DIN 1048 (1991).
Zusammengestellt von *Norbert Bunke.* 33,30 EUR

423: Experimentelle Untersuchungen des Trag- und Verformungsverhaltens schlanker Stahlbetondruckglieder mit zweiachsiger Ausmitte.
Von *Rainer Grzeschkowitz, Karl Kordina* und *Manfred Teutsch.*
Erweiterung von Traglastprogrammen für schlanke Stahlbetondruckglieder (1992).
Von *Rainer Grzeschkowitz* und *Ulrich Quast.* 23,60 EUR

424: Tragverhalten von Befestigungen unter Querlasten in ungerissenem Beton (1992).
Von *Werner Fuchs.* 29,00 EUR

425: Bemessungshilfsmittel zu Eurocode 2 Teil 1 (DIN V ENV 1992 Teil 1-1, Ausgabe 06.92).
Planung von Stahlbeton- und Spannbetontragwerken (1992).
3. ergänzte Auflage 1997.
Von *Karl Kordina* u. a. 40,90 EUR

426: Einfluss der Probekörperform auf die Ergebnisse von Ausziehversuchen– Finite-Element-Berechnung– (1992).
Von *Jürgen Mainz* und *Siegfried Stöckl.* 19,30 EUR

Heft

427: Verminderte Schubdeckung in Betonträgern mit Fugen parallel zur Tragrichtung bei sehr hohen Schubspannungen und nicht vorwiegend ruhenden Lasten (1992).
Von *Ferdinand Daschner* und *Herbert Kupfer.* 14,00 EUR

428: Entwicklung eines Expertensystems zur Beurteilung, Beseitigung und Vorbeugung von Oberflächenschäden an Betonbauteilen (1992).
Von *Michael Sohni.* 20,40 EUR

429: Der Einfluss mechanischer Spannungen auf den Korrosionswiderstand zementgebundener Baustoffe (1992).
Von *Ulrich Schneider, Erich Nägele Frank Dumat* und *Steffen Holst.* 20,40 EUR

430: Standardisierte Nachweise von häufigen D-Bereichen (1992).
Von *Mattias Jennewein* und *Kurt Schäfer.* 20,40 EUR

431: Spannungsumlagerungen in Verbundquerschnitten aus Fertigteilen und Ortbeton statisch bestimmter Träger infolge Kriechen und Schwinden unter Berücksichtigung der Rissbildung (1992).
Von *Günther Ackermann, Erich Raue, Lutz Ebel* und *Gerhard Setzpfandt.* vergriffen

432: Lineare und nichtlineare Theorie des Kriechens und der Relaxation von Beton unter Druckbeanspruchung (1992).
Von *Jing-Hua Shen.* 12,90 EUR

433: Zur chloridinduzierten Makroelementkorrosion von Stahl in Beton (1992).
Von *Michael Raupach.* 23,60 EUR

434: Beurteilung der Wirksamkeit von Steinkohlenflugaschen als Betonzusatzstoff (1993).
Von *Franz Sybertz.* 23,60 EUR

435: Zur Spannungsumlagerung im Spannbeton bei der Rissbildung unter statischer und wiederholter Belastung (1993).
Von *Nguyen Viet Tue.* 18,30 EUR

436: Zum karbonatisierungsbedingten Verlust der Dauerhaftigkeit von Außenbauteilen aus Stahlbeton (1993).
Von *Dieter Bunte.* 27,90 EUR

437: Festigkeit und Verformung von Beton bei hoher Temperatur und biaxialer Beanspruchung – Versuche und Modellbildung– (1994).
Von *Karl-Christian Thienel.* 22,60 EUR

438: Hochfester Beton, Sachstandsbericht, Teil 1: Betontechnologie und Betoneigenschaften.
Von *Ingo Schrage.*
Teil 2: Bemessung und Konstruktion (1994).
Von *Gert König, Harald Bergner, Rainer Grimm, Markus Held, Gerd Remmel* und *Gerd Simsch.* 19,30 EUR

439: Ermüdungsfestigkeit von Stahlbeton und Spannbetonbauteilen mit Erläuterungen zu den Nachweisen gemäß CEB-FIP. Model Code 1990 (1994).
Von *Gert König* und *Ireneusz Danielewicz.* 21,50 EUR

Heft

440: Untersuchung zur Durchlässigkeit von faserfreien und faserverstärkten Betonbauteilen mit Trennrissen.
Von *Masaaki Tsukamoto.*
Gitterschnittkennwert als Kriterium für die Adhäsionsgüte von Oberflächenschutzsystemen auf Beton (1994).
Von *Michael Fiebrich.* 18,30 EUR

441: Physikalisch nichtlineare Berechnung von Stahlbetonplatten im Vergleich zur Bruchlinientheorie (1994).
Von *Andreas Pardey.* 36,50 EUR

442: Versuche zum Kriechen von Beton bei mehrachsiger Beanspruchung–Auswertung auf der Basis von errechneten elastischen Anfangsverformungen.
Von *Henric Bierwirth, Siegfried Stöckl* und *Herbert Kupfer.*
Kriechen, Rückkriechen und Dauerstandfestigkeit von Beton bei unterschiedlichem Feuchtegehalt und Verwendung von Portlandzement bzw. Portlandkalksteinzement (1994).
Von *Dirk Nechvatal, Siegfried Stöckl* und *Herbert Kupfer.* 20,40 EUR

443: Schutz und Instandsetzung von Betonbauteilen unter Verwendung von Kunststoffen – Sachstandsbericht – (1994).
Von *H. Rainer Sasse* u. a. 51,60 EUR

444: Zum Zug- und Schubtragverhalten von Bauteilen aus hochfestem Beton (1994).
Von *Gerd Remmel.* 23,60 EUR

445: Zum Eindringverhalten von Flüssigkeiten und Gasen in ungerissenen Beton.
Von *Thomas Fehlhaber.*
Eindringverhalten von Flüssigkeiten in Beton in Abhängigkeit von der Feuchte der Probekörper und der Temperatur.
Von *Massimo Sosoro* und *Hans-Wolf Reinhardt.*
Untersuchung der Dichtheit von Vakumbeton gegenüber wassergefährdenden Flüssigkeiten (1994).
Von *Reinhard Frey* und *Hans-Wolf Reinhardt.* 27,90 EUR

446: Modell zur Vorhersage des Eindringverhaltens von organischen Flüssigkeiten in Beton (1995).
Von *Massimo Sosoro.* 17,20 EUR

447: Versuche zum Verhalten von Beton unter dreiachsiger Kurzzeitbeanspruchung.
Tests on the Behaviour of Concrete under Triaxial Shorttime Loading.
Von *Ulrich Scholz, Dirk Nechvatal, Helmut Aschl, Diethelm Linse, Emil Grasser* und *Herbert Kupfer.*
Auswertung von Versuchen zur mehrachsigen Betonfestigkeit, die an der Technischen Universität München durchgeführt wurden.
Evaluation of the Multiaxial Strength of Concrete Tested at Technische Universität München.
Von *Zhenhai Guo, Yunlong Zhou* und *Dirk Nechvatal.*
Versuche zur Methode der Verformungsmessung an dreiachsig beanspruchten Betonwürfeln.
Tests on Methods for Strain Measurements on Cubic Specimen of Concrete under Triaxial Loading (1995).
Von *Christian Dialer, Norbert Lanig, Siegfried Stöckl* und *Cölestin Zelger.* 25,70 EUR

Heft

448: Veränderung des Betongefüges durch die Wirkung von Steinkohlenflugasche und ihr Einfluss auf die Betoneigenschaften (1995).
Von *Reiner Härdtl.* 18,30 EUR

449: Wirksame Betonzugfestigkeit im Bauwerk bei früh einsetzendem Temperaturzwang (1995).
Von *Peter Onken* und *Ferdinand S. Rostásy.* 20,40 EUR

450: Prüfverfahren und Untersuchungen zum Eindringen von Flüssigkeiten und Gasen in Beton sowie zum chemischen Widerstand von Beton.
Von *Hans Paschmann, Horst Grube* und *Gerd Thielen.*
Untersuchungen zum Eindringen von Flüssigkeiten in Beton sowie zur Verbesserung der Dichtheit des Betons (1995).
Von *Hans Paschmann, Horst Grube* und *Gerd Thielen.* 23,60 EUR

451: Beton als sekundäre Dichtbarriere gegenüber umweltgefährdenden Flüssigkeiten (1995).
Von *Michael Aufrecht.* vergriffen

452: Wöhlerlinien für einbetonierte Spanngliedkopplungen.
– Dauerschwingversuche an Spanngliedkopplungen des Litzenspannverfahrens D & W.
Von *Gert König* und *Roland Sturm.*
– Dauerschwingversuche an Spanngliedkopplungen des Bündelspanngliedes BBRV-SUSPA II (1995).
Von *Gert König* und *Ireneusz Danielewicz.* 16,10 EUR

453: Ein durchgängiges Ingenieurmodell zur Bestimmung der Querkrafttragfähigkeit im Bruchzustand von Bauteilen aus Stahlbeton mit und ohne Vorspannung der Festigkeitsklassen C 12 bis C 115 (1995).
Von *Manfred Specht* und *Hans Scholz.* 23,60 EUR

454: Tragverhalten von randfernen Kopfbolzenverankerungen bei Betonbruch (1995).
Von *Guochen Zhao.* 20,40 EUR

455: Wasserdurchlässigkeit und Selbstheilung von Trennrissen in Beton (1996).
Von *Carola Katharina Edvardsen.* 23,60 EUR

456: Zum Schubtragverhalten von Fertigplatten mit Ortbetonergänzung.
Von *Horst Georg Schäfer* und *Wolfgang Schmidt-Kehle.*
Oberflächenrauheit und Haftverbund.
Von *Horst Georg Schäfer, Klaus Block* und *Rita Drell.*
Zur Oberflächenrauheit von Fertigplatten mit Ortbetonergänzung.
Von *Horst Georg Schäfer* und *Wolfgang Schmidt-Kehle.*
Ortbetonergänzte Fertigteilbalken mit profilierter Anschlussfuge unter hoher Querkraftbeanspruchung (1996).
Von *Horst Georg Schäfer* und *Wolfgang Schmidt-Kehle.* 30,00 EUR

457: Verbesserung der Undurchlässigkeit, Beständigkeit und Verformungsfähigkeit von Beton.
Von *Udo Wiens, Fritz Grahn* und *Peter Schießl.*
Durchlässigkeit von überdrückten Trennrissen im Beton bei Beaufschlagung mit wassergefährdenden Flüssigkeiten.
Von *Norbert Brauer* und *Peter Schießl.*
Untersuchungen zum Eindringen von Flüssigkeiten in Beton, zur Dekontamination von Beton sowie zur Dichtheit von Arbeitsfugen (1996).
Von *Hans Paschmann* und *Horst Grube.* vergriffen

458: Umweltverträglichkeit zementgebundener Baustoffe – Sachstandsbericht – (1996).
Von *Inga Hohberg, Christoph Müller, Peter Schießl* und *Gerhard Volland.* 20,40 EUR

459: Bemessen von Stahlbetonbalken und -wandscheiben mit Öffnungen (1996).
Von *Hermann Ulrich Hottmann* und *Kurt Schäfer.* 26,90 EUR

460: Fließverhalten von Flüssigkeiten in durchgehend gerissenen Betonkonstruktionen (1996).
Von *Christiane Imhof-Zeitler.* 32,20 EUR

461: Grundlagen für den Entwurf, die Berechnung und konstruktive Durchbildung lager- und fugenloser Brücken (1996).
Von *Michael Pötzl, Jörg Schlaich* und *Kurt Schäfer.* 21,50 EUR

462: Umweltgerechter Rückbau und Wiederverwertung mineralischer Baustoffe – Sachstandsbericht (1996).
Von *Peter Grübl* u. a. 32,20 EUR

463: Contec ES – Computer Aided Consulting für Betonoberflächenschäden (1996).
Von *Gabriele Funk.* vergriffen

464: Sicherheitserhöhung durch Fugenverminderung – Spannbeton im Umweltbereich.
Von *Jens Schütte, Manfred Teutsch* und *Horst Falkner.*
Fugen in chemisch belasteten Betonbauteilen.
Von *Hans-Werner Nordhues* und *Johann-Dietrich Wörner.*
Durchlässigkeit und konstruktive Konzeption von Fugen (Fertigteilverbindungen) (1996).
Von *Marko Bida* und *Klaus-Peter Grote.* 31,20 EUR

465: Dichtschichten aus hochfestem Faserbeton.
Von *Martina Lemberg.*
Dichtheit von Faserbetonbauteilen (synthetische Fasern) (1996).
Von *Johann-Dietrich Wörner, Christiane Imhof-Zeitler* und *Martina Lemberg.* 29,00 EUR

466: Grundlagen und Bemessungshilfen für die Rissbreitenbeschränkung im Stahlbeton und Spannbeton sowie Kom-mentare, Hintergrundinformationen und Anwendungsbeispiele zu den Regelungen nach DIN 1045. EC2 und Model Code 90 (1996).
Von *Gert König* und *Nguyen Viet Tue.* 21,50 EUR

467: Verstärken von Betonbauteilen – Sachstandsbericht – (1996).
Von *Horst Georg Schäfer* u. a. 18,30 EUR

468: Stahlfaserbeton für Dicht- und Verschleißschichten auf Betonkonstruktionen.
Von *Burkhard Wienke.*
Einfluss von Stahlfasern auf das Verschleißverhalten von Betonen unter extremen Betriebsbedingungen in Bunkern von Abfallbehandlungsanlagen (1996).
Von *Thomas Höcker.* 26,90 EUR

469: Schadensablauf bei Korrosion der Spannbewehrung (1996).
Von *Gert König, Nguyen Viet Tue, Thomas Bauer* und *Dieter Pommerening.* 16,10 EUR

470: Anforderungen an Stahlbetonlager thermischer Behandlungsanlagen für feste Siedlungsabfälle.
Von *Georg Zimmermann.*
Temperaturbeanspruchungen in Stahlbetonlagern für feste Siedlungsabfälle (1996).
Von *Ralf Brüning.* 36,50 EUR

471: Zum Bruchverhalten von hochfestem Beton bei einer Zugbeanspruchung durch formschlüssige Verankerungen (1997).
Von *Ralf Zeitler.* 17,20 EUR

472: Segmentbalken mit Vorspannung ohne Verbund unter kombinierter Beanspruchung aus Torsion, Biegung und Querkraft.
Von *Horst Falkner, Manfred Teutsch* und *Zhen Huang.*
Eurocode 8: Tragwerksplanung von Bauten in Erdbebengebieten
Grundlagen, Anforderungen. Vergleich mit DIN 4149 (1997).
Von *Dan Constantinescu.* 16,10 EUR

473: Zum Verbundtragverhalten laschenverstärkter Betonbauteile unter nicht vorwiegend ruhender Beanspruchung.
Von *Christoph Hankers.*
Ingenieurmodelle des Verbunds geklebter Bewehrung für Betonbauteile (1997).
Von *Peter Holzenkämpfer.* 30,00 EUR

474: Injizierte Risse unter Medien- und Lasteinfluss.
Teil I: Grundlagenversuche.
Von *Horst Falkner, Manfred Teutsch, Thies Claußen, Jürgen Günther* und *Sabine Rohde.*
Teil 2: Bauteiluntersuchungen.
Von *Hans-Wolf Reinhardt, Massimo Sosoro, Friedrich Paul* und *Xiao-feng Zhu.*
Oberflächenschutzmaßnahmen zur Erhöhung der chemischen Dichtungswirkung.
Von *Klaus Littmann.*
Korrosionsschutz der Bewehrung bei Einwirkung umweltgefährdender Flüssigkeiten (1997).
Von *Romain Weydert* und *Peter Schießl.* 27,90 EUR

475: Transport organischer Flüssigkeiten in Betonbauteilen mit Mikro- und Biegerissen.
Von *Xiao-feng Zhu.*
Eindring- und Durchströmungsvorgänge umweltgefährdender Stoffe an feinen Trennrissen in Beton (1997).
Von *Detlef Bick, Heiner Cordes* und *Heinrich Trost.* vergriffen

Heft

476: Zuverlässigkeit des Verpressens von Spannkanälen unter Berücksichtigung der Unsicherheiten auf der Baustelle (1997).
Von *Ferdinand S. Rostásy* und *Alex-W. Gutsch.* 25,70 EUR

477: Einfluss bruchmechanischer Kenngrößen auf das Biege- und Schubtragverhalten hochfester Betone (1997).
Von *Rainer Grimm.* 27,90 EUR

478: Tragfähigkeit von Druckstreben und Knoten in D-Bereichen (1997).
Von *Wolfgang Sundermann* und *Kurt Schäfer.* 29,00 EUR

479: Über das Brandverhalten punktgestützter Stahlbetonplatten (1997).
Von *Karl Kordina.* 25,70 EUR

480: Versagensmodell für schubschlanke Balken (1997).
Von *Jürgen Fischer.* 19,30 EUR

481: Sicherheitskonzept für Bauten des Umweltschutzes.
Von *Daniela Kiefer.*
Erfahrungen mit Bauten des Umweltschutzes.
Von *Johann-Dietrich Wörner, Daniela Kiefer* und *Hans-Werner Nordhues.*
Qualitätskontrollmaßnahmen bei Betonkonstruktionen (1997).
Von *Otto Kroggel.* 21,50 EUR

482: Rissbreitenbeschränkung zwangbeanspruchter Bauteile aus hochfestem Normalbeton (1997).
Von *Harald Bergner.* 25,70 EUR

483: Durchlässigkeitsgesetze für Flüssigkeiten mit Feinstoffanteilen bei Betonbunkern von Abfallbehandlungsanlagen.
Von *Klaus-Peter Grote.*
Einfluss von Stahlfasern auf die Durchlässigkeit von Beton (1997).
Von *Ralf Winterberg.* 22,60 EUR

484: Grenzen der Anwendung nichtlinearer Rechenverfahren bei Stabtragwerken und einachsig gespannten Platten.
Von *Rolf Eligehausen* und *Eckhart Fabritius.*
Rotationsfähigkeit von plastischen Gelenken im Stahl- und Spannbetonbau.
Von *Longfei Li.*
Verdrehfähigkeit plastizierter Trag--werksbereiche im Stahlbetonbau (1998).
Von *Peter Langer.* 37,60 EUR

485: Verwendung von Bitumen als Gleitschicht im Massivbau.
Von *Manfred Curbach* und *Thomas Bösche.*
Versuche zur Eignung industriell gefertigter Bitumenbahnen als Bitumengleitschicht (1998).
Von *Manfred Curbach* und *Thomas Bösche.* 21,50 EUR

486: Trag- und Verformungsverhalten von Rahmenknoten (1998).
Von *Karl Kordina, Manfred Teutsch* und *Erhard Wegener.* 34,30 EUR

487: Dauerhaftigkeit hochfester Betone (1998).
Von *Ulf Guse* und *Hubert K. Hilsdorf.* 19,30 EUR

488: Sachstandsbericht zum Einsatz von Textilien im Massivbau (1998).
Von *Manfred Curbach* u. a. 22,60 EUR

Heft

489: Mindestbewehrung für verformungsbehinderte Betonbauteile im jungen Alter (1998).
Von *Udo Paas.* 23,60 EUR

490: Beschichtete Bewehrung. Ergebnisse sechsjähriger Auslagerungsversuche.
Von *Klaus Menzel, Frank Schulze* und *Hans-Wolf Reinhardt.*
Kontinuierliche Ultraschallmessung während des Erstarrens und Erhärtens von Beton als Werkzeug des Qualitätsmanagements (1998).
Von *Hans-Wolf Reinhardt, Christian U. Große* und *Alexander Herb.* 18,30 EUR

491: Der Einfluss der freien Schwingungen auf ausgewählte dynamische Parameter von Stahlbetonbiegeträgern (1999).
Von *Manfred Specht* und *Michael Kramp.* 31,20 EUR

492: Nichtlineares Last-Verformungs-Verhalten von Stahlbeton- und Spannbetonbauteilen, Verformungsvermögen und Schnittgrößenermittlung (1999).
Von *Gert König, Dieter Pommerening* und *Nguyen Viet Tue.* 26,90 EUR

493: Leitfaden für die Erfassung und Bewertung der Materialien eines Abbruchobjektes (1999).
Von *Theo Rommel, Wolfgang Katzer, Gerhard Tauchert* und *Jie Huang.* 18,80 EUR

494: Tragverhalten von Stahlfaserbeton (1999).
Von *Yong-zhi Lin.* 23,60 EUR

495: Stoffeigenschaften jungen Betons; Versuche und Modelle (1999).
Von *Alex-W. Gutsch.* 29,50 EUR

496: Entwerfen und Bemessen von Betonbrücken ohne Fugen und Lager (1999).
Von *Stephan Engelsmann, Jörg Schlaich* und *Kurt Schäfer.* 25,70 EUR

497: Entwicklung von Verfahren zur Beurteilung der Kontaminierung der Baustoffe vor dem Abbruch (Schnellprüfverfahren) (2000).
Von *Jochen Stark* und *Peter Nobst.* 20,90 EUR

498: Kriechen von Beton unter Zugbeanspruchung (2000).
Von *Karl Kordina, Lothar Schubert* und *Uwe Troitzsch.* 16,70 EUR

499: Tragverhalten von stumpf gestoßenen Fertigteilstützen aus hochfestem Beton (2000).
Von *Jens Minnert.* 29,00 EUR

500: BiM-Online – Das interaktive Informationssystem zu „Baustoffkreislauf im Massivbau" (2000).
Von *Hans-Wolf Reinhardt, Marcus Schreyer* und *Joachim Schwarte.* 21,50 EUR

501: Tragverhalten und Sicherheit betonstahlbewehrter Stahlfaserbetonbauteile (2000).
Von *Ulrich Gossla.* 20,40 EUR

502: Witterungsbeständigkeit von Beton. 3. Bericht (2000).
Von *Wilhelm Manns* und *Kurt Zeus.* 17,80 EUR

Heft

503: Untersuchungen zum Einfluss der bezogenen Rippenfläche von Bewehrungsstäben auf das Tragverhalten von Stahlbetonbauteilen im Gebrauchs- und Bruchzustand (2000).
Von *Rolf Eligehausen* und *Utz Mayer.* 20,90 EUR

504: Schubtragverhalten von Stahlbetonbauteilen mit rezyklierten Zuschlägen (2000).
Von *Sufang Lü.* 24,70 EUR

505: Biegetragverhalten von Stahlbetonbauteilen mit rezyklierten Zuschlägen (2000).
Von *Matthias Meißner.* 29,00 EUR

506: Verwertung von Brechsand aus Bauschutt (2000).
Von *Christoph Müller* und *Bernd Dora.* 24,70 EUR

507: Betonkennwerte für die Bemessung und Verbundverhalten von Beton mit rezykliertem Zuschlag (2000).
Von *Konrad Zilch* und *Frank Roos.* 19,30 EUR

508: Zulässige Toleranzen für die Abweichungen der mechanischen Kennwerte von Beton mit rezykliertem Zuschlag (2000).
Von *Johann-Dietrich Wörner, Pieter Moerland, Sabine Giebenhain, Harald Kloft* und *Klaus Leiblein.* 16,70 EUR

509: Bruchmechanisches Verhalten jungen Betons (2000).
Von *Karim Hariri.* 24,70 EUR

510: Probabilistische Lebensdauerbemessung von Stahlbetonbauwerken – Zuverlässigkeitsbetrachtungen zur wirksamen Vermeidung von Bewehrungskorrosion (2000).
Von *Christoph Gehlen.* 24,20 EUR

511: Hydroabrasionsverschleiß von Betonoberflächen.
Beton und Mörtel für die Instandsetzung verschleißgeschädigter Betonbauteile im Wasserbau (2000).
Von *Gesa Haroske, Jan Vala* und *Ulrich Diederichs.* 27,40 EUR

512: Zwang und Rissbildung infolge Hydratationswärme – Grundlagen Berechnungsmodelle und Tragverhalten (2000).
Von *Benno Eierle* und *Karl Schikora.* 27,40 EUR

513: Beton als kreislaufgerechter Baustoff (2001).
Von *Christoph Müller.* 65,50 EUR

514: Einfluss von rezykliertem Zuschlag aus Betonbruch auf die Dauerhaftigkeit von Beton.
Von *Beatrix Kerkhoff* und *Eberhard Siebel.*
Einfluss von Feinstoffen aus Betonbruch auf den Hydratationsfortschritt.
Von *Walter Wassing.*
Recycling von Beton, der durch eine Alkalireaktion gefährdet oder bereits geschädigt ist.
Von *Wolfgang Aue.*
Frostwiderstand von rezykliertem Zuschlag aus Altbeton und mineralischen Baustoffgemischen (Bauschutt) (2001).
Von *Stefan Wies* und *Wilhelm Manns.* 48,60 EUR

Heft

515: Analytische und numerische Untersuchungen des Durchstanzverhaltens punktgestützter Stahlbetonplatten (2001).
Von *Markus Anton Staller.*
43,50 EUR

516: Sachstandbericht Selbstverdichtender Beton (SVB) (2001).
Von *Hans-Wolf Reinhardt, Wolfgang Brameshuber, Geraldine Buchenau, Frank Dehn, Horst Grube, Peter Grübl, Bernd Hillemeier, Martin Jooß, Bert Kilanowski, Thomas Krüger, Christoph Lemmer, Viktor Mechterine, Harald Müller, Thomas Müller, Markus Plannerer, Andreas Rogge, Andreas Schaab, Angelika Schießl* und *Stephan Uebachs.* 33,80 EUR

517: Verformungsverhalten und Tragfähigkeit dünner Stege von Stahlbeton- und Spannbetonträgern mit hoher Betongüte (2001).
Von *Karl-Heinz Reineck, Rolf Wohlfahrt* und *Harianto Hardjasaputra.*
54,20 EUR

518: Schubtragfähigkeit längsbewehrter Porenbetonbauteile ohne Schubbewehrung.
Thermische Vorspannung bewehrter Porenbetonbauteile.
Kriechen von unbewehrtem Porenbeton.
Kriechen des Porenbetons im Bereich der zur Verankerung der Längsbewehrung dienenden Querstäbe und Tragfähigkeit der Verankerung (2001).
Von *Ferdinand Daschner* und *Konrad Zilch.* 55,90 EUR

519: Betonbau beim Umgang mit wassergefährdenden Stoffen. Zweiter Sachstandsbericht mit Beispielsammlung (2001).
Von *Rolf Breitenbücher, Franz-Josef Frey, Horst Grube, Wilhelm Kanning, Klaus Lehmann, Hans-Wolf Reinhardt, Bernd Schnütgen, Manfred Teutsch, Günter Timm* und *Johann-Dietrich Wörner.* 52,10 EUR

520: Frühe Risse in massigen Betonbauteilen – Ingenieurmodelle für die Planung von Gegenmaßnahmen (2001).
Von *Ferdinand S. Rostásy* und *Matias Krauß.* 39,20 EUR

521: Sachstandbericht Nachhaltig Bauen mit Beton (2001).
Von *Hans-Wolf Reinhardt, Wolfgang Brameshuber, Carl-Alexander Graubner, Peter Grübl, Bruno Hauer, Katja Hüske, Julian Kümmel, Hans-Ulrich Litzner, Heiko Lünser, Dieter Rußwurm.* 31,10 EUR

522: Anwendung von hochfestem Beton im Brückenbau.
Von *Konrad Zilch* und *Markus Hennecke.*
Erfahrungen mit Entwurf, Ausschreibung, Vergabe und Tragwerksplanung.
Von *André Müller, Hans Pfisterer, Jürgen Weber* und *Konrad Zilch.*
Erfahrungen mit der Bauausführung und Maßnahmen zur Gewährleistung der geforderten Qualität.
Von *Markus Hennecke, Gert Leonhardt* und *Rolf Stahl.*
Betontechnologie (2002).
Von *Volker Hartmann* und *Werner Schrub.* 37,60 EUR

Heft

523: Beständigkeit verschiedener Betonarten im Meerwasser und in sulfathaltigem Wasser (2003).
Von *Ottokar Hallauer.* 96,10 EUR

524: Mehraxiale Festigkeit von duktilem Hochleistungsbeton (2002).
Von *Manfred Curbach* und *Kerstin Speck.* 68,30 EUR

525: Erläuterungen zu DIN 1045-1; 2. überarbeitete Auflage (2010)
64,30 EUR

526: Erläuterungen zu den Normen DIN EN 206-1, DIN 1045-2, DIN 1045-3, DIN 1045-4 und DIN EN 12620; 2. überarbeitete Auflage (2011).
88,40 EUR

527: Füllen von Rissen und Hohlräumen in Betonbauteilen (2006).
Von *Angelika Eßer.* 58,40 EUR

528: Schubtragfähigkeit von Betonergänzungen an nachträglich aufgerauten Betonoberflächen bei Sanierungs- und Ertüchtigungsmaßnahmen (2002).
Von *Konrad Zilch* und *Jürgen Mainz.*
20,80 EUR

529: Betonwaren mit Recyclingzuschlägen.
Von *Christoph Müller* und *Peter Schießl.*
Rezyklieren von Leichtbeton (2002).
Von *Hans-Wolf Reinhardt* und *Julian Kümmel.* 32,20 EUR

530: Nachweise zur Sicherheit beim Abbruch von Stahlbetonbauwerken durch Sprengen.
Von *Josef Eibl, Andreas Plotzitza, Nico Herrmann.*
Sprengtechnischer Abbruch, Erprobung und Optimierung (2000).
Von *Hans-Ulrich Freund, Gerhard Duseberg, Steffen Schumann, Helmut Roller, Walter Werner.*
36,50 EUR

531: Großtechnische Versuche zur Nassaufbereitung von Recycling-Baustoffen mit der Setzmaschine.
Von *Harald Kurkowski* und *Klaus Mesters.*
Einflüsse der Aufbereitung von Bauschutt für eine Verwendung als Betonzuschlag (2003).
Von *Werner Reichel* und *Petra Heldt.*
42,80 EUR

532: Die Bemessung und Konstruktion von Rahmenknoten. Grundlagen und Beispiele gemäß DIN 1045-1(2002).
Von *Josef Hegger* und *Wolfgang Roeser.* 62,80 EUR

533: Rechnerische Untersuchung der Durchbiegung von Stahlbetonplatten unter Ansatz wirklichkeitsnaher Steifigkeiten und Lagerungsbedingungen und unter Berücksichtigung zeitabhängiger Verformungen (2006).
Von *Konrad Zilch* und *Uli Donaubauer.*
Zum Trag- und Verformungsverhalten bewehrter Betonquerschnitte im Grenzzustand der Gebrauchstauglichkeit.
Von *Wolfgang Krüger* und *Olaf Mertzsch.*
67,70 EUR

534: Sicherheitskonzept für nichtlineare Traglastverfahren im Betonbau (2003).
Von *Michael Six.* 51,90 EUR

535: Rotationsfähigkeit von Rahmenecken (2002).
Von *Jan Akkermann* und *Josef Eibl.*
43,70 EUR

Heft

537: Zum Einfluss der Oberflächengestalt von Rippenstählen auf das Trag- und Verformungsverhalten von Stahlbetonbauteilen (2003).
Von *Utz Mayer.* 44,20 EUR

538: Analyse der Transportmechanismen für wassergefährdende Flüssigkeiten in Beton zur Berechnung des Medientransportes in ungerissene und gerissene Betondruckzonen (2002).
Von *Norbert Brauer.* 45,40 EUR

539: Alkalireaktion im Bauwerksbeton. Ein Erfahrungsbericht (2003).
Von *Wilfried Bödeker.*
26,30 EUR

540: Trag- und Verformungsverhalten von Stahlbetontragwerken unter Betriebsbelastung (2003).
Von *Thomas M. Sippel.*
27,30 EUR

541: Das Ermüdungsverhalten von Dübelbefestigungen (2003).
Von *Klaus Block und Friedrich Dreier.*
38,80 EUR

542: Charakterisierung, Modellierung und Bewertung des Auslaugverhaltens umweltrelevanter, anorganischer Stoffe aus zementgebundenen Baustoffen (2003).
Von *Inga Hohberg.* 52,40 EUR

543: Mikrostrukturuntersuchungen zum Sulfatangriff bei Beton (2003).
Von *Winfried Malorny.* 19,60 EUR

544: Hochfester Beton unter Dauerzuglast (2003).
Von *Tassilo Rinder.* 37,70 EUR

545: Gebrauchsverhalten von Bodenplatten aus Beton unter Einwirkungen infolge Last und Zwang (2004).
Von *Peter Niemann.* 65,00 EUR

546: Zu Deckenscheiben zusammengespannte Stahlbetonfertigteile für demontable Gebäude (2003).
Von *Georg Christian Weiß.*
39,90 EUR

547: Durchstanzen von Bodenplatten unter rotationssymmetrischer Belastung (2004).
Von *Maike Timm.* 49,10 EUR

548: Die Druckfestigkeit von gerissenen Scheiben aus Hochleistungsbeton und selbstverdichtendem Beton unter Berücksichtigung des Einflusses der Rissneigung (2005).
Von *Angelika Schießl.* 56,30 EUR

549: Zum Gebrauchs- und Tragverhalten von Tunnelschalen aus Stahlfaserbeton und stahlfaserverstärktem Stahlbeton (2004).
Von *Olaf Hemmy.* 74,20 EUR

550: Zur Querkrafttragfähigkeit von Balken aus stahlfaserverstärktem Stahlbeton (2004).
Von *Joachim Rosenbusch.*
47,60 EUR

551: Zur Wirkung von Steinkohlenflugasche auf die chloridinduzierte Korrosion von Stahl in Beton (2005).
Von *Udo Wiens.* 63,30 EUR

552: Randbedingungen bei der Instandsetzung nach dem Schutzprinzip W bei Bewehrungskorrosion im karbonatisierten Beton (2005).
Von *Romain Weydert.* 38,50 EUR

Heft

553: Traglast unbewehrter Beton- und Mauerwerkswände – Nichtlineares Berechnungsmodell und konsistentes Bemessungskonzept für schlanke Wände unter Druckbeanspruchung (2005).
Von *Christian Glock.* 67,70 EUR

554: Sachstandbericht Sulfatangriff auf Beton (2006).
Von *R. Breitenbücher, D. Heinz, K. Lipus, J. Paschke, G. Thielen, L. Urbanos, F. Wisotzky.* 50,80 EUR

555: Erläuterungen zur DAfStb-Richtlinie „Wasserundurchlässige Bauwerke aus Beton" (2006). 18,10 EUR

556: Probabilistischer Nachweis der Wirksamkeit von Maßnahmen gegen frühe Trennrisse in massigen Betonbauteilen (2006).
Von *Matias Krauß.* 52,40 EUR

557: Querkrafttragfähigkeit von Stahlbeton- und Spannbetonbalken aus Normal- und Hochleistungsbeton (2007).
Von *Josef Hegger, Stephan Görtz.* 35,50 EUR

558: Zur Dauerhaftigkeit von AR-Glasbewehrung in Textilbeton (2005).
Von *Jeanette Orlowsky.* 35,50 EUR

559: Herstellungszustand verformungsbehinderter Bodenplatten aus Beton (2006).
Von *Silke Agatz.* 36,00 EUR

560: Sachstandbericht Übertragbarkeit von Frost-Laborprüfungen auf Praxisverhältnisse (2005).
Von *E. Siebel, W. Brameshuber, Ch. Brandes, U. Dahme, F. Dehn, K. Dombrowski, V. Feldrappe, U. Frohburg, U. Guse, A. Huß, E. Lang, L. Lohaus, Ch. Müller, H. S. Müller, S. Palecki, L. Petersen, P. Schröder, M. J. Setzer, F. Weise, A. Westendarp, U. Wiens.* 36,00 EUR

561: Sachstandbericht Ultrahochfester Beton (2008).
Von *M. Schmidt, R. Bornemann, K. Bunje, F. Dehn, K. Droll, E. Fehling, S. Greiner, J. Horvath, E. Kleen, Ch. Müller, K.-H. Reineck, I. Schachinger, T. Teichmann, M. Teutsch, R. Thiel, N. V. Tue.* 39,30 EUR

562: Eigenschaften von wärmebehandeltem Selbstverdichtendem Beton (2006).
Von *Michael Stegmaier.* 54,60 EUR

563: Zur wasserstoffinduzierten Spannungsrisskorrosion von hochfesten Spannstählen – Untersuchungen zur Dauerhaftigkeit von Spannbetonbauteilen (2005).
Von *Jörg Moersch.* 38,80 EUR

564: Experimentelle und theoretische Untersuchungen der Frischbetoneigenschaften von Selbstverdichtendem Beton (2006).
Von *Timo Wüstholz.* 45,40 EUR

565: Zerstörungsfreie Prüfverfahren und Bauwerksdiagnose im Betonbau – Beiträge zur Fachtagung des Deutschen Ausschusses für Stahlbeton in Zusammenarbeit mit der Bundesanstalt für Materialforschung und -prüfung, 11.03.2005 Berlin (2006). 27,80 EUR

Heft

566: Untersuchung des Trag- und Verformungsverhaltens von Stahlbetonbalken mit großen Öffnungen (2007).
Von *Martina Schnellenbach-Held, Stefan Ehmann, Carina Neff.* 36,20 EUR

567: Sachstandbericht Frischbetondruck fließfähiger Betone (2006).
Von *C.-A. Graubner, H. Beitzel, M. Beitzel, W. Brameshuber, M. Brunner, F. Dehn, S. Glowienka, R. Hertle, J. Huth, O. Leitzbach, L. Meyer, Ch. Motzko, H. S. Müller, H. Schuon, T. Proske, M. Rathfelder, S. Uebachs.* 24,60 EUR

568: Abschätzung der Wahrscheinlichkeit tausalzinduzierter Bewehrungskorrosion – Baustein eines Systems zum Lebenszyklusmanagement von Stahlbetonbauwerken (2007).
Von *Sascha Lay.* 47,30 EUR

569: Sachstandbericht Hüttensandmehl als Betonzusatzstoff – Sachstand und Szenarien für die Anwendung in Deutschland (2007).
Von *O. Aßbrock, W. Brameshuber, A. Ehrenberg, D. Heinz, E. Lang, Ch. Müller, R. Pierkes, E. Siebel.* 33,30 EUR

570: Einfluss der Mischungszusammensetzung auf die frühen autogenen Verformungen der Bindemittelmatrix von Hochleistungsbetonen (2007).
Von *Patrick Fontana.* 38,20 EUR

571: Konzentrierte Lasteinleitung in dünnwandige Bauteile aus textilbewehrtem Beton (2008).
Von *Manfred Curbach, Kerstin Speck.* 36,50 EUR

572: Schlussberichte zur ersten Phase des DAfStb/BMBF-Verbundforschungsvorhabens „Nachhaltig Bauen mit Beton" (2007). 97,80 EUR

573: Korrosionsmonitoring und Bruchortung vorgespannter Zugglieder in Bauwerken (2008).
Von *Alexander Holst.* 66,60 EUR

574: Zur Validierung quantitativer zerstörungsfreier Prüfverfahren im Stahlbetonbau am Beispiel der Laufzeitmessung (2008).
Von *Alexander Taffe.* 52,90 EUR

575: Verbundverhalten von Klebebewehrung unter Betriebsbedingungen (2009).
Von *Kurt Borchert.* 60,10 EUR

576: Mechanismen der Blasenbildung bei Reaktionsharzbeschichtungen auf Beton (2009).
Von *Lars Wolff.* 52,50 EUR

577: Zusammenfassender Bericht zum Verbundforschungsvorhaben „Übertragbarkeit von Frost-Laborprüfungen auf Praxisverhältnisse" (2010).
Von *Harald S. Müller, Ulf Guse.* 27,40 EUR

578: Experimentelle Analyse des Tragverhaltens von Hochleistungsbeton unter mehraxialer Beanspruchung (2011).
Von *Manfred Curbach, Silke Scheerer, Kerstin Speck, Torsten Hampel.* 126,00 EUR

579: Modellierung des Feuchte- und Salztransports unter Berücksichtigung der Selbstabdichtung in zementgebundenen Baustoffen (2010).
Von *Petra Rucker-Gramm.* 69,00 EUR

Heft

580: Zur Korrosion von Stahlschalungen in Fertigteilwerken (2011).
Von *Till F. Mayer.* 51,90 EUR

581: Verwendung von Steinkohlenflugasche zur Vermeidung einer schädigenden Alkali-Kieselsäure-Reaktion im Beton (2010).
Von Karl Schmidt. 65,00 EUR

582: Betonbauteile mit Bewehrung aus Faserverbundkunststoff (FVK) (2010).
Von *Jörg Niewels, Josef Hegger.* 64,30 EUR

583: Beitrag zu den Schädigungsmechanismen in Betonen mit langsam reagierender alkaliempfindlicher Gesteinskörnung (2010).
Von *Oliver Mielich.* 65,30 EUR

584: Verbundforschungsvorhaben „Nachhaltig Bauen mit Beton"
Potenziale des Sekundärstoffeinsatzes im Betonbau – Teilprojekt B.
Von *Bruno Hauer, Roland Pierkes, Stefan Schäfer, Maik Seidel, Tristan Herbst, Katrin Rübner, Birgit Meng.*
Effiziente Sicherstellung der Umweltverträglichkeit von Beton – Teilprojekt E (2011).
Von *Wolfgang Brameshuber, Anya Vollpracht, Joachim Hannawald, Holger Nebel.* 87,70 EUR

585: Verbundforschungsvorhaben „Nachhaltig Bauen mit Beton"
Ressourcen- und energieeffiziente, adaptive Gebäudekonzepte im Geschossbau – Teilprojekt C (2011).
Von *Josef Hegger, Tobias Dreßen, Norbert Will, Hartwig N. Schneider, Christian Fensterer, Norbert Hanenberg, Marten F. Brunk, Thorsten Bleyer, Konrad Zilch , Christian Mühlbauer, Roland Niedermeier, André Müller, Andreas Haas, Ingo Heusler, Herbert Sinnesbichler.* 69,40 EUR

586: Verbundforschungsvorhaben „Nachhaltig Bauen mit Beton"
Lebenszyklusmanagementsystem zur Nachhaltigkeitsbeurteilung – Teilprojekt D (2011).
Von *Peter Schießl, Christoph Gehlen, Marc Zintel, Ernst Rank, André Borrmann, Katharina Lukas, Harald Budelmann, Martin Empelmann, Gunnar Heumann, Tilman W. Starck, Sylvia Keßler.* 50,00 EUR

587: Verbundforschungsvorhaben „Nachhaltig Bauen mit Beton"
Informationssystem „NBB-Info" – Teilprojekt F (2011).
Von *Hans-Wolf Reinhardt, Joachim Schwarte, Christian Piehl.* 38,80 EUR

588: Der Stadtbaustein im DAfStb/BMBF-Verbundforschungsvorhaben „Nachhaltig Bauen mit Beton" – Dossier zu Nachhaltigkeitsuntersuchungen – Teilprojekt A.
Von *Carl-Alexander Graubner, Thorsten Bleyer, Marten F. Brunk, Tobias Dreßen, Christian Fensterer, Christoph Gehlen, Andreas Haas, Norbert Hanenberg, Bruno Hauer, Josef Hegger, Ingo Heusler, Sylvia Keßler, Torsten Mielecke, Christian Piehl, Hans-Wolf Reinhardt, Carolin Roth, Peter Schießl, Hartwig N. Schneider, Joachim Schwarte, Herbert Sinnesbichler, Udo Wiens, Konrad Zilch.* 56,20 EUR

Heft

589: Zerstörungsfreie Ortung von Gefügestörungen in Betonbodenplatten (2010). Von *Harald S. Müller, Martin Fenchel, Herbert Wiggenhauser, Christiane Maierhofer, Martin Krause, Andre Gardei, Frank Mielentz, Boris Milman, Mathias Röllig, Jens Wöstmann.* 84,60 EUR

590: Materialverhalten von hochfestem Beton unter thermomechanischer Beanspruchung (2010). Von *Sven Huismann.* 65,00 EUR

591: Sachstandbericht Verstärken von Betonbauteilen mit geklebter Bewehrung (2011). Von *Konrad Zilch, Roland Niedermeier, Wolfgang Finckh.* 77,50 EUR

592: Praxisgerechte Bemessungsansätze für das wirtschaftliche Verstärken von Betonbauteilen mit geklebter Bewehrung – Verbundtragfähigkeit unter statischer Belastung Von *Konrad Zilch, Roland Niedermeier, Wolfgang Finckh.* 71,20 EUR

593: Praxisgerechte Bemessungsansätze für das wirtschaftliche Verstärken von Betonbauteilen mit geklebter Bewehrung – Verbundtragfähigkeit unter nicht ruhender Belastung (2013) Von *Harald Budelmann, Thorsten Leusmann.* 44,50 EUR

594: Praxisgerechte Bemessungsansätze für das wirtschaftliche Verstärken von Betonbauteilen mit geklebter Bewehrung – Querkrafttragfähigkeit Von *Konrad Zilch, Roland Niedermeier, Wolfgang Finckh.* 50,40 EUR

595: Erläuterungen und Beispiele zur DAfStb-Richtlinie „Verstärken von Betonbauteilen mit geklebter Bewehrung“ (2013) Von *Konrad Zilch.* 50,80 EUR

595 (en): Commentary on the DAfStb Guideline “Strengthening of concrete members with adhesively bonded reinforcement” with Examples (2014) 63,50 EUR

596: Vereinfachtes Rechenverfahren zum Nachweis des konstruktiven Brandschutzes bei Stahlbeton-Kragstützen (2013). Von *Dietmar Hosser, Ekkehard Richter.* 25,60 EUR

597: Erweiterte Datenbanken zur Überprüfung der Querkraftbemessung für Konstruktionsbetonbauteile mit und ohne Bügel (2012). Von *Karl-Heinz Reineck, Daniel A. Kuchma, Birol Fitik.* 192,40 EUR

598: Mischungsentwurf und Fließeigenschaften von Selbstverdichtendem Beton (SVB) vom Mehlkorntyp unter Berücksichtigung der granulometrischen Eigenschaften der Gesteinskörnung (2012). Von *Andreas Huß.* 57,30 EUR

599: Bewehren nach Eurocode 2 (2013). Von *Josef Hegger, Martin Empelmann, Jürgen Schnell, Jörg Moersch, Christian Albrecht, Guido Bertram, Norbert Brauer, Thomas Sippel, Marco Wichers.* 98,80 EUR

600: Teil 1: Erläuterungen zu DIN EN 1992-1-1 und DIN EN 1992-1-1/NA 2. überarbeitete Auflage (2020). 98,80 EUR

Heft

601: Dauerhaftigkeitsbemessung von Stahlbetonbauteilen auf Bewehrungskorrosion – Teil 1: Systemparameter der Bewehrungskorrosion (2012). Von *Peter Schießl, Kai Osterminski, Bernd Isecke, Matthias Beck, Andreas Burkert, Jens Lehmann, Armin Faulhaber, Michael Raupach, Jörg Harnisch, Jürgen Warkus, Wei Tian, Christoph Gehlen.* 50,80 EUR

602: Dauerhaftigkeitsbemessung von Stahlbetonbauteilen auf Bewehrungskorrosion – Teil 2: Dauerhaftigkeitsbemessung (2012). Von *Harald S. Müller, Edgar Bohner, Christian Fischer, Joško Ožbolt, Christoph Gehlen, Kai Osterminski, Peter Schießl, Stefanie von Greve-Dierfeld.* 68,60 EUR

603: Gütebewertung qualitativer Prüfaufgaben in der zerstörungsfreien Prüfung im Bauwesen am Beispiel des Impulsradarverfahrens (2012). Von *Sascha Feistkorn.* 70,80 EUR

604: Frostbeanspruchung und Feuchtehaushalt in Betonbauwerken (2013). Von *Frank Spörel.* 158,40 EUR

605: Zur Rheologie und den physikalischen Wechselwirkungen bei Zementsuspensionen (2012). Von *Michael Haist.* 78,50 EUR

606: Unbewehrte Betonfahrbahnplatten unter witterungsbedingten Beanspruchungen (2014). Von *Sam Foos.* 111,40 EUR

607: Modell zur Beschreibung des Eindringens von Chlorid in Beton von Verkehrsbauten (2013). Von *Gesa Kapteina.* 63,90 EUR

608: Auswirkungen der Bewehrungskorrosion auf den Verbund zwischen Stahl und Beton (2013). Von *Christian Fischer.* 58,20 EUR

609: Untersuchungen zum Verbundverhalten von Bewehrungsstäben mittels vereinfachter Versuchskörper (2013). Von *Anke Wildermuth.* 132,60 EUR

610: Einfluss der Bauteilgeometrie auf die Korrosionsgeschwindigkeit von Stahl in Beton bei Makroelementbildung (2014). Von *Jürgen Warkus.* 113,60 EUR

611: Sedimentationsverhalten und Robustheit Selbstverdichtender Betone (2014). Von *Dirk Lowke.* 93,60 EUR

612: Bestimmung und Bewertung des elektrischen Widerstands von Beton mit geophysikalischen Verfahren (2014). Von *Kenji Reichling.* 94,00 EUR

613: Untersuchungen zur Leistungsfähigkeit von nationalen und europäischen Instandsetzungsmörteln (2015). Von *Wolfgang Breit, Joachim Schulze* und *Delphine Schwab* 49,30 EUR

614: Erläuterungen zur DAfStb-Richtlinie Stahlfaserbeton (2015). 38,30 EUR

614: (en): Commentary on the DAfStb Guideline „Steel Fibre Reinforced Concrete“(2015) 47,90 EUR

615: Erläuterungen zu DIN EN 1992-4 – Bemessung der Verankerung von Befestigungen in Beton. 149,80 EUR

Heft

615 (en): Commentary to EN 1992-4 – Design of Fastenings for use in Concrete 149,80 EUR

616: Sachstandbericht Bauen im Bestand – Teil I: Mechanische Kennwerte historischer Betone, Betonstähle und Spannstähle für die Nachrechnung von bestehenden Bauwerken. Von *Jürgen Schnell, Konrad Zilch, Daniel Dunkelberg und Michael Weber.* 98,80 EUR

617 (en): ACI-DAfStb databases 2015 with shear tests for evaluating relationships for the shear design of structural concrete members without and with stirrups. Von *Karl-Heinz Reineck, Daniel Dunkelberg.* 292,90 EUR

618: Sachstandbericht - Grenzzustände der Ermüdung von dynamisch hoch beanspruchten Tragwerken aus Beton. Von *Jürgen Grünberg, Michael Hansen, Steffen Marx, Sebastian Schneider.* 72,40 EUR

619: Sachstandsbericht Bauen im Bestand – Teil II: Bestimmung charakteristischer Betondruckfestigkeiten und abgeleiteter Kenngrößen im Bestand Von *Jürgen Schnell, Konrad Zilch, Daniel Dunkelberg und Michael Weber.* 61,65 EUR

620: Sachstandbericht Verfahren zur Prüfung des Säurewiderstands von Beton. Von *Jesko Gerlach und Ludger Lohaus.* 51,60 EUR

621: Zur Verwertbarkeit von Potentialfeldmessungen für die Zustandserfassung und -prognose von Stahlbetonbauteilen – Validierung und Einsatz im Lebensdauermanagement. Von *Sylvia Keßler.* 82,40 EUR

622: Bemessungsregeln zur Sicherstellung der Dauerhaftigkeit XC-exponierter Stahlbetonbauteile. Von *Stefanie Marilies von Greve-Dierfeld.* 113,40 EUR

623: Untersuchungen an 43 Jahre im Nordseeklima ausgelagerten Betonbalken. Von *Kai Osterminski und Christoph Gehlen.* Bemessung auf Dauerhaftigkeit mit Teilsicherheitsbeiwerten und mit qualifiziert abgesicherten deskriptiven Regeln. Von *Stefanie Marilies von Greve-Dierfeld und Christoph Gehlen.* 74,85 EUR

624: Stoffgesetz zur Beschreibung des Kriech- und Relaxationsverhaltens junger normal- und hochfester Betone. Von *Isabel Anders.* 81,70 EUR

625: Zum Querkrafttragverhalten von einachsig gespannten Stahlbetonplatten ohne Querkraftbewehrung unter Einzellasten. Von *Karin Reißen.* 112,90 EUR

626: Semiprobabilistisches Nachweiskonzept zur Dauerhaftigkeitsbemessung und -bewertung von Stahlbetonbauteilen unter Chlorideinwirkung. Von *Amir Rahimi.* 116,20 EUR

627 (en): Shear Strength Models for Reinforced and Prestressed Concrete Members. Von *Martin Herbrand.* 72,30 EUR

Heft

628: Zur Eignung und Wirkungsweise calcinierter Tone als reaktive Bindemittelkomponente im Zement.
Von *Nancy Beuntner.* 61,60 EUR

629: Zur einheitlichen Bemessung gegen Durchstanzen in Flachdecken und Fundamenten.
Von *Carsten Siburg.* 132,20 EUR

630: Bemessung nach DIN EN 1992 in den Grenzzuständen der Tragfähigkeit und der Gebrauchstauglichkeit.
98,80 EUR

631: Hilfsmittel zur Schnittgrößenermittlung und zu besonderen Detailnachweisen bei Stahlbetontragwerken. 89,90 EUR

632: Experimentelle Ermittlung der Korrelation der Druckfestigkeiten von Bohrkernen aus Bauwerksbeton und genormten Probekörpern.
Von *Jürgen Schnell und Michael Weber.* 62,37 EUR

633: (en): Steel Fiber Reinforced Concrete Under Concentrated Load.
Von *Fanbing Song.* 120,15 EUR

634: Vergleichende Untersuchungen zur Rückprallhammerprüfung bezogen auf R- und Q-Werte.
Von *Wolfgang Breit und Melanie Merkel.* 27,50 EUR

635-1 (en): ACI-DAfStb databases 2020 with shear tests on structural concrete members without stirrups Volume 1: Part 1 to Part 2.5.
Von *Karl-Heinz Reineck und Birol Fitik.*
190,40 EUR

635-2 (en): ACI-DAfStb databases 2020 with shear tests on structural concrete members without stirrups Volume 2: Part 2.6 to Part 7.
von *Karl-Heinz Reineck Birol Fitik.*
237,30 EUR

637: Sachstandbericht Frischbeton – Eigenschaften, Einflüsse und Prüfungen.
Von *Christoph Alfes, Olaf Aßbrock, Christoph Begemann, Rolf Breitenbücher, Amela Cokovik, Dario Cotardo, Eberhard Eickschen, Petra Fischer, Eugen Kleen, Hannes Krüger, Ludger Lohaus, Viktor Mechtcherine, Lars Meyer, Matthias Middel, Christoph Müller, Harald S. Müller, Tobias Schack, Patrick Schäffel, Egor Secrieru, Frank Spörel, Katja Voland, Andreas Westendarp und Bou-Young Youn-Ĉale*
86,40 EUR

638: Anwendungshilfe zur Technischen Regel Instandhaltung von Betonbauwerken des DIBt (TR IH) in Verbindung mit der DAfStb Richtlinie Schutz und Instandsetzung von Betonbauteilen (RL SIB). 115,00 EUR

Heft

639: Schlussberichte zum BMBF-Verbundforschungsvorhaben „R-Beton – Ressourcenschonender Beton – Werkstoff der nächsten Generation“ Schwerpunkt 1: Konzeptionierung der neuen Werkstoffe.
Von *Florian Knappe, Joachim Reinhardt, Stefanie Theis, Stephan Kresser, Julia Scheidt, Wolfgang Breit, Bernard Sachsenhauser, Klaus Lorenz, Christoph Müller, Katrin Severins, Johannes Haufe und Anya Vollpracht*
103,30 EUR

640: Schlussberichte zum BMBF-Verbundforschungsvorhaben „R-Beton – Ressourcenschonender Beton – Werkstoff der nächsten Generation“ Schwerpunkt 2: Praxisanforderungen an die neuen Werkstoffe.
Von *Aleksandar Pančić, Jürgen Schnell, Christoph Müller, Ingmar Borchers, Maik Seidel und Anya Vollpracht, Lia Weiler* 95,00 EUR

641: Schlussberichte zum BMBF-Verbundforschungs vorhaben „R-Beton – Ressourcenschonender Beton – Werkstoff der nächsten Generation“ Schwerpunkt 3: Ökobilanz, Praxistest und Transfer.
Von *Florian Knappe, Joachim Reinhardt, Stefanie Theis, Christoph Müller, Jochen Reiners und Raymund Böing*
75,80 EUR

642 (en): Influence of elevated temperatures up to 100 °C on the mechanical properties of concrete.
Von *Fernando Acosta Urrea*
88,00 EUR

644: Ermüdungsverhalten von Beton für unterschiedliche Probekörpergeometrien.
Von *Vivian Frei, Stephan Pirskawetz, Marc Thiele, Andreas Rogge*
68,80 EUR

645: Modellhafte Beschreibung des Ermüdungswiderstands von druckschwellbeanspruchtem Beton unter Berücksichtigung von energetischen und frequenzbedingten Materialeffekten.
Von *Sebastian Schneider, Matthias Bode, Steffen Marx* 63,20 EUR

646: Wasserinduzierte Ermüdungsschädigung von Beton
Von *Christoph Tomann, Ludger Lohaus*
84,40 EUR

647: Untersuchungen zum Ermüdungswiderstand von Beton im Bereich sehr hoher Lastwechselzahlen.
Von *Kerstin Willers, Lutz Gerlach, Nico Herrmann* 53,30 EUR

648: Zum festigkeitsabhängigen Ermüdungswiderstand von Beton. Teil 1: Koordinierte experimentelle Untersuchungen und Bewertung des Ermüdungswiderstands von normal- und hochfesten Betonen.
Von *Sebastian Schneider, Boso Schmidt, Steffen Marx*

Heft

Teil 2: Statistische Auswertungen zum Druckfestigkeitseinfluss auf den Ermüdungswiderstand von Beton.
Von *Marco Basaldella, Bianca Kern, Nadja Oneschkow, Ludger Lohaus*
52,80 EUR

649: Numerische Modellierung des Ermüdungsverhaltens von normal- und hochfestem Beton.
Von *Dennis Birkner, Steffen Marx, Abedulgader Baktheer, Josef Hegger, Rostislav Chudoba* 58,40 EUR

650: Ermüdung von biegebeanspruchten Betonbauteilen aus normal- und hochfesten Betonen.
Von *Dennis Birkner, Steffen Marx, David Ov, Rolf Breitenbücher*
40,50 EUR

651: Ultraschallprüfungen zur Erfassung der Schädigungsentwicklung unter verschiedenen Umweltbedingungen und unter zyklischer Druckschwellbelastung.
Von *Raúl Beltrán, Vivian Frei, Steffen Marx* 56,60 EUR

652: Ermüdungsverhalten von Betonstahl im Langzeitfestigkeitsbereich, bei Variation der Prüfmethodik sowie unter kombinierter Einwirkung von Korrosion.
Von *Stefan Rappl, Kai Osterminski, Christoph Gehlen* 37,70 EUR

653: Verbundverhalten unter Druck- und Zugschwellbeanspruchung von normal- und hochfesten Betonen
Von *Marc Koschemann, Manfred Curbach, Homam Spartali, Abedulgader Baktheer, Rostislav Chudoba, Josef Hegger* 54,20 EUR

Hinweis auf überarbeitete und ergänzte Hefte der Schriftenreihe des DAfStb:

Heft 220: 2. überarbeitete Auflage 1991
Heft 240: 3. überarbeitete Auflage 1991 (vergriffen)
Heft 400: 4. Auflage 1994 (3. berichtigter Nachdruck) vergriffen
Heft 425: 3. ergänzte Auflage 1997
Heft 525: 2. überarbeitete Auflage 2010
Heft 600: 2. überarbeitete Auflage 2020

DAfStb-Heft 653

Jetzt diesen Titel zusätzlich als E-Book downloaden und 70 % sparen!

Als Käufer dieses Buchtitels haben Sie Anspruch auf ein besonderes Kombi-Angebot: Sie können den Titel zusätzlich zum Ihnen vorliegenden gedruckten Exemplar für nur 30 % des Normalpreises als E-Book beziehen.

Der BESONDERE VORTEIL: Im E-Book recherchieren Sie in Sekundenschnelle die gewünschten Themen und Textpassagen. Denn die E-Book-Variante ist mit einer komfortablen Volltextsuche ausgestattet!

Deshalb: Zögern Sie nicht. Laden Sie sich am besten gleich Ihre persönliche E-Book-Ausgabe dieses Titels herunter.

In 3 einfachen Schritten zum E-Book:

❶ Rufen Sie die Website **www.dinmedia.de/e-book** auf.

❷ Geben Sie hier Ihren persönlichen, nur einmal verwendbaren E-Book-Code ein:

65929FKF81A28B7

❸ Klicken Sie das „Download-Feld“ an und gehen dann weiter zum Warenkorb. Führen Sie den normalen Bestellprozess aus.

Hinweis: Der E-Book-Code wurde individuell für Sie als Erwerber dieses Buches erzeugt und darf nicht an Dritte weitergegeben werden. Mit Zurückziehung dieses Buches wird auch der damit verbundene E-Book-Code für den Download ungültig.